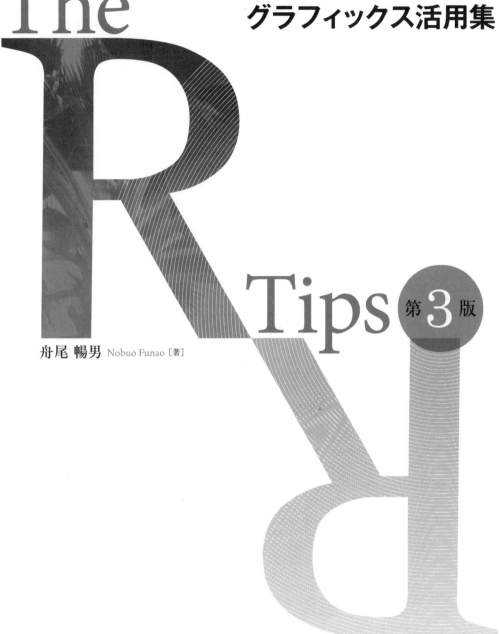

データ解析環境Rの基本技・
グラフィックス活用集

The R Tips 第3版

舟尾 暢男 Nobuo Funao［著］

本書籍は、九天社から発行されていた『The R Tips データ解析環境 R の基本技・グラフィック活用集』を改訂し、オーム社から発行した第 2 版の改訂版です。オーム社からの発行にあたっては、九天社の版数を継承して書籍に記載しています。

本書に掲載されている会社名・製品名は、一般に各社の登録商標または商標です。

本書を発行するにあたって、内容に誤りのないようできる限りの注意を払いましたが、本書の内容を適用した結果生じたこと、また、適用できなかった結果について、著者、出版社とも一切の責任を負いませんのでご了承ください。

本書は、「著作権法」によって、著作権等の権利が保護されている著作物です。本書の複製権・翻訳権・上映権・譲渡権・公衆送信権（送信可能化権を含む）は著作権者が保有しています。本書の全部または一部につき、無断で転載、複写複製、電子的装置への入力等をされると、著作権等の権利侵害となる場合があります。また、代行業者等の第三者によるスキャンやデジタル化は、たとえ個人や家庭内での利用であっても著作権法上認められておりませんので、ご注意ください。
　本書の無断複写は、著作権法上の制限事項を除き、禁じられています。本書の複写複製を希望される場合は、そのつど事前に下記へ連絡して許諾を得てください。

出版者著作権管理機構
（電話 03-5244-5088, FAX 03-5244-5089, e-mail: info@jcopy.or.jp）

JCOPY ＜出版者著作権管理機構　委託出版物＞

はじめに

私が統計解析フリーソフト R に出会ったのは大学 2 年のときで，「統計ソフトを使ってみよう」という趣旨の講義で R（当時のバージョンは 1.0.0 でした）が取り上げられていたのがきっかけでした．その際，R を勉強するにあたって参考になる本を探しましたが，良いものがありませんでした．そこで私が自分でいろいろ調べてまとめたものが，この本の元となった内容です．私は統計に明るいわけでもソフトウェアに詳しいわけでもないので，R を習得するのには苦労しました．これから R を勉強しようという方には私のような苦労はしていただきたくないなぁ，という想いが本書に込められています．

R は統計計算とグラフィックスのための言語・環境です．こうした環境ならば巷にいくらでも転がっていますが，なんと R はフリーソフトです！しかも，GNU の使用許諾の下で共有したり変更したりする自由が保証されているのです．さらに R には，多様な統計手法と洗練されたプログラム言語体系，作成が容易で高品質な結果が得られるグラフィックス環境が用意されており，パッケージという形でさらに機能を拡張することができます．

これだけですと，R は「統計を専門にしている人だけが使うソフトウェア」という印象を持たれてしまうかもしれませんが，R では統計解析はもちろん，簡単な計算から数値計算，プログラムやシミュレーション，シンプルなプロット図から複雑なグラフィックスまでこなせるソフトウェアなのです．R は決して「統計を専門にしている人だけが使うソフトウェア」ではありません．以上を踏まえて，以下の 4 点を目標にして本を執筆しました．R を使ったことがない方や初心者の方は，まず R 入門編をお読みください．そしてある程度 R に慣れてきたら R-Tips 編（リファレンス編）をお読みください．R の熟練度に合わせて読んでいただけるよう，2 部構成にしています．

- 初心者の方に読んでいただくための，解説の量が豊富な入門書を作る（R 入門編）
- データ解析のほかに，グラフの作成も R では簡単に実行できることを示す（R 入門編）
- 統計や数値計算，プログラミング技法やデータハンドリング等，膨大な R の情報量をできるだけ系統立ててまとめる（R-Tips 編）
- グラフィックス関係を詳しく述べる（R-Tips 編）

本書改訂第 3 版では，なるべく飽きないよう章立てと内容を大幅に見直し，章の数を 15 章から 20 章に変更しました．また，データ解析の内容を抜本的に見直し，より実践的な内容に衣替えしました．さらに，グリッドグラフィックスの章を削り，代わりにパッケージ dplyr と ggplot2 に関する内容を新たに盛り込みました．このままではページ数が大幅に増えてしまいますので，構成やレイアウトを工夫することで，ページ数の削減と読みやすさの向上を図ってみました．皆様にとって前版よりも読みやすくなっていましたら幸いです．

ここで，たくさんの方々にお礼を申さねばなりません．まず，本書を執筆するきっかけを与えてくださった群馬大学の中澤港先生に感謝いたします．また，本書の元ネタであるホームページ「R-Tips」を管理・代理公開していただいている中央農業総合研究センターの竹澤邦夫先生にも非常にお世話になりました．実は数年前，大学を卒業する際に私が公開していたRに関するホームページ「R-Tips」を閉鎖しようと思っていたのですが，その際，手間を承知で代理公開を引き受けてくださったのが竹澤先生でした．「R-Tips」を代理公開していただいていなければ，私が今こうして本書を執筆していることはなかったでしょう．深くお礼申し上げます．次に，本書の初版を執筆することになった際に「R-Tips」の間違い直しや校正をしていただいた群馬大学の青木繁伸先生と中間栄治先生にお礼を申し上げます．青木先生には，統計的な内容から，それこそ「て・に・を・は」チェックレベルの校正までしていただきました．また，中間さんには本についてアドバイスを頂いたうえ，面倒なRのインストール方法についての問い合わせにも快く対応していただきました．さらに，改訂第2版出版時に査読を快く引き受けていただき，「て・に・を・は」チェックから本文に対するコメント，Rに関するご指導までていねいにご対応くださった高階知巳先生にお礼を申し上げます．身近なところでは，本書の方向性を示してくださった関西大学の安芸重雄先生と，本の原稿に対して本質的なアドバイスから間違い直しまでしてくださった金子正幸先輩にお礼を申し上げます．それから，Mac OS版Rのインストール方法の作成は濱崎俊先輩に，Linux版Rのインストール方法の作成は大濱潤二君にご指導いただきました．今度会ったときに酒を奢らせてください．嫁の京子，仕事や執筆ばかりせずにちょっとは家事や育児を手伝います……．

　最後に，日本でのRの普及に尽力されてきた東京工業大学の間瀬茂先生，「RjpWiki」を運営されつつRのメッセージの日本語化作業を取りまとめてくださっている東京大学の岡田昌史先生に深くお礼を申し上げます．

　　2016年9月吉日

舟 尾 暢 男

Contents

目　次

はじめに iii

第1編　R入門編　　　　　　　　　　　　　　　　　　　　　　　　　　　　1

第1章　Rのインストール　　　　　　　　　　　　　　　　　　　　　　　　3

1.1　Windows 版 R のインストール 3
1.2　Mac OS X 版 R のインストール 7
1.3　Ubuntu Linux 版 R のインストール 10
1.4　Debian GNU/Linux 版 R のインストール 11
1.5　Vine Linux 版 R のインストール 12
1.6　その他の Linux, Unix 版 R のインストール 12

第2章　電卓として R を使う──起動→計算→終了　　　　　　　　　　　15

2.1　起動 15
2.2　操作の基本 15
2.3　本書の計算式の記述方法とコメント 17
2.4　関数電卓としての使い方 18
2.5　以前に計算した式を呼び出す 19
2.6　R の終了 19
2.7　落穂ひろい 20

第3章　代入（付値）　　　　　　　　　　　　　　　　　　　　　　　　　23

3.1　代入とは 23
3.2　変数と代入のルール 24

第4章　ベクトルの基本　　　　　　　　　　　　　　　　　　　　　　　　27

4.1　ベクトルの作成 27
4.2　ベクトルと関数 28

- 4.3 ベクトルの要素 29
- 4.4 ベクトル演算 30

第5章　関数定義とプログラミング入門　33

- 5.1 関数とは 33
- 5.2 関数定義の基本 34
- 5.3 プログラムの基本 37
  - 5.3.1 条件分岐：if, else 37
  - 5.3.2 繰り返し文：for 39
- 5.4 落穂ひろい 42

第6章　ヘルプ，パッケージ，関数定義の見方　49

- 6.1 ヘルプ 49
  - 6.1.1 コマンドを入力してヘルプを見る 49
  - 6.1.2 html ファイルからヘルプを見る 52
- 6.2 パッケージ 54
  - 6.2.1 パッケージの読み込み 54
  - 6.2.2 パッケージに関する操作 55
  - 6.2.3 パッケージのインストール 56
- 6.3 関数の定義 59
  - 6.3.1 関数の定義を見る 59
  - 6.3.2 関数についての情報を見る 61
- 6.4 落穂ひろい 62

第7章　グラフ作成入門　63

- 7.1 グラフィックスと R 63
- 7.2 高水準作図関数 65
  - 7.2.1 関数 plot() 65
  - 7.2.2 関数 plot() の引数 68
- 7.3 低水準作図関数とグラフの重ね合わせ 74
  - 7.3.1 低水準作図関数 74
  - 7.3.2 グラフの重ね合わせ 76
- 7.4 グラフの保存 79
  - 7.4.1 作業ディレクトリの変更 79
  - 7.4.2 作図デバイスとグラフの保存 80
- 7.5 落穂ひろい 83

	7.5.1	グラフの消去	83
	7.5.2	複数の作図デバイス	83
	7.5.3	対話的作図関数	84
	7.5.4	3次元プロット	86
	7.5.5	パッケージ rgl	87

第8章　データ解析（入門編）　91

8.1	データ「ToothGrowth」の読み込み	91
8.2	データのプロット	93
8.3	要約統計量の算出	96
8.4	検定の適用	98
8.5	その他の検定	100
8.6	落穂ひろい	104

第2編　R Tips 編　111

第9章　データの種類と種々のベクトル　113

9.1	データの種類と構造	113
9.2	NULL・NA・NaN・Inf	115
9.3	数値型ベクトル	117
9.4	複素型ベクトル	117
9.5	論理型ベクトル	118
9.6	文字型ベクトル	119
9.7	順序なし因子型ベクトルと順序付き因子型ベクトル	122
9.8	日付型ベクトル	124
9.9	ベクトルの操作	126
9.10	落穂ひろい	128

第10章　配列とリスト，要素のラベル　131

10.1	配列	131
10.2	リスト	132
10.3	要素のラベル	134
10.4	落穂ひろい	136

第11章　オブジェクトと出力　　　137

- 11.1　オブジェクトの表示：print() 137
- 11.2　文字列オブジェクトの表示：cat() 137
- 11.3　書式付きオブジェクトの表示：sprintf() 138
- 11.4　オブジェクトの要約を表示：str() 139
- 11.5　オブジェクトに注釈を加える：comment() 139
- 11.6　出力をファイルに送る：sink() 140
- 11.7　オプション：options() 140
- 11.8　使った変数（オブジェクト）の確認と削除 142
- 11.9　落穂ひろい 142

第12章　行列　　　143

- 12.1　行列の作成 143
- 12.2　行列の要素を抽出 144
- 12.3　行列計算 145
- 12.4　行列の大きさとラベル 150
- 12.5　落穂ひろい 151

第13章　関数とプログラミング　　　155

- 13.1　条件分岐 155
  - 13.1.1　if, else 155
  - 13.1.2　switch 157
- 13.2　繰り返し文 158
  - 13.2.1　for 158
  - 13.2.2　while 160
  - 13.2.3　break を用いて繰り返し文から抜ける 160
  - 13.2.4　next を用いて強制的に次の繰り返しに移る 160
  - 13.2.5　repeat による繰り返し 161
- 13.3　関数の定義 161
  - 13.3.1　新しい関数定義と演算子 162
  - 13.3.2　関数の返す値（返り値） 162
  - 13.3.3　画面に計算結果（返り値）を表示しない 164
  - 13.3.4　エラーや警告を表示 164
  - 13.3.5　エラーが起きても作業を続行する 165
  - 13.3.6　ローカル変数と永続代入 <<- について 165
  - 13.3.7　関数内での関数定義 167

	13.3.8	関数終了時の処理	167
13.4		関数の引数	168
	13.4.1	引数のチェックを行う	168
	13.4.2	引数の省略	169
	13.4.3	引数の数を明示しない	170
	13.4.4	引数に関数を与える	171
	13.4.5	引数のマッチングと選択	172
13.5		再帰呼び出し	174
13.6		デバッグについて	174
	13.6.1	途中で変数の値を調べる：cat()，print()	174
	13.6.2	評価の途中で変数を調べる：browser()	175
	13.6.3	デバッグモードに入る：debug()	176
	13.6.4	関数の呼び出しを追跡する：trace()	177
13.7		落穂ひろい	178
	13.7.1	ファイルに保存してある関数定義を読み込む	178
	13.7.2	関数を保存して次回に使えるようにする	178
	13.7.3	連番の変数を作成する	179
	13.7.4	数値ベクトルの対話的入力：readline()	179
	13.7.5	メニューによる選択：menu()	180
	13.7.6	オブジェクト指向プログラミング	180
	13.7.7	バッチ処理	181
	13.7.8	ロケールの設定	181

第14章　数値計算　183

14.1	ニュートン法	183
14.2	多項式の解	184
14.3	関数の微分	184
14.4	数値積分	186
14.5	関数の最大化・最小化，数理計画法	188
14.6	丸めと数値演算誤差	189
14.7	落穂ひろい	191

第15章　データハンドリング　193

15.1	データフレームとは	193
15.2	データフレームの作成	194
15.3	データフレームの閲覧と集計	203
15.4	データの編集・加工方法	206

	15.4.1	データへのアクセス方法	207
	15.4.2	行や列の情報の取得・データの並べ替え	208
	15.4.3	データの加工・編集方法	210
15.5		パッケージ dplyr	213
15.6		ファイルへのデータ出力	216
	15.6.1	データフレームの出力	216
	15.6.2	区切り文字を付けたデータの出力	217
	15.6.3	データを LaTeX 形式で出力	218
	15.6.4	データを Excel ファイルや他の形式で出力	218
15.7		落穂ひろい	219

第16章　データ解析（実践編）　　225

16.1		再びデータ「ToothGrowth」の要約	225
16.2		回帰分析	227
	16.2.1	関数 lm() の書式と引数の指定	228
	16.2.2	モデル情報を取り出す関数	229
	16.2.3	重回帰分析とモデル選択	231
	16.2.4	応用例①：単回帰分析と相関係数	232
	16.2.5	応用例②：重回帰分析と分散分析	234
16.3		2値データの解析	236
	16.3.1	頻度集計と分割表	237
	16.3.2	リスク比・オッズ比・リスク差と χ^2 検定	238
	16.3.3	ロジスティック回帰分析	240
16.4		生存時間解析	241
	16.4.1	生存時間解析の概要	242
	16.4.2	カプラン・マイヤー法とログランク検定	243
	16.4.3	コックス回帰分析	245
	16.4.4	その他の手法	246
16.5		多重比較	248
	16.5.1	ボンフェローニの方法とその変法	249
	16.5.2	固定順検定	251
	16.5.3	ダネットの方法とテューキーの方法	252
16.6		時系列解析の概要	253
16.7		ベイズ解析の概要	256
16.8		落穂ひろい	263
	16.8.1	確率分布の密度，分布関数，クォンタイル関数，乱数	263
	16.8.2	関数 apply() 系	267
	16.8.3	特定の確率分布に従っているかどうかの調査	268

16.8.4	データの当てはめ	270
16.8.5	その他の検定手法	271

第17章　乱数とシミュレーション　273

- 17.1 シミュレーションとは 273
- 17.2 乱数とは 274
    - 17.2.1 一様乱数 275
    - 17.2.2 コイン投げの乱数の作り方 275
    - 17.2.3 種々の乱数の作り方 276
- 17.3 1回のシミュレーション 277
- 17.4 モンテカルロ・シミュレーション 279
    - 17.4.1 確率的な問題に対するシミュレーション 281
    - 17.4.2 非確率的な問題に対するシミュレーション 282
- 17.5 いくつかの事例 286
- 17.6 確率分布に従う乱数 289
- 17.7 検出力の算出と例数設計 291
- 17.8 落穂ひろい 293

第18章　グラフィックス　299

- 18.1 高水準作図関数 299
    - 18.1.1 散布図：plot() 299
    - 18.1.2 ヒマワリ図：sunflowerplot() 301
    - 18.1.3 関数のグラフ：curve() 302
    - 18.1.4 重ね合わせ図：matplot() 302
    - 18.1.5 1次元データの図示（1）：棒グラフ barplot() 303
    - 18.1.6 1次元データの図示（2）：ドットチャート dotchart() 304
    - 18.1.7 1次元データの図示（3）：ヒストグラム hist() 305
    - 18.1.8 1次元データの図示（4）：円グラフ pie() 306
    - 18.1.9 1次元データの図示（5）：箱ひげ図 boxplot() 307
    - 18.1.10 1次元データの図示（6）：rug() 308
    - 18.1.11 1次元データの図示（7）：stripchart() 309
    - 18.1.12 分割表データの図示（1）：fourfoldplot() 310
    - 18.1.13 分割表データの図示（2）：mosaicplot() 311
    - 18.1.14 分割表データの図示（3）：assocplot() 311
    - 18.1.15 3次元データの図示（1）：image() 312
    - 18.1.16 3次元データの図示（2）：persp() 313
    - 18.1.17 3次元データの図示（3）：contour() 314
    - 18.1.18 3次元データの図示（4）：filled.contour()，heatmap() 314

	18.1.19	3次元データの図示（5）：scatterplot3d() 315
	18.1.20	パッケージ lattice 316
18.2	低水準作図関数	 319
	18.2.1	点と折れ線の追記：points(), lines() 319
	18.2.2	直線の追記：abline(), grid() 320
	18.2.3	線分と矢印，矩形の追記：segments(), arrows(), rect() ... 321
	18.2.4	文字列の追記：text(), mtext() 322
	18.2.5	枠と座標軸の追記：box(), axis() 323
	18.2.6	タイトルと凡例の追記：title(), legend() 325
	18.2.7	多角形の追記：polygon() 326
18.3	グラフィックスパラメータ	 327
	18.3.1	グラフィックスパラメータ事始め 328
	18.3.2	グラフィックスパラメータの永続的変更 328
	18.3.3	グラフィックスパラメータの一時的変更 335
18.4	複数のグラフを1ページに描く	 339
	18.4.1	グラフィックスパラメータによる画面分割 340
	18.4.2	関数 layout() を用いた画面分割 341
	18.4.3	関数 split.screen() を用いた画面分割 342
18.5	落穂ひろい	 343

第19章　データ解析（多変量解析編）　349

19.1	データ「iris」の読み込み	 349
19.2	主成分分析	 356
19.3	因子分析	 357
19.4	判別分析（2群の場合）	 358
19.5	アヤメの種類の予測（準備）	 360
19.6	判別分析（3群以上の場合）	 361
19.7	CART（決定木）	 362
19.8	サポートベクターマシン（SVM）	 363
19.9	ニューラルネットワーク	 364
19.10	落穂ひろい	 365
	19.10.1	クラスター分析 365
	19.10.2	正準相関分析 367
	19.10.3	多変量データの図示①：星形図 367
	19.10.4	多変量データの図示②：シンボルプロット 368
	19.10.5	多変量データの図示③：散布図行列 369
	19.10.6	多変量データの図示④：条件付きプロット 371

第 20 章　ggplot2 入門　　373

20.1　パッケージ ggplot2 事始め 373
20.2　グラフの種類 376
20.3　グラフのカスタマイズ 383
20.4　落穂ひろい 389

Appendix　練習問題の解答　　395

参考文献 408
索　　引 410

第1編

R入門編

第1章

Rのインストール

▶この章の目的

- OSの種類ごとにRのインストール方法を紹介する．
- この章では主にRのバージョン3.2.3のインストールについて説明しているが，これ以降のバージョンのRでも同様の手順でインストールすることができる．

1.1 Windows版Rのインストール

まず，CRANのうち以下の統計数理研究所のミラーサイトにアクセスする．

- 統計数理研究所：https://cran.ism.ac.jp/bin/windows/base/
- ミラーサイトの一覧：https://cran.r-project.org/mirrors.html

「Download R 3.2.3 for Windows」をクリックして「R-3.2.3-win.exe」をダウンロードする．ダウンロードが完了したら  をダブルクリックすると，言語選択の画面が表示されるので，「日本語」を選択して［OK］をクリックする．セットアップ画面が表示されるので［次へ >］をクリックする．

通常は［次へ>］を2回クリックする．

　左下の画面では，インストールするコンポーネントを選択することができる．通常はそのまま［次へ>］をクリックすると，右下の「起動時オプションを設定するかどうかを選択する画面」になるので，「はい（カスタマイズする）」を選択して［次へ>］をクリックする．

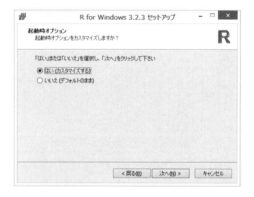

左下の「表示オプション」の選択画面で,「SDI（複数のウインドウ）」を選択して [次へ>] をクリックする.すると右下の「ヘルプの表示方法を選択する画面」になるので,適当な方を選択（筆者はテキスト形式を選択した）して [次へ>] をクリックする.

通常は [次へ>] を2回クリックする.

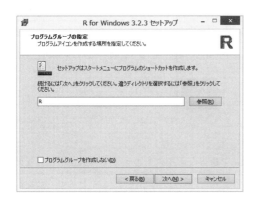
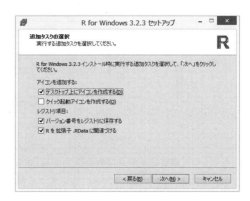

インストールが開始され,しばらくするとインストールが終了するので,[完了] をクリックする[注1].

注1 以前は,企業などでRを使用する場合は,Rのショートカットのリンク先の文字列の後ろに「--internet2」を追記する必要があったが,現在は不要になっている.

　最後に，設定ファイルを書き換える作業を行う．R をインストールしたフォルダにある etc フォルダ（普通は C:\Program Files\R\R-3.2.3\etc）にあるファイル Rprofile.site を探し，本書サポートページ（http://www.ohmsha.co.jp/data/link/978-4-274-21958-0/index.htm）にある同名ファイルで上書きする．

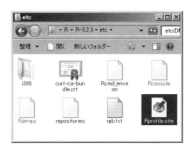

　もしくは，etc フォルダにあるファイル Rprofile.site を適当なテキストエディタ（たとえばメモ帳など）で開き，自力で次の内容に修正しても構わない．

```
setHook(packageEvent("grDevices", "onLoad"),
        function(...){
            grDevices::ps.options(family="Japan1")
            grDevices::pdf.options(family="Japan1")
        }
)
```

　プログラム中で日本語を使用する方は，上記と同様の手順で，etc フォルダ（普通は C:\Program Files\R\R-3.2.3\etc）にあるファイル Rconsole と Rdevga を探し，本書サポートページ（http://www.ohmsha.co.jp/data/link/978-4-274-21958-0/index.htm）にある同名ファイルで上書きするか，適当なテキストエディタで修正する．

Rconsole の 19 行目を次のようにする.

```
font = TT MS Gothic
```

Rdevga の 12 〜 15 行目を次のようにする.

```
TT MS Gothic : plain
TT MS Gothic : bold
TT MS Gothic : italic
TT MS Gothic : bold&italic
```

1.2 Mac OS X 版 R のインストール

まず，CRAN のうち次の統計数理研究所のミラーサイトにアクセスする.

- 統計数理研究所：https://cran.ism.ac.jp/bin/macosx/
- ミラーサイトの一覧：https://cran.r-project.org/mirrors.html

Files:

R-3.2.3.pkg
MD5-hash: d418ea2897709a230397d824231cb743
SHA1-hash: e3ea68dcff5414022e5c177ac0dee061764cccd23
(ca. 70MB)

R 3.2.3 binary for Mac OS X 10.9 (Mavericks) and higher, signed package. Contains R 3.2.3 framework, R.app GUI 1.66 in 64-bit for Intel Macs, Tcl/Tk 8.6.0 X11 libraries and Texinfo 5.2. The latter two components are optional and can be omitted when choosing "custom install", it is only needed if you want to use the tcltk R package or build package documentation from sources.

Note: the use of X11 (including tcltk) requires XQuartz to be installed since it is no longer part of OS X. Always re-install XQuartz when upgrading your OS X to a new major version.

R-3.2.1-snowleopard.pkg
MD5-hash: 388d9d01521d49c072ff69cccfa914fd65
SHA1-hash: be6e91db12bac22a324f0cb51c7efa9063ece0d0
(ca. 68MB)

R 3.2.1 legacy binary for Mac OS X 10.6 (Snow Leopard) - 10.8 (Mountain Lion), signed package. Contains R 3.2.1 framework, R.app GUI 1.66 in 64-bit for Intel Macs. This package contains the R framework, 64-bit GUI (R.app), Tcl/Tk 8.6.0 X11 libraries and Texinfop 5.2. GNU Fortran is **NOT** included (needed if you want to compile packages from sources that contain FORTRAN code) please see the tools directory.
NOTE: the binary support for OS X before Mavericks is being phased out, we do not expect further releases!

読者の Mac OS X のバージョンに合ったファイル（上記では R-3.2.3.pkg または R-3.2.1-snowleopard.pkg）をクリックし，ファイルをダウンロードする．ほかにも必要なファイルがあれば，このページからダウンロードしインストールすること（たとえば「Mac OS X 10.9 以上の OS には X11 がないため，XQuartz をインストールすること」とある）．

ここでは R-3.2.1-snowleopard.pkg をクリックして R-3.2.1-snowleopard.pkg をダウンロードする．ダウンロードが完了したら をダブルクリックするとインストーラが起動するので，［続ける］をクリックする．

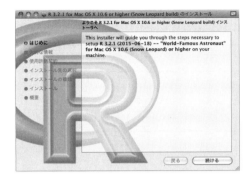 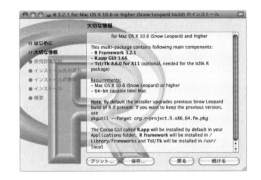

「大切な情報（ソフトウェア使用許諾契約の条件）」が表示されるので，一読した後［続ける］をクリックすると，同意するかどうか質問されるので［同意する］をクリックする．

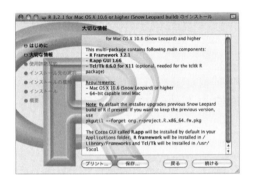 

インストール先を選択する画面になるので，いずれかを選択した後［続ける］をクリックする．次に［インストール］をクリックする．

パスワードが要求されるので，パスワードを入力した後［OK］をクリックすると，インストールが開始される．

しばらくするとインストールが終了するので，[閉じる] をクリックする．

最後に，設定ファイル Rprofile.site を作成する．本書サポートページ (http://www.ohmsha.co.jp/data/link/978-4-274-21958-0/index.htm) にある Rprofile.site を R の etc フォルダ（場所：[Macintosh HD] → [ライブラリ] → [Frameworks] → [R.framework] → [Resources] → [etc]）に置く．もしくは，etc フォルダにテキストファイル Rprofile.site を作成し，次の内容を入力してもよい．

```
setHook(packageEvent("grDevices", "onLoad"),
        function(...){
          grDevices::quartzFonts(serif=grDevices::quartzFont(
            c("Hiragino Mincho Pro W3",
              "Hiragino Mincho Pro W6",
              "Hiragino Mincho Pro W3",
              "Hiragino Mincho Pro W6")))
          grDevices::quartzFonts(sans=grDevices::quartzFont(
```

```
                c("Hiragino Kaku Gothic Pro W3",
                  "Hiragino Kaku Gothic Pro W6",
                  "Hiragino Kaku Gothic Pro W3",
                  "Hiragino Kaku Gothic Pro W6")))
            grDevices::ps.options(family="Japan1GothicBBB")
            grDevices::pdf.options(family="Japan1GothicBBB")
        }
)
attach(NULL, name = "MacJapanEnv")
assign("familyset_hook",
       function() { if(names(dev.cur())=="quartz") par(family="sans")},
       pos="MacJapanEnv")
setHook("plot.new", get("familyset_hook", pos="MacJapanEnv"))
```

1.3　Ubuntu Linux 版 R のインストール

エディタ「gedit」を使って，/etc/apt/sources.list ファイルをルート権限で編集する．

```
$ sudo gedit /etc/apt/sources.list
```

ルート権限のパスワードの入力が求められるので入力する．

```
[sudo] password for XXX: パスワード
```

Ubuntu のバージョンが trusty の場合，次のような 1 行を付け加える．

```
（統計数理研究所からダウンロードする場合）
deb https://cran.ism.ac.jp/bin/linux/ubuntu trusty/
```

Ubuntu レポジトリの公開鍵を入手する[注2]．

```
$ sudo apt-key adv --keyserver keyserver.ubuntu.com --recv-keys E084DAB9
```

R 本体と Ubuntu に用意されているパッケージをインストールする．ちなみに，r-base-dev をインストールすると，gcc や fortran などのツールもインストールされる．

注2　インストールに関する最新情報は https://cran.r-project.org/bin/linux/ubuntu/README を参照のこと．

```
$ sudo apt-get update
$ sudo apt-get install r-base
$ sudo apt-get install r-base-dev
```

なお，パッケージを追加する場合（たとえばパッケージXXX）は，CRAN から XXX.tar.gz ファイルをダウンロードしたうえで，次の命令を実行する．

```
$ sudo R CMD INSTALL XXX.tar.gz
```

1.4 Debian GNU/Linux 版 R のインストール

エディタ「gedit」を使って，/etc/apt/sources.list ファイルをルート権限で編集する．

```
$ sudo gedit /etc/apt/sources.list
```

ルート権限のパスワードの入力が求められるので入力する．

```
[sudo] password for XXX: パスワード
```

Debian のバージョンが jessie の場合，次の行を付け加える[注3]．

```
（統計数理研究所からダウンロードする場合）
deb https://cran.ism.ac.jp/bin/linux/debian jessie-cran3/
```

R 本体と関連パッケージをインストールする．

```
$ sudo apt-get install r-base
```

CRAN にあるパッケージ「XXX」をインストールするには，次のように実行する．

```
$ sudo apt-get install r-cran-XXX
```

注3　インストールに関する最新情報は https://cran.r-project.org/bin/linux/debian/ を参照のこと．

1.5 Vine Linux 版 R のインストール

su コマンドでルート権限になった後，R をインストールする．

```
$ su
# apt-get update
# apt-get install R
```

1.6 その他の Linux，Unix 版 R のインストール

Unix や，実行ファイルが用意されていない Linux で R を使いたい場合は，R のソースからビルドする方法をとればよい．ここでは Unix と Vine Linux 4.2 を例にとってソースからビルドをする方法を紹介する．

ルート権限になった後，統計数理研究所のミラーサイトから R-3.2.3.tar.gz をダウンロードする．

- 統計数理研究所：https://cran.ism.ac.jp/src/base/R-3/R-3.2.3.tar.gz
- ミラーサイトの一覧：https://cran.r-project.org/mirrors.html

適当なディレクトリを作成した後，そこに R-3.2.3.tar.gz を解凍（untar）する．

環境によっては，R のビルドに必要となる「f77（g77 で代替）」「readline」「gcc」「c++」「XOrg-devel」「readline-devel」等がないことがある．その場合はこれらのパッケージを事前にインストールする必要がある．たとえば Vine Linux で「g77」と「c++」のパッケージをインストールするには，ルート権限になった後，次のコマンドを実行する．

```
$ apt-get update
$ apt-get install gcc-g77
$ apt-get install gcc-c++
```

ターミナル上で展開したディレクトリに移動し，次のコマンドを実行する．

```
$ ./configure
$ make
$ make install
```

./configure の実行時に次のようなエラーが出ることがある．

```
configure: error: --with-readline=yes (default) and headers/libs are not available
configure: error: --with-x=yes (default) and X11 headers/libs are not available
```

このようなエラーが出たら，ログファイル config.log の中身を確認して，足りないライブラリやヘッダを調査してインストールしたうえで，再度 ./configure を実行すること．apt-cache search XXX 等の命令が，足らないパッケージを調査する手がかりとなる．たとえば，調査した結果として「XOrg-devel」と「readline-devel」が足りないことがわかった場合は，次の命令を実行してこれらのライブラリをインストールし，再度 ./configure を実行する．

```
$ apt-get install XOrg-devel
$ apt-get install readline-devel
```

RedHat Linux や openSUSE をお使いの方で，ソースからビルドせずにインストールする場合は，https://cran.r-project.org/bin/linux/ から利用しているディストリビューションのリンク先をクリックすることで，実行ファイルとインストール手順が書かれた文章を参照できる．

Index of /bin/linux

Name	Last modified	Size	Description
Parent Directory		-	
debian/	01-Dec-2015 07:59	-	
redhat/	27-Jul-2014 21:12	-	
suse/	16-Feb-2012 15:09	-	
ubuntu/	14-Dec-2015 04:05	-	

Apache/2.2.22 (Debian) Server at cran.r-project.org Port 443

また，「RjpWiki」(http://www.okadajp.org/RWiki/) の「R のインストール」というコンテンツにもインストール手順の紹介があるので，適宜参照されたい．

第2章

電卓としてRを使う──起動→計算→終了

▶ この章の目的

- Rは「非常に便利な電卓」である．この章は，Rでいろいろな計算を行うことで，Rの基本的な使い方を身に付けることを目的とする．

2.1 起動

Rの起動方法はOSによって異なる．

- Windows：デスクトップにある「R 3.2.3」のアイコンをクリックするか，スタートメニューのプログラムから［R］というカテゴリの中にある［R 3.2.3］を選択する[注1]．
- Mac OS X：Finderの中のアプリケーションフォルダにある「R」というアイコンをダブルクリックする．
- Linux：Linuxといってもいろいろな種類があるが，ターミナルなどのコマンドライン上から「R」と入力するか，メニューから［Gnu R］を選択することで起動する．

2.2 操作の基本

Rを起動すると，Rのライセンス関係の文章や簡単な使い方が書かれた入力画面（ウインドウ）が表示される．Rでは，文字が書かれたこの入力画面上で主な処理を行う．

注1 Windowsをお使いの方は，Rのショートカットを右クリックした後，「管理者権限として実行」を選択してRを起動すること．こうしないとRの追加パッケージをインストールすることができない．

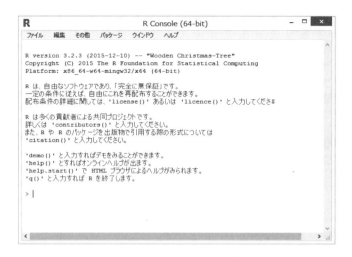

Rでは次のような手順を繰り返して作業を行うことになる．

(1) 我々が式を入力すると，Rは入力式を読んで計算し，結果を表示する．
(2) また我々が式を入力するとRは式を読んで計算し……（以下繰り返し）．

さて，開いているRのウインドウの最後を見てみると，次のように「>」というマークが表示されている．これは，Rが「式を入力してください」と待機している状態を表している．試しに「1 + 2」と入力してみる．

```
> 1 + 2
```

「1 + 2」と入力した後は⏎（[Enter]キー）を押せばよい．つまり，Rでは⏎を押すことで「1行の計算式を入力し終えた」ことをRに知らせる．

```
> 1 + 2⏎
[1] 3
>
```

「1 + 2」が計算されて「3」という結果を得られた（「[1]」というものが前に付いているが，これは「結果の数字が1つである」ことを表している）．そして再び>の記号が現れた．これは「1 + 2の計算が終了したので，次の計算式を入力してください」とRが要求していることを意味する．この後，新たに計算式を入力して⏎を押せば，Rは再び計算処理をしてくれる．

注意 上の式を入力する際，>を入力する必要はない．ここでは「1 + 2」だけを入力すればよい．

また，長い式の計算も簡単に実行できる．表 2.1 の演算子を利用できる．

表 2.1 演算子一覧

記号	+	^, **	-	%/%	*	%%	/
意味	加算	累乗	減算	整数商	乗算	剰余	除算

演算子の優先順位を変更するために括弧（(，)）を使うこともできる．

```
> (12 + 34 - 56) * 78 / 90⏎
[1] -8.666667
```

2.3　本書の計算式の記述方法とコメント

1 行の終わりには必ず⏎を入力するが，簡単のために，以降では⏎を省略した表現を使うことにする．たとえば，先ほどの四則演算の例を本書では次のように記述する．

```
> (12 + 34 - 56) * 78 / 90
[1] -8.666667
```

⏎は書いていないが，これで「(12 + 34 - 56) * 78 / 90」を入力した後に⏎を入力することを暗に示している．

さて，入力した計算式のメモを書いておきたい場合がある．そのようなときは # 以降にコメントを書くことができる．# 以降の文字列は行末まで無視されるので，好きなことを好きなだけ書くことが可能だ．たとえば「1 + 2 + 3 + 4 + 5」と入力して⏎を押しても，次のように入力した後で⏎を押しても，結果が 15 であることに変わりはない．

```
> 1 + 2 + 3 + 4 + 5   # 足し算だよ〜〜〜〜ん
[1] 15
```

以降，本書では入力式の説明をコメントで行う場面が多数登場する．その際，コメント文章は入力する必要はないことに注意されたい．たとえば，次のような入力例が出てきた場合は「(12 + 34 - 56) * 78 / 90」とだけ入力して⏎を押せばよい．

```
> (12 + 34 - 56) * 78 / 90   # 足して引いて掛けて割って……
```

2.4 関数電卓としての使い方

表 2.1 に挙げた演算子では，根（ルート）の計算や対数の計算といった複雑な計算はできなかった．実は R には多数の数学関数が用意されている．たとえば $\sqrt{10}$ を計算する場合は sqrt(10) とすればよい．この「sqrt()」が関数で，括弧の中に根を求めたい数を入れればよい．

```
> sqrt(10)   # 関数名(値) で指定する
[1] 3.162278
```

sqrt(10) と入力すると，数値 10 が関数 sqrt() に渡され，結果として sqrt(10) = 3.162278 が出力される．このイメージを次に示す．

複数の関数が含まれた計算を一度に行うこともできる．例として $\dfrac{\cos(0) - \sqrt{2}}{e^4}$ を計算する．

```
> ( cos(0) - sqrt(2) ) / exp(4)   # 複雑な計算もこなせる
[1] -0.007586586
```

数学関数は表 2.2 のようなものが用意されている．いきなりすべてを覚える必要はなく，ちょっと変わった計算がしたいというときにこの表を見返せばよいだろう．表中の x は 1.0 や − 2.5 などの実数を表すものとする[注2]．

表 2.2 数学関数一覧

関数	sin(x)	cos(x)	tan(x)	sinh(x)	cosh(x)	tanh(x)
意味	$\sin x$	$\cos x$	$\tan x$	$\sinh x$	$\cosh x$	$\tanh x$
関数	asin(x)	acos(x)	atan(x)	asinh(x)	acosh(x)	atanh(x)
意味	$\sin^{-1} x$	$\cos^{-1} x$	$\tan^{-1} x$	$\sinh^{-1} x$	$\cosh^{-1} x$	$\tanh^{-1} x$

注2 関数 atan(x) は x の逆正接関数（tan の逆関数）を求めるが，関数 atan(x, y) と引数を 2 つ与えれば，直角座標(y, x) に対応する極座標の偏角をの範囲で求めることができる（x と y の順番に注意）．この場合，y = 1 とすれば atan(x, y) = atan(x, 1) = atan(x) と定義される．また，x 軸と原点と座標(x, y) を結ぶベクトルのなす角を求める関数 atan2(y, x) がある（x, y > 0 ならば，atan2(y, x) = atan(y/x) となる）．また，表 2.2 以外の関数として，実数 x を有効桁数 a 桁で丸める関数 signif(x, a) がある．

関数	log(x)	log10(x)	log2(x)	log1p(x)	exp(x)	expm1(x)
意味	対数	常用対数	底が2の対数	$\log(1+x)$	e^x	$e^x - 1$
関数	sqrt(x)	round(x)	floor(x)	ceiling(x)	trunc(x)	sign(x)
意味	根（ルート）	四捨五入	小数を切り下げ	小数を切り上げ	整数部分	xの符号

2.5 以前に計算した式を呼び出す

Rは記憶力に自信があるので，こちらが入力した計算式や命令をすべて覚えている．キーボードの上矢印［↑］キーを押すことで，起動してから今までに入力した命令を呼び出せる．計算し終わった後のウインドウの最後の行は

```
>
```

となっているが，ここで［↑］キーを押すと，直前に入力した計算式

```
> ( cos(0) - sqrt(2) ) / exp(4)    # 複雑な計算もやってくれる
```

が表示される．ここで⏎を押せば，再度同じ計算を実行してくれる．さらに［↑］キーを押すと2つ前に入力した計算式が表示されるし，3回4回，……と押せば入力した計算式の履歴をどんどんさかのぼることができる．なお，［↑］キーを押しすぎた場合は，キーボードの下矢印［↓］キーを押すことで履歴を進めることもできる[注3]．

2.6 Rの終了

Rを終わらせるとき，たとえばWindows版のRならばウインドウの右上の［×］ボタンをクリックしても終了できるが，入力画面上からは次の2通りの方法で終了できる．

```
> q()
> quit()
```

このとき「作業スペースを保存しますか？（Save Workspace image?）」と尋ねられる．通常は［い

注3　今までに入力した命令を一覧で表示する関数 history() もある．

いえ（No）］を選択すれば無事終了できるが，今までの作業を保存したい場合は［はい（Yes）］を選択する（Windows 版の R では .Rdata ファイルに作業が保存される）．

2.7　落穂ひろい

読むのが面倒ならば，この節の内容は読み飛ばしてもよい．

(1)　式を入力する際，半角スペースの空白はいくつあっても構わない．たとえば次の 2 つの計算式は，どちらも同じ結果を返す．ただし，全角スペースは使ってはならない．

```
> 1          +          2
[1] 3
> 1 + 2
[1] 3
```

(2)　セミコロン（;）で区切ることで，複数の式を 1 行に書くこともできる．

```
> 1+2; 3-4
[1] 3
[1] -1
```

(3)　括弧が閉じていなかったり演算式が終了していなかったりなど，計算式が未完成のままで↲を押してしまうと，R は通常のプロンプト「>」の代わりに式が継続していることを示す「+」を表示する．この状態では，引き続き計算式を入力できる．

```
> 1 +
+ 2
[1] 3
```

上記の式は「1++2」という入力ではなく，2 行目先頭の「+」は「式が継続していることを示す +」であることに注意されたい．> と同様，「式が継続していることを示す +」は実際には入力する必要はない．

計算式の入力が途中の状態で，その計算式の入力をやめたいときは，［Esc］キーを押せばよい．

(4)　［Tab］キーを押すことで，命令の補完ができる．たとえば「sq」まで入力して［Tab］キーを押すと，先頭が「sq」で始まる関数（「sqrt」など）の候補が表示される．

第 2 章の練習問題　　　　　　　　　　　　　　　　　（解答は 395 ページ）

(1) R を起動せよ．
(2) 「1+2-3*4」と入力して⏎を押してみよ．
(3) R で「100^1/2」と入力した場合と「100^(1/2)」と入力した場合の違いは何か．
(4) 2 の平方根 $\sqrt{2}$ は sqrt(2) で計算できるが，2 の立方根 $\sqrt[3]{2}$ はどうやって計算すればよいか．
(5) $x=1$ と $x=2$ の 2 通りの場合で，$\sin^2(x) + \cos^2(x)$ を計算せよ．
(6) R を終了せよ．

第3章

代入（付値）

▶ この章の目的

- 前章のように計算式を入力しただけでは，計算結果を保存することはできない．この章の目的は，計算結果を保存する方法を知ることで，「変数」と「代入」について理解することである．
- 必要な前提知識として，第2章「電卓としてRを使う——起動→計算→終了」の理解が必要となる．

3.1 代入とは

たとえば$\sqrt{2}$の値を求めるために sqrt(2) と入力した場合，計算結果は出力されるが，R（コンピュータ）はその計算結果を記憶しない．では，$(\sqrt{2})^2 = 2$となるかを確かめるには，結果をコピー&ペーストして使うことになるのだろうか．

```
> sqrt(2)
[1] 1.414214
> (1.414214)^2
[1] 2.000001
```

答えは「ノー」である．Rでは次の形式で計算結果を「変数」に「代入」できるので，もっとシンプルに計算を行える[注1]．

```
> 変数 <- 数値や計算式など
```

たとえば x という変数に sqrt(2) の計算結果を代入するには，次のようにする．計算結果を変数に代入した場合は，計算結果は表示されない．

```
> x <- sqrt(2)
```

これで x という変数に sqrt(2) の計算結果が保存された．ここでは x という名前の変数に保存した

注1 「代入」の解説のためにこのような説明をしているが，普通は (sqrt(2))^2 とするだろう．

が，自分で（x以外の）好きな名前を付けることもできる．ところで，xに何が入っているかを確認するには，変数の名前をそのまま入力すればよい．ここではxとだけ入力すれば結果を確認できる．

```
> x
[1] 1.414214
```

xは1.414214と同じになっていることがわかる．よって，x^2を計算すれば，$(1.414214)^2$を計算したことと同じになる．

```
> x^2
[1] 2
```

3.2　変数と代入のルール

ここで変数についてのルールをいくつか紹介する．最初からすべてを覚える必要はない．忘れたときに見直せばよいだろう．

(1)　Rは大文字と小文字を区別する．すなわち，sin, SIN, Sinはすべて異なるものとしてRは認識する．よって，変数を指定する際には大文字と小文字を正確に使い分ける必要がある（これは関数を指定するときにも当てはまる）．

(2)　変数名にはローマ字や数字を使うことができ，この2つを組み合わせることもできるが，変数名の先頭は数字にしてはならない（エラーとなる）．

```
> 3A <- 1   # エラーになる
 エラー：　想定外のシンボルです　in "3A"
> A3 <- 1   # エラーにならない
```

(3)　次に挙げる名前はRの処理系によって先に予約されているので，変数の名前として用いることはできない[注2]．

```
break   else   FALSE   for    function  if    in    Inf
NA      NaN    next    NULL   repeat    TRUE  while
```

注2　TとFは普通はそれぞれ TRUE, FALSEと解釈されるが，T <- 0のようにユーザーが書き換えることもできる．つまり，Tは始めから TRUEを代入された変数にすぎない．このような変更は2値データを扱う際に便利だが，混乱を招きやすい表現なので筆者はお勧めしない．

たとえば，変数に「break」という名前を付けることはできない．

```
> break <- 1   # エラーが出る
 以下にエラー break <- 1 :  代入の左辺が不正 (NULL) です
```

(4) 変数同士の演算を行うことができる．

```
> x <- 2   # xに2を代入する
> y <- 3   # yに3を代入する
> x + y    # xの中身とyの中身の和
[1] 5
```

(5) 変数に値を代入し直すこともできる．

```
> x <- 2   # xに2を代入する
> x <- 3   # xに3を代入する
> x        # xの値を確認すると……
[1] 3
```

(6) 次のように丸括弧 ( ) を用いると，代入と表示を同時に行う．

```
> x <- 1:4     # 代入のみで結果の表示はない
> (x <- 1:4)   # 丸括弧で囲むと代入した結果を表示
[1] 1 2 3 4
```

(7) Rでは「変数に代入する」ことを「変数に付値（assign）する」ともいう．Rの書籍や資料を読んでいるときに「付値」という表現が登場したときには，「ああ，代入のことだな」と思っておけばよい．この付値に関連して，いくつかの代入方法を参考までに紹介する．次の例は，すべてxにπを評価した結果を代入している．

```
> x <- pi/2   # これがお勧め
> pi/2 -> x
> x = pi/2
> assign("x", pi/2)
```

第3章の練習問題　　　　　　　　　　　　　　　（解答は396ページ）

(1) xという名前の変数に3を代入した後，$\sin^2(x) + \cos^2(x)$を計算せよ．

(2) 次の文を実行すると，変数aと変数bには何が入っているか．

```
> a <- b <- 10
```

(3) 0.8-4という計算結果をyという名前の変数に代入せよ．

(4) (3) で生成した変数yについて，yの整数部分を求めるtrunc(y)と，yの切り下げを行うfloor(y)を実行せよ．trunc(y)とfloor(y)の結果の違いは何か．

第4章

ベクトルの基本

▶ この章の目的

- Rは複数の値をひとまとめに処理を行うのが得意であり，複数の値をまとめる「ベクトル」という概念がある．この章は，ベクトルの使い方を理解することを目的とする．
- 必要な前提知識として，第2章「電卓としてRを使う――起動→計算→終了」の内容と，第3章「代入（付値）」の内容を理解している必要がある．

4.1 ベクトルの作成

まず，1.0, 2.0, 3.0, 4.0, 5.0 のそれぞれの平方根が知りたくなったとする．今までの知識で計算すると，次のようになる．

```
> sqrt(1.0); sqrt(2.0); sqrt(3.0); sqrt(4.0); sqrt(5.0);
[1] 1
[1] 1.414214
[1] 1.732051
[1] 2
[1] 2.236068
```

次に，1.0, 2.0, 3.0, 4.0, 5.0 のそれぞれの対数（関数は log()）が知りたくなったとする．今までの知識で計算すると……，また1つずつ入力するのは大変である．

Rは複数の値をひとまとめに処理を行うのが得意だ．「複数の値をひとまとめにする」にはベクトルというものを作成すればよい．「ベクトル」というと何だか難しそうなイメージがあるが，Rでの「ベクトル」は単に「複数の値を1つにまとめたもの」のことをいう．このベクトルは関数 c() で作成できる．

```
> c(1.0, 2.0, 3.0, 4.0, 5.0)
[1] 1 2 3 4 5
```

たったこれだけで1.0〜5.0をひとまとめにすることができた．次に，ひとまとめにした数値を1つの変数 x に代入してみる．

```
> x <- c(1.0, 2.0, 3.0, 4.0, 5.0)   # ベクトルを変数に代入
```

これで、x には 1.0 〜 5.0 が代入され，これらについての計算をまとめて行うことができるようになった．試しに 1.0 〜 5.0 の平方根や対数を求めてみよう．

```
> sqrt(x)
[1] 1.000000 1.414214 1.732051 2.000000 2.236068
> log(x)
[1] 0.0000000 0.6931472 1.0986123 1.3862944 1.6094379
```

つまり，ベクトルを代入した変数を関数に入れてやるだけでよい．sqrt(x) だけを見ると，普通の数字に対する計算コマンドと変わりがない．

4.2 ベクトルと関数

先ほど見たとおり，sqrt(x) の x には数値だけでなくベクトルを指定することもできる．事実，第 2 章 p.18 の表 2.2「数学関数一覧」に載っている関数は，普通の数値に対して使えるだけでなく，ベクトルに対しても利用できる．

さらに，ベクトル（の各要素）に対して演算を行う関数も多数用意されている．すべてを覚える必要はなく，ちょっと変わった計算がしたいというときに表 4.1 を見る，という姿勢でよい[1]．

表 4.1 ベクトル演算関数一覧

関数	cor()	cumsum()	diff()	length()	max()	mean()
意味	相関係数	累積和	前進差分	要素数	最大値	平均値
関数	median()	min()	order()	prod()	range()	rank()
意味	中央値	最小値	要素の元の位置	総積	範囲	要素の順位
関数	rev()	sd()	sort()	sum()	summary()	var()
意味	要素の逆順	標準偏差	要素の整列	総和	要約統計量	不偏分散

次の例ではベクトル x (0, 1, 4, 9, 16) の平均を求めている[2]．

注 1　ただし，ベクトルの要素に 1 つでも欠損値（NA）があると，結果も NA になるものもあるので注意が必要である．また，関数 cumsum() の亜種として，数列の部分和・積，そして部分最大・最小値からなる数列を計算する関数がそれぞれ cumsum(), cumprod(), cummax(), cummin() として用意されている．

注 2　少々マニアックだが，mean(ベクトル, α) で α-trimmed mean を求めることができる．たとえば mean(x, 0.4) で x の 40%-trimmed mean を求められる．

```
> x <- c(0, 1, 4, 9, 16)
> mean(x)    # xの平均
[1] 6
```

次に示すのは，2つのベクトルに対する関数の適用例である．

```
> y <- c(1, 2, 3, 4)
> z <- c(0, 5, 7, 9)
> cor(y,z,method="pearson")    # pearsonの相関係数（spearmanに変更可能）
[1] 0.9693631
```

4.3 ベクトルの要素

ベクトルの中の数を「要素」と呼ぶのだが，ベクトルを作成した後で「ベクトル x の 2 番目の要素だけ知りたい」「ベクトル x の 4 番目の要素の数を変更したい」ということはよくある．まず，ベクトルの要素が知りたい場合は次のようにする（番号は左から 1，2，……と数える）．

```
> ベクトル名[番号]
```

ベクトルの要素を変更するには次のようにする．

```
> ベクトル名[変更したい要素の番号] <- 値
```

さらに，ベクトルと1つの数値や，ベクトルとベクトルを結合するときは，関数 c() を用いて次のようにする．

```
> c(ベクトル, 値)
> c(ベクトル, ベクトル)
```

次に例を示す．

```
> x <- c(1, 2, 3, 4, 5)
> x[2]         # 2番目の要素を取り出す
[1] 2
> x[4] <- 0    # 4番目の要素を0に変更する
> x            # xの値を確認する
```

```
[1] 1 2 3 0 5
> c(x, 4)     # xに値4を結合させる
[1] 1 2 3 0 5 4
```

4.4 ベクトル演算

ベクトル同士の演算を行うこともできる.この場合は,互いのベクトルの対応する各要素同士の演算となり,普通の数字と同様に + (加算),- (減算),* (積算),/ (除算),%/% (整数除算),%% (剰余),^ (べき乗) が使えるうえ,%o% で外積を求めることもできる[注3].

```
> c(1, 2, 3) + c(4, 5, 6)    # c(1+4, 2+5, 3+6)と同じ
[1] 5 7 9
> c(1, 2, 3) * c(4, 5, 6)    # c(1*4, 2*5, 3*6)と同じ
[1]  4 10 18
```

変わった演算として,ベクトルと1つの数値の演算が行える.Rでは,2つのベクトルの長さが異なる演算を行う場合は,短い方のベクトルの要素が循環的に使用される.

```
> c(1.0, 2.0, 3.0, 4.0, 5.0) - 1    # すべての要素から1を引く
[1] 0 1 2 3 4
```

最後に,1ずつ増える(減る)ベクトルを生成する場合はコロン(:)を用いる.

```
> 1:5    # 1から5まで1ずつ増えるベクトル
[1] 1 2 3 4 5
> 3:-3   # 3から-3まで1ずつ減るベクトル
[1]  3  2  1  0 -1 -2 -3
```

規則性のあるベクトルを生成する関数の一覧を表 4.2 に挙げる.

表 4.2 規則性のあるベクトルを生成する関数

関数	機能
1:5	1から5までの公差が1の等差数列を生成する
seq(1, 5, length=3)	長さ(要素の数)が3の,1から5までの等差数列を生成する
seq(1, 5, by=2)	1から5まで2ずつ増加する等差数列を生成する

注3 %o%は関数 outer() と同じである.

関数	機能
rep(1:5, 3)	数列 1:5 を 3 回繰り返したベクトルを生成する
rep(1:5, length=10)	数列 1:5 を長さが 10 になるまで繰り返したベクトルを生成する
sequence(3:2)	パターンを持つベクトルを生成する（この場合は c(1, 2, 3, 1, 2)）
numeric(7)	0 を 7 個並べたベクトルを生成する

第 4 章の練習問題 （解答は 396 ページ）

(1) 以下の要素を持つベクトルを x という名前の変数に代入し，次に x の要素を昇順に並べ替え（ソート）した結果を y という名前の変数に代入せよ．

```
> x
[1] 1 4 7 2 5 8 3 6 9
```

(2) (1) で生成したベクトル y を，演算子 : を使って生成せよ．

```
> y
[1] 1 2 3 4 5 6 7 8 9
```

(3) (1) で生成したベクトル y の要素数を求めよ．

(4) (1) で生成したベクトル y について，ベクトル y の総和と平均を求め，「総和」「平均」の順番で変数 z に代入せよ．

第5章 関数定義とプログラミング入門

▶この章の目的

- 自作の関数を定義する方法と，簡単なプログラムを書く方法を紹介する．同じような動作を何回も行う場合，関数という形で1回だけ定義しておくと，作業が非常に楽になる．
- 必要な前提知識は，第2章「電卓としてRを使う――起動→計算→終了」の内容，第3章「代入（付値）」の内容，第4章「ベクトルの基本」の内容である．
- 関数定義やプログラミングを習得する近道は，まず先人のプログラムを自分で入力してみて，次にそのプログラムを自分で改造して遊ぶことである．以降で紹介するプログラムをぜひ自分で入力し，そのプログラムの数値や関数などをいろいろ変えて動かしてみることをお勧めする．遊んでいる最中にエラーが出ても，めげずに遊び続けることが大切である．

5.1 関数とは

Rには特定の機能を果たす命令が多数あり，関数という形で呼び出すことができる．たとえば関数 date() を実行すると，現在の日付が出力される．

```
> date()
[1] "Tue Dec 15 20:18:10 2015"
```

対数を計算する関数 log(x) は「x の値の対数を計算する関数」であるが，関数にxの値を知らせるには，引数という形で関数に与える．

```
> x <- 2.71828182845    # xに2.71828182845を代入
> log(x)                # xを引数に与えてlog(x)を計算させる
[1] 1
```

引数（入力値）に式や関数を指定すれば，それを評価した値が引数として使われる．また，引数が2個以上ある場合はカンマ（,）で区切って並べればよい．

```
> x <- 10               # xに10を代入
> log(x^2, base=10)     # 底を指定する引数baseに10を指定して対数を計算
```

```
[1] 2
```

以上の例からわかるとおり，f という名前の関数があった場合，まず関数 f() に x を入力し，f(x) を計算した後で計算結果が出力されることになる．ただし，関数 date() のように，値を入力しなくても動作する関数もある．

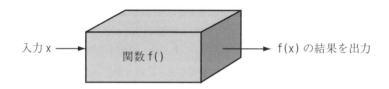

ここでは date() と log() という 2 つの関数を紹介したが，自分の思いどおりの動作をする関数を作ることもできる．以降では，自作関数の作り方と簡単なプログラミング方法を紹介する．

5.2 関数定義の基本

自分で関数を定義する手順は次のとおりとなる．

(1) 関数名を決める．
(2) 入力する変数（の個数や種類）を指定する．関数 date() のように引数がない関数を定義する場合は，空白で構わない．
(3) 計算手順を 1 行ずつ記述する．
(4) 関数 return() で計算結果を出力する．

自分で関数を定義したい場合の基本的な形式は次のようになる．

```
関数名 <- function( 引数・入力値 ) {
  <計算処理の1行目>
  <計算処理の2行目>
  ……
  return(計算結果を返す)
}
```

引数がない場合とある場合の，2 種類の関数定義の例を次に紹介する．

- 引数がない関数（例：関数 date()）：実行すると 1 を出力する関数 myfunc01() を定義する．

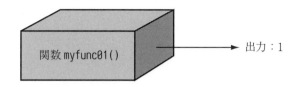

```
> myfunc01 <- function() {    #
+   return(1)                 # 関数定義部分
+ }                           #
> myfunc01()                  # 関数を実行する
[1] 1
```

● 引数がある関数：実行すると入力した値をそのまま出力する関数 myfunc02() を定義する．

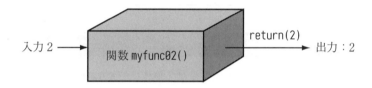

```
> myfunc02 <- function(x) {   #
+   return(x)                 # 関数定義部分
+ }                           #
> myfunc02(2)                 # 関数を実行する
[1] 2
```

注意 関数定義を実際に入力する際，> や +，コメント文は入力する必要はない．たとえば関数 myfunc01() を定義する場合，実際には次の命令を入力するだけでよい．

```
myfunc01 <- function() {
  return(1)
}
```

例として，数値を入力すると，入力した数値が 2 倍されたものが結果として返ってくる関数 mydouble() を定義する．

```
> mydouble <- function(x) {   #
```

```
+   return(2 * x)          # 関数定義部分
+ }                        #

> mydouble(5)              # 関数を実行する
[1] 10
```

- 引数は2個以上あってもよい．例として，2つの数値を入れると入力した数値の積が結果として返ってくる関数 mytimes() を定義する．

```
> mytimes <- function(x, y) {  #
+   return(x * y)               # 関数定義部分
+ }                             #

> mytimes(3, 4)                 # 関数を実行する
[1] 12
```

第5章の練習問題① （解答は397ページ）

(1) 引数として数値を入れると，入力した数値が2乗されたものが結果として返ってくる関数 mypower01() を定義せよ．

(2) 引数として2つの数値 x, y を入れると，x の y 乗が結果として返ってくる関数 mypower02() を定義せよ．

```
> mypower01(3)      # 3の2乗を計算する
[1] 9
> mypower02(3, 4)   # 3の4乗を計算する
[1] 81
```

(3) 関数の中では行を複数書いてもよい．たとえば，数値を入力すると数値の平方根が結果として返ってくる関数 mysqrt() を定義する．

```
> mysqrt <- function(x) {
+   y <- sqrt(x)
+   return(y)
+ }
```

sqrt(x) をそのまま return() で返してもよいのだが，いったん y という変数に代入することで，プログラムが読みやすくなることがある．以上を参考に，数値を入力すると「数値の平方根」

の対数をとったものが結果として返ってくる関数 mysqrtlog() を定義せよ．

```
> mysqrtlog(2.7182818)
[1] 0.5
```

5.3　プログラムの基本

　自作の関数を作る場合，ある条件で計算方法を変えたり（条件分岐），同じような処理を決まった回数だけ繰り返したりすることがある．この節では条件分岐と繰り返しの方法を紹介する．

5.3.1　条件分岐：if, else

　ある条件で場合分けをして処理を行いたい場合は，if 文と else 文を使う．

```
if (条件式) {
  <条件式がTRUEのときに実行される式>
} else {
  <条件式がFALSEのときに実行される式>
}
```

　例として，入力 x が負ならば正にして出力，x が負でなければそのまま出力する関数 myabs() を定義する．

```
> myabs <- function(x) {
+   if (x < 0) {    # xが0未満ならば条件式はTRUE（真）となる
+     return(-x)    # 条件式がTRUEならば-xが値として返される
+   }
+   else {          # xが0以上ならば条件式はFALSE（偽）となる
+     return(x)     # 条件式がFALSEならばxが値として返される
+   }
+ }
```

　関数の動作の流れは次のとおり．

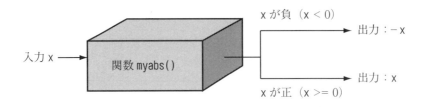

たとえば入力が−2ならば，流れ図の上に進んで出力が2となり，入力が3ならば，流れ図の下に進んで出力が3となる．

```
> myabs(-2)
[1] 2
> myabs(3)
[1] 3
```

条件を指定するための演算子には，表5.1のようなものが用意されている．

表5.1 比較演算子一覧

記号	==	!=	>=	>	<=	<
意味	等しい	等しくない	≧	>	≦	<

次に条件指定の例を示す．

```
if (x == 1)   <処理内容>  # xが1と等しいならば
if (x != 2.0) <処理内容>  # xが2.0でなければ
if (x >= 3)   <処理内容>  # xが3以上ならば
if (x <  4.0) <処理内容>  # xが4.0未満ならば
```

第5章の練習問題② （解答は398ページ）

(1) 引数 x が 1 より大きい場合のみ 1 を出力する関数 myone() を定義せよ．

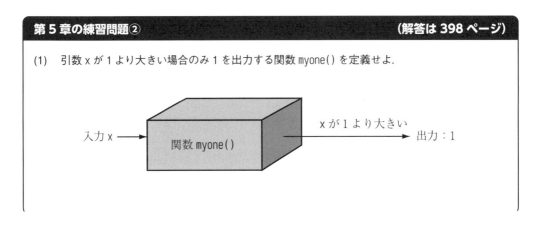

(2) 引数 x が 1 より大きい場合は 1 を出力し，引数 x が 1 より大きくない場合は 0 を出力する関数 myindex() を定義せよ．

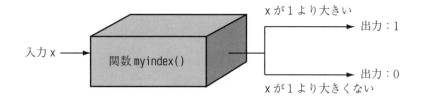

(3) 2 つの数値 a, b を入れると，その数値の差が結果として返ってくる関数 mydistance() を定義せよ．ただし，差は正の数であるものとする（つまり |a-b| を計算する）．

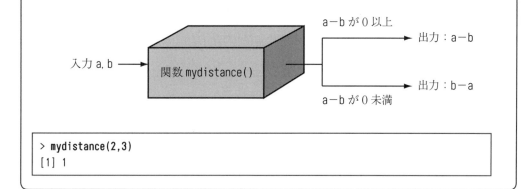

```
> mydistance(2,3)
[1] 1
```

5.3.2 繰り返し文：for

ある処理を繰り返して行いたい場合，同じ文を何度も書く代わりに for 文を使うとよい．繰り返し回数を指定するリストには，普通は数列（c(1, 2, 3) や 1:5 など）を指定する．

```
for (ループ変数 in リスト) {
    <…繰り返す式…>    # ループ変数がリストの範囲内
}                    # である限り式が繰り返される
```

たとえば 0 が入っている変数 a に 5 回だけ 1 を足す場合は，次のようにする．

```
> myloop <- function() {
+   a <- 0
+   for (i in 1:5) {
+     a <- a + 1
```

```
+   }
+   return(a)
+ }
```

内部で起こっている動作は次のとおりである.

(1) リストが 1:5 なので,for 文の中身が 1 から 5 までの 5 回繰り返されることが決まる.
(2) まず,i に 1 が代入された後に for 文の実行が始まる.ここでは a に a + 1 が代入される(すなわち a に 1 が足される).
(3) 次に,i に 2 が代入された後に for 文の実行が始まる.ここでは a に a + 1 が代入される(すなわち a に 1 が足される).
(4) 以降,リストの中身(1, 2, 3, 4, 5)が空になるまで for 文が繰り返される.
(5) i に代入するものがなくなったら,for 文から抜ける.

関数 myloop() が実行された結果は,次のようになる.

```
> myloop()
[1] 5
```

リストの 1:5 は何でもよく,たとえばリストに 3:7 と指定してもよい.

```
> myloop2 <- function() {
+   a <- 0              # a に 0 を代入
+   for (i in 3:7) {    # i が 3～7 の間……
+     a <- a + 1        # 「a に 1 を足す」を繰り返す
+   }
+   return(a)           # a の値を返す
+ }
```

関数 myloop2() が実行された結果は次のようになる.

```
> myloop2()
[1] 5
```

例として,整数値 n を入れると 1 から n までの和を返す関数 mysum() を定義する.

```
> mysum <- function(n) {
```

```
+   i <- 0
+   for (j in 1:n) {
+     i <- i + j
+   }
+   return(i)
+ }
> mysum(5)
[1] 15
```

第5章の練習問題③ （解答は 399 ページ）

(1) 以下の ############ の部分に「『変数 x に i を足す』を 5 回繰り返す」処理を追記せよ．

```
> x <- 0                          # xに0を代入
> for (i in 1:5) ############     # xにiを足す
> x                               # xを表示
[1] 15
```

(2) 以下の ############ の部分に「『ベクトル x に i をくっつける』を 5 回繰り返す」処理を追記せよ．

```
> x <- c()                        # 空のベクトルを用意
> for (i in 1:5) ############     # xにiをくっつける
> x                               # xを表示
[1] 1 2 3 4 5
```

(3) 「1 から x までの間の偶数をすべて足し合わせる」という関数 myeven() を定義せよ．

(4) NA は欠損値（データなし）を表す．ベクトル x <- c(1, 2, 3, NA, 4, 5, NA) について，NA は足さずにほかの要素だけを足し算するような関数 myplus() を定義せよ．ここで 2 つほどヒントを挙げる．
   - ベクトル x の要素の数（大きさ，長さ）を求める関数 length(x) を用いればよいかもしれない．
   - 数値 a が NA かどうかを判定する関数 is.na(a) を用いればよいかもしれない．以下は if 文の例である．

```
if (!is.na(x[j])) {  # x[j] の値がNAでないならば
   ####################  この行の式が実行される
}
```

5.4 落穂ひろい

(1) 関数定義の式が 1 行しかない場合や，if や else，for 文の後の式が 1 行しかない場合は，中括弧（{ }）を付けずに次のように書いてもよい．

```
> myfunc <- function(x) return(2 * x)  # 1行だけの関数定義の例
> myabs <- function(x) {
+   if (x < 0) return(-x)               # 1行だけの条件分岐の例
+   else       return(x)                # 1行だけの条件分岐の例
+ }
```

(2) 中括弧（{ }）の中は何行でも式を記述してもよく，最後の式の結果が出力される．このように中括弧（{ }）で囲んで記述された複数の式のことを，複合式と呼ぶ．

```
> {1 + 2; 3 + 4; 5 + 6}
[1] 11
```

関数の最後には値を返す関数 return() を置いて出力の値を指定するが，上記の事実を利用すると，出力する値をそのまま書いても値が出力される．

```
> myfunc <- function(x) {
+   2 * x  # return(2 * x)と同じ
+ }
> myfunc(5)
[1] 10
```

(3) 1 つの値について複数の条件を指定する場合は，表 5.2 の論理演算子を用いる．

表 5.2 論理演算子一覧（値同士）

記号	!	&&	||
意味	NOT（でない）	AND（かつ）	OR（または）

次に例を示す．

```
x <- 1
if ((-2 < x) && (x < 2))    # （xが-2より大）かつ（xが2未満）
if ((x >= 2) || (x <= -2))  # （xが2以上）または（xが-2以下）
```

ちなみに，1 つの値ではなく複数の要素を持ったベクトルについて複数の条件を指定する場合は表 5.3 の論理演算子を用いる．

表 5.3 論理演算子一覧（ベクトル同士）

記号	!	&	|
意味	NOT（でない）	AND（かつ）	OR（または）

次に例を示す．

```
> x <- c(1, 2, 3)
> ((x >= c(1, 1, 1)) | (x < c(3, 3, 3)))
[1] TRUE TRUE TRUE
> ((x >= c(1, 1, 1)) & (x < c(3, 3, 3)))
[1]  TRUE  TRUE FALSE
```

(4) 3 つ以上の条件分岐をする場合は else if を用いる．

```
if (条件式1) {
  <条件式1がTRUEのときに実行される式>
}
else if (条件式2) {
  <条件式1がFALSEで条件式2がTRUEのときに実行される式>
}
else {
  <条件式1も条件式2もFALSEのときに実行される式>
}
```

例として，「入力 x が 0 未満ならば -x を出力」「入力 x が 0 以上 5 未満ならば 5 を出力」「入力 x が 5 以上ならばそのまま x を出力」する関数 myfunc() を定義する．

```
> myfunc <- function(x) {
+   if (x < 0)                      return(-x)
+   else if ((0 <= x) && (x < 5))   return(5)
+   else                            return(x)
+ }
> myfunc(3)
[1] 5
```

(5) 次のように丸括弧 ( ) を用いると，代入と表示を同時に行える．この性質を用いて次のようなことができる．

```
> x <- 1:4        # 代入のみで結果の表示はない
> (x <- 1:4)      # 丸括弧で囲むと代入した結果を表示
[1] 1 2 3 4
> myfunc1 <- function(x) y <- 2 * x
> myfunc1(1:4)   # 何も表示されない
> myfunc2 <- function(x) (y <- 2 * x)
> myfunc2(1:4)   # 丸括弧で囲むと代入したうえで表示される
[1] 2 4 6 8
```

(6) 関数を定義する際，1つの命令が数行にわたる場合が多い．このような場合，Rの入力画面に直接入力すると，間違ったときに始めから入力し直さなければならなくなるので不便である．

1つの命令が数行にわたる命令を記述する際には，いきなりRの入力画面に直接記述するのではなく，適当なエディタに命令を書いておいて，それをコピーし，Rの入力画面にペーストするのがよい．Windows版Rならば，まずメモ帳などのエディタを開いて命令を下書きする．

次に，命令をコピーしてから，Rの入力画面にペーストする．こうすることで数行のプログラムを一度に実行できるうえに編集が楽になり，記述に間違いがあった場合も修正が容易になる．

ちなみに，関数 fix(関数名) でエディタが起動するので，ここから関数定義を作成・変更することもできる（新規作成も可能）．

(7) Windows 版 R ならば，メニューの［ファイル］→［新しいスクリプト］で R 専用のエディタを起動できる．

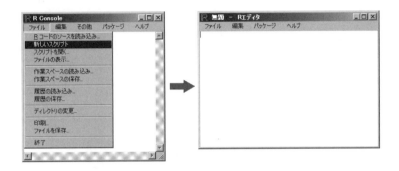

R の命令を記述した後，［編集］→［カーソル行または選択中の R コードを実行］または［編集］→［全て実行］を選択して命令を実行できる．

- ［カーソル行または選択中の R コードを実行］：選択した部分の命令を実行する（ショートカットキーは［F5］キーまたは［Ctrl］＋［R］キー）．
- ［全て実行］：記述した命令をすべて実行する．

記述した命令をファイルに保存することもできる（拡張子は「.R」）．また，保存したファイル（拡張子「.R」）は［ファイル］→［スクリプトを開く］で開くことができる．

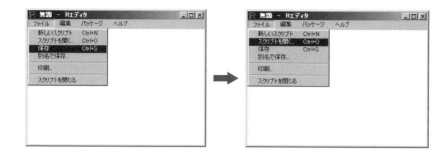

Mac OS X 版 R ならば，メニューの［ファイル］→［新規文章］で R 専用のエディタを起動することができる．

R の命令を記述した後,［編集］→［実行］を選択してプログラムを実行することができる（ショートカットキーは［command］+⏎キー）．また，記述した命令をファイルに保存することもできる（拡張子は「.R」）．保存したファイル（拡張子「.R」）は［ファイル］→［文書を開く］で開くことができる．

(8)「RStudio」を用いると，R で快適にプログラミングができるようになる．まず，https://www.rstudio.com/products/rstudio/download/ からお使いの OS（Windows，Mac OS X，Ubuntu/Debian，Fedora/RedHat/openSUSE に対応）の RStudio をダウンロードし，インストールする．

「RStudio」を起動した後，メニューの［File］→［New File］→［R Script］を選択する．

「RStudio」の概観は次のようになっており，プログラムを書くエディタ部分や実行部分が分割されている．変数の情報やプログラムの実行履歴を右上のウインドウから取得でき，ファイルの入出力，グラフ，パッケージ管理は右下のウインドウから行えたりと，何かと便利な統合環境となっている．Rにある程度慣れたら導入することをぜひお勧めしたい．

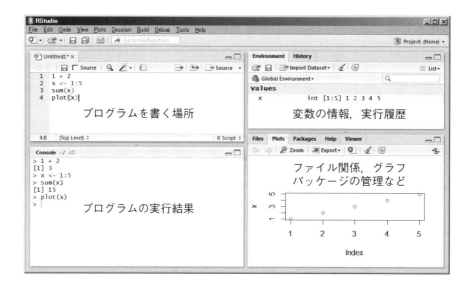

第6章 ヘルプ，パッケージ，関数定義の見方

▶この章の目的

- ここで少し寄り道をして，Rを使うにあたって，知っていれば非常に有用な（もしなくても何とかなるが）事項を紹介する．

6.1 ヘルプ

Rの上達のために欠かせないのが「ヘルプを見る」能力である．

6.1.1 コマンドを入力してヘルプを見る

たとえば log() という関数の使い方がわからなくなった場合，次の3通りの方法で log() に関するヘルプを見ることができる．

```
> help(log)
> ?log
> args(log)    # 関数の引数を知りたいという場合
```

すると，次のヘルプが表示される．

```
log                    package:base                    R Documentation
Logarithms and Exponentials
Description:    ① 説明

     'log' computes logarithms, by default natural logarithms, 'log10'
     computes common (i.e., base 10) logarithms, and 'log2' computes
     binary (i.e., base 2) logarithms. The general form 'log(x, base)'
     computes logarithms with base 'base'.

     'log1p(x)' computes log(1+x) accurately also for |x| << 1 (and
     less accurately when x is approximately -1).

     'exp' computes the exponential function.

     'expm1(x)' computes exp(x) - 1 accurately also for |x| << 1.

Usage:     ② 関数の雛形

     log(x, base = exp(1))
     logb(x, base = exp(1))
     log10(x)
     log2(x)

     log1p(x)

     exp(x)
     expm1(x)

Arguments:    ③ 引数の説明

     x: a numeric or complex vector.

     base: a positive or complex number: the base with respect to which
           logarithms are computed. Defaults to e='exp(1)'.

Details:      ④ 補足説明

     All except 'logb' are generic functions: methods can be defined
     for them individually or via the 'Math' group generic.

     'log10' and 'log2' are only convenience wrappers, but logs to
     bases 10 and 2 (whether computed _via_ 'log' or the wrappers) will
     be computed more efficiently and accurately where supported by the
     OS. Methods can be set for them individually (and otherwise
     methods for 'log' will be used).

Value:    ⑤ 返り値
     A vector of the same length as 'x' containing the transformed
     values. 'log(0)' gives '-Inf', and negative values give 'NaN'.

S4 methods:    ⑥ S4 メソッド
     'exp', 'expm1', 'log', 'log2', 'log2' and 'log1p' are S4 generic
     and are members of the 'Math' group generic.

     Note that this means that the S4 generic for 'log' has a signature
     with only one argument, 'x', but that 'base' can be passed to
     methods (but will not be used for method selection). On the other
     hand, if you only set a method for the 'Math' group generic then
     'base' argument of 'log' will be ignored for your class.

Note:    ⑦ 注意書き
     'log' and 'logb' are the same thing in R, but 'logb' is preferred
     if 'base' is specified, for S-PLUS compatibility.

Source:    ⑧ ソース
     'log1p' and 'expm1' may be taken from the operating system, but if
     not available there are based on the Fortran subroutine 'dlnrel'
     by W. Fullerton of Los Alamos Scientific Laboratory (see <URL:
     http://www.netlib.org/slatec/fnlib/dlnrel.f> and (for small x) a
     single Newton step for the solution of 'log1p(y) = x'
     respectively.

References:    ⑨ 参考文献
     Becker, R. A., Chambers, J. M. and Wilks, A. R. (1988) _The New S
     Language_. Wadsworth & Brooks/Cole. (for 'log', 'log10' and
     'exp'.)

     Chambers, J. M. (1998) _Programming with Data. A Guide to the S
     Language_. Springer. (for 'logb'.)

See Also:    ⑩ 関連の関数
     'Trig', 'sqrt', 'Arithmetic'.

Examples:    ⑪ 例
     log(exp(3))
     log10(1e7) # = 7
```

見方がよくわからない場合は，とりあえず②を見た後に⑪を実行してみて，ざっくりとイメージをつかむのもよい．また，関数名ではないがたとえば「solve」という機能を持った関数を探したい，といった場合には，関数 help.search() を用いる．次のコマンドを実行すると，ヘルプのタイトルに「solve」という文字列が含まれる関数の一覧が表示される[注1]．

```
> help.search("solve")
```

for などの予約語や，[などの特殊記号の解説を見るには，" " で囲む必要があるので注意しよう（?"for" でも可）．

```
> help("for")
```

R のヘルプは英語なので，日本人には読みにくい場合がある．手っ取り早く使い方を見たいという場合，たとえば関数 solve() の使い方が知りたい場合は，次のようにすれば例を出力してくれる．

```
> example(solve)
```

ただし，グラフ出力がある場合で，グラフをいくつか含むときは，単に example を実行するだけだ

注1 Windows 版 R では，メニューの［ヘルプ］→［ヘルプの検索］を選択すると，関数を探すダイアログが表示される．

と数枚のグラフを一瞬で表示しつくしてしまう．動体視力に自信のない方は，次のように定義しておくだけでグラフの描画ごとに逐一静止してくれる．

```
> par(ask=TRUE)
> example(plot)
```

そのほか，パッケージにある関数やデータセットに関するヘルプを表示する場合は表 6.1 のようにする．「::」で指定する際，パッケージは自動ロードされるので，前もって library() で呼び出しておく必要はない．

表 6.1 ヘルプ・データセットに関する関数

命令	機能
help(package=" パッケージ名 ")	パッケージの関数の一覧を表示
base:: 関数名	パッケージ base 中の関数の情報を表示
base::"+"	パッケージ base 中の演算子 + の情報を表示
data()	使用可能なデータセットを表示
data(package=" パッケージ名 ")	パッケージ中の使用可能なデータを表示
data(USArrests, "VADeaths")	データセット USArrests と VADeaths をロード
help(USArrests)	データセット USArrests に関する情報を表示

Windows 版 R ならば，メニューの［ヘルプ］→［R の関数（テキスト）…］を選択すると，関数を探すダイアログが表示される．

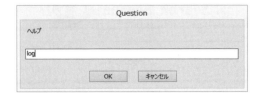

Mac OS X 版 R ならば，R 専用エディタの右上にあるテキストボックスに関数名を入力することで，その関数のヘルプドキュメントを見ることができる．

6.1.2 htmlファイルからヘルプを見る

Rには，Rに関する機能説明が収録されたhtmlファイルが用意されている．Windows版Rならばメニューの［ヘルプ］から［Htmlヘルプ］を選択することで，そのhtmlファイルを開くことができる．Mac OS X版Rならばメニューの［ヘルプ］から［Rヘルプ］を選択することで，同様にhtmlファイルを開くことができる．

たとえば，「Search Engine & Keywords」をクリックすることで，関数 help.search() と同様のことが行えるページが表示される．

クリックすると，次のようなページが表示される．調べたい文字列（たとえば「solve」）を入力して［Search］ボタンをクリックすると，「solve」という機能を持った関数の一覧が表示される．

また，トップページの［Packages］から，各パッケージに収録されている関数の一覧を閲覧することもできる．

6.2 パッケージ

6.2.1 パッケージの読み込み

Rは関数およびデータを分野別に分類して,「パッケージ」という形でまとめられている.どのようなパッケージが準備されているかは,関数 library() を実行することで調べられる.

```
> library()
```

パッケージを呼び出す場合は,関数 library(パッケージ名) とする.たとえば「car」という名前のパッケージを呼び出すには,次のようにする.

```
> library(car)
```

これで,パッケージ car が呼び出され,そのパッケージに収録されている関数を使うことができるようになる.ちなみに,パッケージに含まれる関数一覧を見るには,関数 library(help=" パッケージ名 ") を実行すればよい.デフォルトでは表 6.2 のパッケージを利用できる.

表6.2 よく使うパッケージ一覧

パッケージ名	機能
boot	ブートストラップに関するパッケージ
cluster	クラスター解析に関するパッケージ
foreign	R 以外のデータファイルを読み込むためのパッケージ
grid	グリッドグラフィックスに関するパッケージ
KernSmooth	カーネル平滑化に関するパッケージ
lattice	ラティスグラフィックスに関するパッケージ
MASS	さまざまな有用な関数やデータが詰まったパッケージ
nlme	線形・非線形混合効果モデルに関するパッケージ
nnet	ニューラルネットワークに関するパッケージ
rpart	回帰木「CART」に関するパッケージ
splines	スプライン回帰に関するパッケージ
survival	生存時間解析に関するパッケージ

Windows 版 R ならば，メニューの［パッケージ］→［パッケージの読み込み ...］を選択すると，次のようなウインドウが表示されるので，読み込むパッケージをマウスでクリックして［OK］を押せばよい．

Mac OS X 版 R ならば，メニューの［パッケージとデータ］から［パッケージマネージャ］を選択すると，次のようなウインドウが表示されるので，読み込むパッケージの［状態］のチェックボックスをマウスでクリックしてチェックを付ける．後は一覧を更新すれば，パッケージの読み込みが完了する．

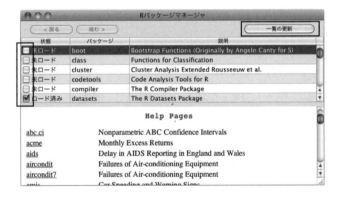

6.2.2 パッケージに関する操作

各パッケージの詳しい説明は，次のコマンドで表示される．

```
> library(help="パッケージ名")
```

標準で検索リストに登録されているパッケージ（たとえばパッケージ base）は新たにインストールすることなく使えるが，それ以外のパッケージを使用するには，パッケージ名を引数とした library(パッケージ名) を事前に実行する必要がある．その他のパッケージに関する操作に関する命令も含めて表 6.3 に示す．

表 6.3 パッケージに関する命令

命令	機能
library(grid)	パッケージ grid を使用する
search()	現在読み込んでいるパッケージの一覧を見る
library(help="grid")	読み込んだパッケージ中にどのようなオブジェクトが含まれているかを見る
detach("package:grid")	パッケージ grid をアンロードする

6.2.3 パッケージのインストール

R-Project の CRAN から拡張パッケージをインストールすることもできる．

(1) パッケージ car をインストールする場合，まずダウンロード先である CRAN のミラーサイトのうち，いずれか（たとえば統計数理研究所）を選択し指定する（インターネット接続が必要）．

```
> options(repos="https://cran.ism.ac.jp/")
```

(2) 次に，パッケージ car をインストールする．

```
> install.packages("car", dep=T)
```

(3) 圧縮ファイルからパッケージをインストールする場合は，関数 install.packages() でファイルのパスを指定してインストールする．

```
> install.packages("C:/temp/car_2.1-1.zip", repos=NULL)
```

(4) CRAN 上のパッケージから自分の環境にあるパッケージをアップデートする場合は，関数 update.packages() を用いる．パッケージを多数インストールしていて「アップデートしていいですか？」という質問に逐一答えるのが面倒な場合は，次のようにする．

```
> update.packages(ask=F, destdir=".")
```

Windows 版 R ならば，メニューの［パッケージ］→［パッケージのインストール …］を選択することでパッケージをインストールすることもできる．まず，ダウンロード先である CRAN のミラーサイトを選択する画面が表示されるので，統計数理研究所を選択する場合は「Japan (Tokyo)」を指定する．

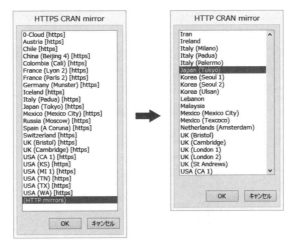

次に,インストールするパッケージを選択する画面が表示されるので,パッケージ名をマウスでクリックして[OK]を押す.

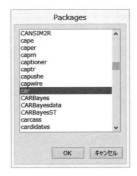

Mac OS X 版 R ならば，メニューの［パッケージとデータ］→［パッケージインストーラ］を選択すると，次のような画面が表示されるので，［一覧を取得］ボタンをクリックする．

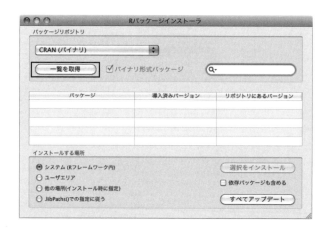

ダウンロード先である CRAN のミラーサイトを選択する画面が表示されるので，たとえば統計数理研究所「Japan (Tokyo)」を指定し，［Ok］をクリックする．

選択したミラーサイトをデフォルトの設定とするかどうかを聞かれるので，［はい］を選択する．

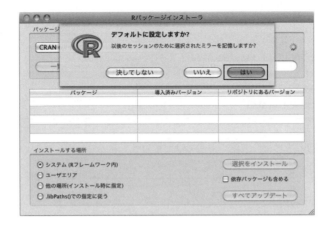

すると，インストール可能なパッケージが表示されるので，インストールするパッケージの名前を選択して［選択をインストール］をクリックする．

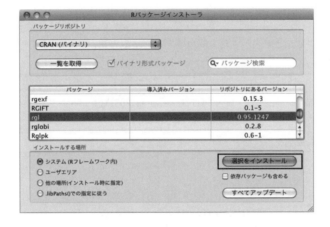

6.3 関数の定義

6.3.1 関数の定義を見る

関数がどのような式で定義されているかを見るには，関数の名前のみ（括弧なし）を入力すればよい．たとえば関数 sd() の定義を見るには，「sd」と入力する．これは自分で定義した関数でも，元からRに用意されている関数でも，どちらにも使える方法である．

```
> sd
function (x, na.rm = FALSE)
sqrt(var(if (is.vector(x) || is.factor(x)) x else as.double(x),
    na.rm = na.rm))
<bytecode: 0x000000000a2142f0>
<environment: namespace:stats>
```

ただ，基本的な関数の中には，上記の方法では関数定義を見ることができないものもある．

```
> mean
function (x, ...)
UseMethod("mean")
<bytecode: 0x0000000009f963d8>
<environment: namespace:base>
```

このような場合，関数定義を見るための試行錯誤が必要になる．詳しくは『R プログラミングマニュアル —R バージョン 3 対応』（間瀬 茂 著，数理工学社，2014）をご覧いただきたいが，たとえば関数 methods() を使用することで表示される関数名を入力する方法がある．

```
> methods(mean)
[1] mean.Date     mean.default  mean.difftime mean.POSIXct  mean.POSIXlt
see '?methods' for accessing help and source code
```

```
> mean.default
function (x, trim = 0, na.rm = FALSE, ...)
{
    if (!is.numeric(x) && !is.complex(x) && !is.logical(x)) {
        warning("argument is not numeric or logical: returning NA")
        return(NA_real_)
    }
    ......
    .Internal(mean(x))
}
<bytecode: 0x0000000008c79160>
<environment: namespace:base>
```

特定のパッケージに含まれている関数は，「:::」を使って定義を見ることができる場合がある．

```
> t.test                    # 定義は見られない
function (x, ...)
UseMethod("t.test")
<bytecode: 0x0000000008c08df8>
<environment: namespace:stats>
> stats:::t.test            # これで見られる関数もあるが今回は駄目
function (x, ...)
UseMethod("t.test")
<bytecode: 0x0000000008c08df8>
<environment: namespace:stats>
> methods(t.test)           # methods()で検索→t.test.defaultが怪しい
[1] t.test.default* t.test.formula*
see '?methods' for accessing help and source code
> t.test.default            # これでも見られない
 エラー:  オブジェクト 't.test.default' がありません
> stats:::t.test.default    # :::付きで閲覧成功
function (x, y = NULL, alternative = c("two.sided", "less", "greater"),
    mu = 0, paired = FALSE, var.equal = FALSE, conf.level = 0.95,
    ...)
{
  ......
```

6.3.2 関数についての情報を見る

関数がどのような式で定義されているかを見るには，自分で定義した関数，元からRに用意されている関数のどちらも，関数の名前のみ（括弧なし）を入力すればよかった．関数の形式引数を得る場合や形式引数を設定するには，関数 formals()，関数 alist() を使えばよい．

```
> f <- function(x) x^2              # 関数の定義
> f                                 # 関数の定義式を確認
function(x) x^2                     # 関数body(f)でもよい
> formals(f)                        # 関数fの形式的引数を調べる
$x

> formals(f) <- alist(x=, y=2)      # 形式的引数x, yを設定
> f                                 # fの定義を確認
function (x, y = 2)
x^2
> formals(f) <- alist(x = , y = 2, ... = )   # 「その他」の引数 ...
> f
function (x, y = 2, ...)
x^2
```

> **第6章の練習問題**　　　　　　　　　　　　　　　　　　　　**（解答は400ページ）**
>
> (1) 関数 seq() のヘルプを参照せよ．
> (2) パッケージ car と rgl をインストールせよ．
> (3) 関数 seq() の関数定義を閲覧せよ．

6.4 落穂ひろい

(1) 関数 apropos(" 文字列 ") で，文字列を含む関数やオブジェクトを検索することができる．

```
> apropos("log")
 [1] ".__C__logical"        ".__C__logLik"         ".__T__Logic:base"
 [4] "as.data.frame.logical" "as.logical"           "as.logical.factor"
 ......
```

引数 mode に "function" を指定すると，検索するものを関数に絞る．

```
> apropos("log", mode="function")
 [1] "as.data.frame.logical" "as.logical"           "as.logical.factor"
 [4] "dlogis"               "is.logical"           "log"
 [7] "log10"                "log1p"                "log2"
[10] "logb"                 "Logic"                "logical"
[13] "logit"                "logLik"               "loglin"
[16] "loglm"                "loglm1"               "logtrans"
[19] "plogis"               "qlogis"               "rlogis"
[22] "SSlogis"              "winDialog"            "winDialogString"
```

(2) 関数 find(" 関数名 ") で，関数が属するパッケージ名を検索することができる．

```
> find("log")
[1] "package:base"
```

パッケージ sos には，このような支援関数がいくつか含まれる．興味のある方は参照されたい．

第7章 グラフ作成入門

▶ この章の目的

- Rで簡単な作図ができるようになるのが本章の目的である．Rでは簡単に作図が可能で，簡単にグラフを保存できる．
- 必要な前提知識は，第2章「電卓としてRを使う──起動→計算→終了」の内容，第3章「代入（付値）」の内容，第4章「ベクトルの基本」の内容，第5章「関数定義とプログラミング入門」の内容である．

7.1 グラフィックスとR

グラフィックス機能はRのセールスポイントの1つである．主の特徴を次に挙げる．

- 簡単な命令で見栄えの良いグラフを作成することができる
- グラフのカスタマイズが非常に簡単にできる
    - 低水準作図関数で完成図に追記が可能
    - 専用のパッケージを使ってカスタマイズすることも可能
- 複雑なグラフや立体的なグラフも簡単に描くことができる
- さまざまな種類の画像ファイルに保存することができる

Rでは，作図関数と作図デバイスの2つを用いて作図を行う．

- 作図関数：グラフを出力する関数
- 作図デバイス：グラフを出力する装置（ウインドウ）

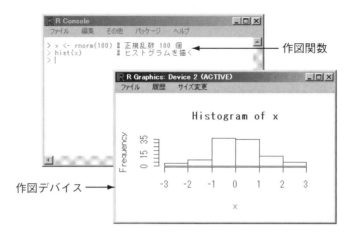

作図関数は主に次の2つを用いる.

- 高水準作図関数：1枚の完成されたグラフを描く
  - (例) 関数 plot() を使って散布図を描く
  - (例) 関数 hist() を使ってヒストグラムを描く
- 低水準作図関数：完成されたグラフに図形や文字などを追記する
  - (例) 関数 legend() を使って棒グラフに凡例を追記する
  - (例) 関数 abline() を使って散布図に回帰直線を追記する

作図デバイスには次の種類がある．ちなみに，Rが起動されたときに作図デバイスは自動的に呼び出されるので，グラフを作成する際に作図デバイスについて気にする必要はほとんどないが，pdf形式など特定の画像形式にグラフを出力したい場合は，次のデバイス関数を実行して作図デバイスを起動することができる．

- パソコンの画面に表示するためのデバイス（装置）
- 画像ファイルに保存するためのデバイス（装置），たとえば次のようなものがある．
  - bmp()：ビットマップ形式
  - pdf()：Adobe PDF 形式
  - postscript()：Adobe PostScript 形式
  - win.metafile()：Windows メタファイル形式

次節では，高水準作図関数で「1枚の完成されたグラフ」を簡単に描くことができることを見ていく．

7.2 高水準作図関数

Rでグラフを作成する手順を次に示す．この手順のうち，「(1) プロットするデータや数式を準備する」「(2) 高水準作図関数でグラフを描く」の2手順だけで，とりあえずグラフが作成できることを見ていく．

(1) プロットするデータや数式を準備する
(2) **高水準作図関数でグラフを描く（★）**
(3) 低水準作図関数でグラフに装飾を施す
(4) 描いたグラフを保存する

高水準作図関数は「1枚の完成されたグラフ」を描くための関数である．高水準作図関数を実行すると，自動的に作図デバイスが起動されてウインドウにグラフが表示される．高水準作図関数で作成できるグラフの一覧を表7.1に挙げる．

表7.1 高水準作図関数一覧

機能	関数
散布図	plot(ベクトル)，plot(ベクトル1, ベクトル2)
ヒストグラム	hist(ベクトル)
箱ひげ図	boxplot(ベクトル)
棒グラフ	barplot(各カテゴリの頻度が入ったベクトル)
円グラフ	pie(各カテゴリの頻度が入ったベクトル)
分割表の図	mosaicplot(行列データ)
スターチャート	stars(行列データ)
対散布図	pairs(行列データ)
1次元関数のグラフ	curve(関数，左端，右端)
2次元関数のグラフ	persp(x軸，y軸，z軸)

7.2.1 関数 plot()

高水準作図関数のうち，Rで最もよく使われる関数plot()を題材として，高水準作図関数の使い方に慣れていこう．まず，関数plot()の基本的な書式は次のとおりである．

```
> plot(y軸のデータ, オプション)
> plot(x軸のデータ, y軸のデータ, オプション)
```

まず，y座標のデータだけを指定してプロットすると，次のようになる．

```
> y <- c(1,1,2,2,3,3,4,4,5,5)    #  (1) データを準備する
> plot(y)                        #  (2) グラフを描く（範囲は自動で決まる）
```

この場合，x 座標の値は自動的に 1，2，……となる．

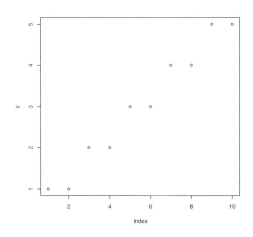

次に，x 座標と y 座標のデータを指定してプロットすると，次のようになる．

```
> x <- 1:10      #  (1) x軸のデータを準備する
> y <- 1:10      #  (1) y軸のデータを準備する
> plot(x, y)     #  (2) グラフを描く（範囲は自動で決まる）
```

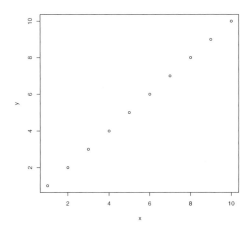

また，数学関数を与えてそのグラフを出力することもできる．

(1) プロットする関数を定義する（関数 sin() など，元からある関数をプロットする場合は定義は不要）.
(2) 関数名を指定してプロットする.

> plot(関数名, x 軸の範囲の下限, x 軸の範囲の上限)

例として，正弦関数と標準正規分布をプロットする.

```
> plot(sin, -pi, 2 * pi)              # (2) 正弦関数をプロットする
> curve(sin, -pi, 2 * pi)             # (2) 関数curve()：上と同じグラフ

> gauss.density <- function(x) {      # (1) 標準正規分布の密度関数を定義する
+   1 / sqrt(2 * pi) * exp(-x^2 / 2)  #
+ }                                   #
> plot(gauss.density, -3, 3)          # (2) 標準正規分布をプロットする
> curve(gauss.density, -3, 3)         # (2) 関数curve()：上と同じグラフ
```

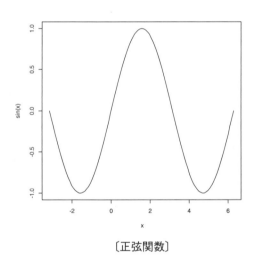

〔正弦関数〕

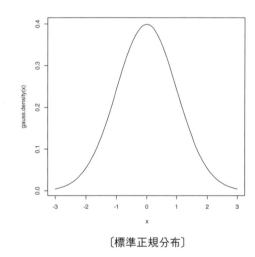

〔標準正規分布〕

第 7 章の練習問題① （解答は 401 ページ）

(1) 5つのデータ$(x, y) = (1,1), (2,4), (3,9), (4,6), (5,3)$をプロットせよ.
(2) 関数$f(x) = \cos x - \log x$を$1 \leq x \leq 10$の範囲でプロットせよ.
(3) 前問の関数の引数は 1 つ（x）のみであるので，変数は自動的にxと決まるが，明示的に変数を指定して関数をプロットすることもできる．たとえば，関数$f(x) = x^2$をプロットする場合，

```
> f <- function(x) {
+     return(x^2)
+ }
> curve(f, -3, 3)   # -3〜3の範囲でプロット
```

とするが，明示的に変数 x を指定して関数をプロットすることもできる．

```
> curve(f(x), -3, 3)   # -3〜3の範囲でプロット
```

この方法は，描く関数の引数が 2 種類以上ある場合に有効となる．たとえば関数 $f(x) = x^a$ について $a = 2$ の場合のグラフを描く場合は，次のようにする．

```
> f <- function(x, a) {
+     return(x^a)
+ }
> curve(f(x, 2), -3, 3)   # -3〜3の範囲でa=2としてプロット
```

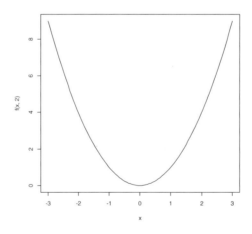

この方法を用いて，2 次元標準正規分布の密度関数 $f(x) = \dfrac{1}{2\pi} \exp\left\{-\dfrac{x^2 + y^2}{2}\right\}$ について $y = 0$ の場合のグラフを $-3 \leq x \leq 3$ の範囲でプロットせよ．

7.2.2 関数 plot() の引数

関数 plot(x, y) で散布図の出力を得る際，プロット範囲は R が自動的に決めてくれていたが，引数 xlim, ylim で範囲を明示的に決めることもできる．

```
> x <- 1:10              # (1) x軸のデータを準備する
> y <- 1:10              # (1) y軸のデータを準備する
> plot(x, y, xlim=c(0, 11))  # (2) グラフを描く(範囲をxlimで決める)
```

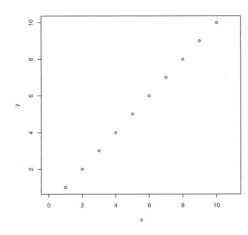

引数 xlim の値を工夫すると，x 軸の正の向きを左向きにすることができる．

```
> plot(x, y, xlim=c(11, 0))  # (2) グラフを描く(範囲をxlimで決める)
```

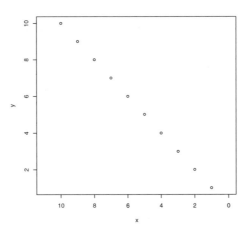

関数 plot() の引数の一覧を表 7.2 〜表 7.7 に挙げる．

表 7.2 タイトルとラベルの制御

引数	機能
main=" 文字 "	タイトルの文字列を指定する
sub=" 文字 "	サブタイトルの文字列を指定する
xlab=" 文字 ", ylab=" 文字 "	それぞれ x 座標名，y 座標名の文字列を指定する（省略すると変数名が座標名となる）
ann = F	F (FALSE) を指定すると，軸のラベルを描かない（xlab="", ylab="" を指定した場合と同じ）
tmag=1.2	タイトルなどに使われるテキストの拡大率を指定する
font=" フォント名 "	文字のフォントを指定する

表 7.3 軸の種類

引数	機能
log="x"	"x" (x 対数軸)，"y" (y 対数軸)，"xy" (両対数軸) のいずれかを指定する（対数は常用対数のみ）
xlim=c(0, 1), ylim=c(-1, 1)	長さ 2 のベクトルで x 座標，y 座標の最小値と最大値を与える．ベクトルを降順に並べる（例：c(2, -2)）と，向きが逆になる
axes=FALSE	F (FALSE) を指定すると，軸の生成を抑制する．xaxs=F, yaxs=F で指定することもできる
asp=2	アスペクト比 (y/x) を 2 にする

表 7.4 プロットする点の形式

引数	機能
type="p"	点プロット（デフォルト）
type="l"	線プロット（折れ線グラフ）
type="b"	点と線のプロット
type="c"	"b" において点を描かないプロット
type="o"	点プロットと線プロットの重ね書き
type="h"	各点から x 軸までの垂線プロット
type="s"	左側の値に基づいて階段状に結ぶ
type="S"	右側の値に基づいて階段状に結ぶ
type="n"	軸だけ描いてプロットしない（続けて低水準関数でプロットする場合など）

表 7.5 引数 lty

引数	出力	機能
lty=0, lty="blank"		線を透明の線にする
lty=1, lty="solid"	———————	線を実線にする

引数	出力	機能
lty=2, lty="dashed"	----------	線をダッシュにする
lty=3, lty="dotted"	··········	線をドットにする
lty=4, lty="dotdash"	-·-·-·-·-·	線をドットとダッシュにする
lty=5, lty="longdash"	—————	線を長いダッシュにする
lty=6, lty="twodash"	--- --- ---	線を2つのダッシュにする

表 7.6 色，記号など

引数	機能
col=1, col="blue"	番号または色名でプロットに使う色を指定する．番号は 1 から順に「黒, 赤, 緑, 青, 水色, 紫, 黄, 灰」
pch=0, pch=" 文字 "	プロット点の種類を指定する（詳細は表 7.7）
cex=1	文字の拡大率を指定する
lwd=1	線の幅を指定する（値が大きいほど太い線）
bg="blue"	背景の色を指定する
ann=F	F（FALSE）を指定すると，軸と全体のタイトルを描かなくなる
las=0	0：軸のラベルを各軸に並行して描く 1：軸のラベルをすべて水平に描く 2：軸のラベルを軸に対して垂直に描く 3：軸のラベルをすべて垂直に描く

表 7.7 引数 pch

pch	出力	pch	出力	pch	出力	pch	出力	pch	出力	pch	出力
0	□	1	○	2	△	3	＋	4	×	5	◇
6	▽	7	⊠	8	✳	9	⊕	10	⊕	11	✶
12	⊞	13	⊗	14	⊡	15	■	16	●	17	▲
18	◆	19	●	20	•	21	○	22	□	23	◇
24	△	25	▽								

関数 plot() の引数の使用例として，グラフのタイトルとして引数 main を付けてみる．

```
> y <- c(1, 3, 2, 4, 8, 5, 7, 6, 9)
> plot(y, main="Simple Time Series")
```

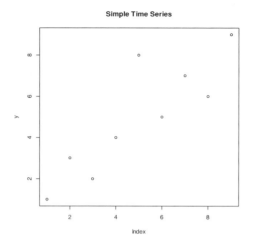

また，散布図の y 軸の範囲を指定し，点を折れ線グラフにする場合は引数 ylim と引数 type を使用する．

```
> y <- c(1, 3, 2, 4, 8, 5, 7, 6, 9)
> plot(y, ylim=c(0, 10), type="l")
```

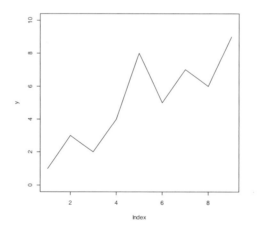

引数 type の種類ごとに線を書き分けてみる．上から順番に "p", "l", "b", "c", "o" となっている．

```
> plot(5:9, ylim=c(0, 10), type = "p", ylab=""); par(new=T)
> plot(4:8, ylim=c(0, 10), type = "l", ylab=""); par(new=T)
> plot(3:7, ylim=c(0, 10), type = "b", ylab=""); par(new=T)
> plot(2:6, ylim=c(0, 10), type = "c", ylab=""); par(new=T)
> plot(1:5, ylim=c(0, 10), type = "o", ylab="")
```

```
> legend(4, 2.5, paste("type =", c("p", "l", "b", "c", "o")), "    "))
```

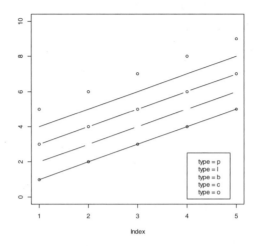

　点の種類を変数に応じて変える場合は，関数 ifelse() を使って条件分岐をすればよい．たとえば，y > 0.5 なら白丸，そのほかは黒ダイヤマークでプロットする場合は，次のようにする．

```
> x <- runif(100)
> y <- runif(100)
> plot(x, y, pch = ifelse(y>0.5, 1, 18))
```

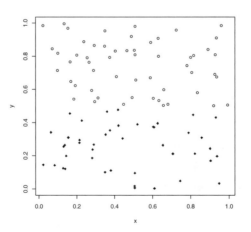

第 7 章の練習問題② （解答は 402 ページ）

(1) [1, 2, 4, 4, 5] というベクトル x を作成せよ．
(2) 左下図のような散布図を作成せよ．
(3) 右下図のような散布図（点＝赤色）を作成せよ．

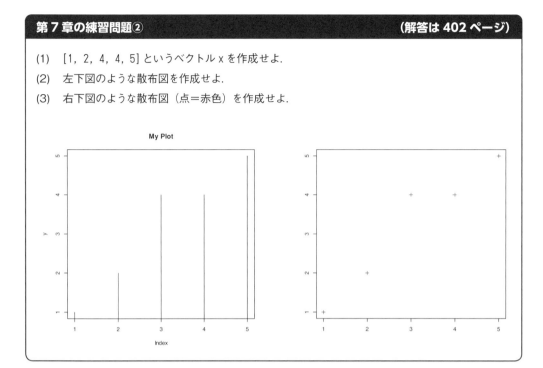

7.3 低水準作図関数とグラフの重ね合わせ

7.3.1 低水準作図関数

R でグラフを作成する手順を再掲する．「(1) プロットするデータや数式を準備する」「(2) 高水準作図関数でグラフを描く」の 2 手順だけでとりあえずグラフを作成できるが，描いたグラフに直線や凡例，タイトルなどを追記したい場面も出てくるだろう．そのような場合は低水準作図関数を使用すればよい．

(1) プロットするデータや数式を準備する
(2) 高水準作図関数でグラフを描く
(3) **低水準作図関数でグラフに装飾を施す（★）**
(4) 描いたグラフを保存する

低水準作図関数は，完成されたグラフに図形や文字などを追記するための関数である．グラフを描かずに，いきなり低水準作図関数で図形や文字を描くのはできないことに注意されたい．

7.3 低水準作図関数とグラフの重ね合わせ

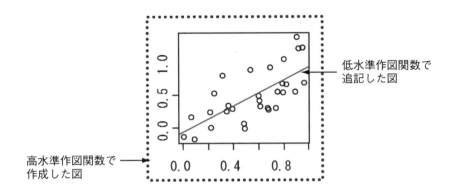

低水準作図関数で作成できるグラフの一覧を表 7.8 に挙げる．

表 7.8 低水準作図関数一覧

追記する図形	関数
点	points()
直線	lines(), segments(), abline(), abline(回帰分析の結果)
格子	grid()
矢印	arrows()
矩形	rect()
文字	text(), mtext(), title()
枠と軸	box(), axis()
凡例	legend()
多角形	polygon()

例として，関数 plot() で散布図を描いた後，低水準作図関数を使って図形や文字を追記してみる．

```
> plot(1:10)              # 散布図を描く
> abline(h=5)             # 直線：y=5 を追記
> rect(1,6, 4,9)          # 左上に四角を追記
> arrows(1,1, 4,4)        # 左下に矢印を追記
> text(8, 9, "ABCD")      # 右上に文字を追記
> title("main", "sub")    # 表題と副題を追記
> legend(8, 3, lty=1:3,
+   c("P", "Q", "R"))     # 右下に凡例を追記
```

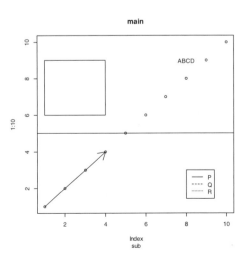

7.3.2 グラフの重ね合わせ

グラフを重ね合わせるには,関数 par(new=T) を用いるか,高水準作図関数の引数に add=T を入れる.ただし,plot() 以外の関数は add=T が効かない場合が多いので,関数 par(new=T) を用いた方が確実である.

```
> plot(sin, -pi, pi, xlab="", ylab="", lty=2)    # sin(x)を描く
> par(new=T)                                     # 上書き指定
> plot(cos, -pi, pi, xlab="x", ylab="y")         # cos(x)を上書き
> plot(sin, -pi, pi, xlab="x", ylab="y", lty=2)  # 新たにグラフを描く
> plot(cos, -pi, pi, add=T)                      # cos(x)を上書き
```

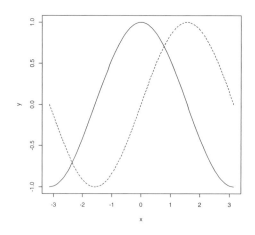

グラフを重ね合わせる例として,2枚のグラフを1枚に重ねて表示することを考える.先に失敗例を挙げたうえで,徐々に修正して望ましいグラフを描いていくことにしよう.

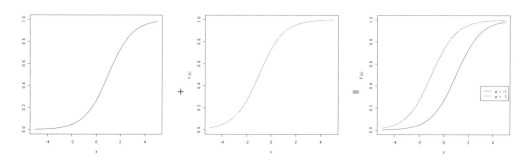

描く関数は $f(x,a) = \dfrac{1}{1+\exp(-x-a)}$ を考える.

7.3 低水準作図関数とグラフの重ね合わせ

```
> F <- function(x, a) { 1 / (1 + exp(-a - x)) }   # 作図する関数
```

まず，関数 par() で2枚のグラフを1枚に重ねて表示できるが，引数に何も指定しないと x 軸と y 軸がバラバラになる．

```
> curve(F(x, -1), col=1)
> par(new=T)   # 前のグラフを残したまま次のグラフを描く
> curve(F(x, 1), col=2)
```

そこで，引数 xlim と ylim を指定して2枚のグラフの座標を合わせるが，今度は y 軸ラベルがおかしくなる．

```
> curve(F(x, -1), col=1, xlim=c(-5, 5), ylim=c(0, 1))
> par(new=T)
> curve(F(x, 1), col=2, xlim=c(-5, 5), ylim=c(0, 1))
```

1つ目の引数 ylab を " "（空白）にして，2つ目の引数 ylab で y 軸ラベルを指定することで，とりあえず完成となる．

```
> curve(F(x, -1), col=1, xlim=c(-5, 5), ylim=c(0, 1), ylab="")
> par(new=T)
> curve(F(x, 1), col=2, xlim=c(-5, 5), ylim=c(0, 1), ylab="F(x)")
```

最後に凡例を付けて完成となる[注1]．

```
> curve(F(x,-1), col=1, xlim=c(-5, 5), ylim=c(0, 1), ylab="")
> par(new=T)
> curve(F(x, 1), col=2, xlim=c(-5, 5), ylim=c(0, 1), ylab="F(x)")
> legend(3, 0.4, c("a = -1", "a =  1"), lty=1, col=1:2)
```

注1　2個目の関数 curve() に関する y 軸の目盛は，関数 axis(side=4) で描くことができる．

第 7 章の練習問題③　　　　　　　　　　　　　　（解答は 403 ページ）

(1) [1, 3, 2, 4, 8, 5, 7, 6, 9] というベクトル y について，「x 軸のラベルはなし」「y 軸のラベルは "頻度" とする」「棒グラフの太さを太くする」ことに注意して，以下の棒グラフを作成せよ．

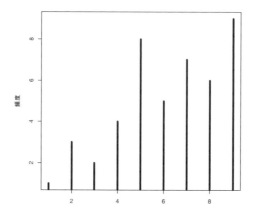

(2) (1) で作成した棒グラフに「"棒グラフ" なるタイトルを付ける」「y = 5, 色を "gray" とした線を追記する」「一番長い棒に矢印を付けて "トップ" という文字を入れる」ことを，低水準作図関数を使って実現せよ．

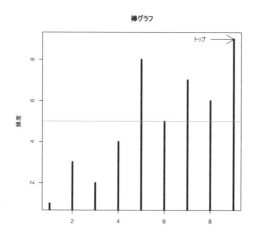

(3) 関数 $f(x) = x^a$ を定義せよ．

(4) 関数 $f(x) = x^a$ について，$a = 1, 2, 3$ の場合の 3 種類のグラフを重ね合わせて $-2 \leqq x \leqq 2$, $-2 \leqq y \leqq 2$ の範囲でプロットせよ．

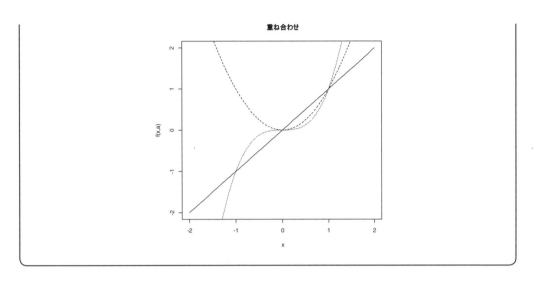

7.4 グラフの保存

Rでグラフを作成する手順を再掲する.「(1) プロットするデータや数式を準備する」「(2) 高水準作図関数でグラフを描く」の2手順だけでグラフが作成できるが,描いたグラフを保存したい場面も出てくる.

(1) プロットするデータや数式を準備する
(2) 高水準作図関数でグラフを描く
(3) 低水準作図関数でグラフに装飾を施す
(4) 描いたグラフを保存する(★)

描いたグラフを保存するには,次の手順で行えばよい.

(1) グラフを保存する作業ディレクトリを指定する
(2) 作図デバイスを開く(ファイル名を指定する)
(3) プロットする
(4) 作図デバイスを閉じる(この時点でファイルが完成する)

7.4.1 作業ディレクトリの変更

グラフを保存するには,まず保存する場所(作業ディレクトリ)を指定する必要がある.起動時はホームディレクトリ(Rの実行ファイルがある場所)が作業ディレクトリとなっているが,変更するには次のような命令を与えればよい.

```
> setwd("c:/usr")   # 作業ディレクトリを指定
> getwd()           # 現在の作業ディレクトリを表示
[1] "c:/usr"
```

これ以降，指定した作業ディレクトリにプロットしたグラフが保存される．

注意 作業ディレクトリを変更する場合，Windows 版 R では「¥」(「\」) の代わりに「/」を指定すること．「¥」(「\」) を指定するとエラーになる．

```
> setwd("c:¥usr")   # Windowsでは¥を指定してはならない
 以下にエラー setwd("c:usr") :  作業ディレクトリを変更できません
 追加情報:  Warning messages:
1:  8進文字なしに'¥u'が使われています
2:  "c:¥usr" から認識されないエスケープを取り除きました
```

¥ の代わりに ¥¥ と指定するのでもよいが，/ を指定した方がよいだろう．

Windows 版 R ならばメニューの[ファイル]→[ディレクトリの変更]，Mac OS X 版 R ならばメニューの [その他] → [作業ディレクトリの変更] で指定することでも，ディレクトリを変更できる．

7.4.2　作図デバイスとグラフの保存

R がサポートしている作図デバイスは help("Devices") で調べることができる．代表的な作図デバイスには表 7.9 のようなものがある[注2]．デバイス関数名と画像の形式は対応しているので，たとえばビットマップ形式でグラフを保存する場合は bmp() などのデバイスを指定すればよい．

注2 Linux では X Window System が動作していれば png，jpeg，X11 等を使うことができるが，コンソールのみでは eps，xfig，pdf，pictex しか使えないことに注意しよう．

表7.9 デバイス関数一覧

関数	機能
bitmap(), bmp()	bitmap 形式に出力
cairo_pdf()	Cairo graphics 形式の PDF に出力
cairo_ps()	Cairo graphics 形式の PostScript に出力
dev2bitmap()	bitmap にコピー
dev.copy2eps()	eps 形式にコピー
dev.copy2pdf()	PDF 形式にコピー
jpeg()	JPEG 形式に出力
pdf()	PDF 形式に出力
pictex()	pictex 形式に出力
png()	png 形式に出力
postscript()	PostScript 形式に出力
quartz()	Mac OS X の仮想作図デバイス
svg()	SVG 形式に出力
tiff()	TIFF 形式に出力
win.metafile()	emf 形式に出力
windows()	Windows の仮想作図デバイス
X11()	Mac OS X/Unix/Linux の仮想作図デバイス
xfig()	XFig 形式に出力

関数の例を示す．引数中でファイル名（filename）やグラフの幅（width）と高さ（height）などを指定することもできる．関数によってオプションの違いがあるが，詳しくは各関数のヘルプを参照されたい．

```
> png(filename="filename.png", width=480, height=480,
+     pointsize=12, bg="white")
```

たとえばグラフを PDF ファイルに保存するには次のようにする．ファイル形式は表 7.9 の作図デバイスにあるものを指定できる（ファイルの拡張子に注意）．

```
> pdf(file="filename.pdf")   # pdfデバイスを開く
> plot(1:10)                 # プロットする
> dev.off()                  # デバイスを閉じる
```

また，グラフを eps 形式で保存する場合は次のようにする[注3]．

```
> postscript(file="filename.eps", horizontal=FALSE, onefile=FALSE,
+           paper="special", height=9, width=14)
> plot(1:10)    # プロットする
> dev.off()     # デバイスを閉じる
```

　関数 dev.copy() などを使えば，グラフウインドウ（作図デバイス）に描かれたグラフを画像ファイルにコピーすることもできる．グラフ中に日本語が含まれており文字化けする場合は，引数 family に日本語フォント（たとえば Windows であれば family="Japan1" 等）を指定すること．なお，使用可能なフォントは help(postscriptFonts) を実行し，表示されるヘルプを参照されたい．

```
> plot(1:10)                             # グラフを描いた後
> dev.copy(pdf, "filename.pdf")          # PDFに書き出し
> dev.copy2eps(file="finename.eps")      # epsに書き出し
> dev.off()                              # ファイルを閉じる
```

注意 作業ディレクトリのフルパスを指定すると，ファイルを保存するディレクトリを一時的に変更することができる．

```
> pdf(file="c:/filename.pdf")   # pdfデバイスを開く
> plot(1:10)                    # プロットする
> dev.off()                     # デバイスを閉じる
```

　Windows 版 R ならば，グラフのウインドウを右クリックしたり，グラフのウインドウメニューの［ファイル］→［別名で保存］を選択することで，グラフをファイルに保存したり，画像をクリップボードにコピーしたりできる．画像をクリップボードにコピーした後は，Microsoft Word や PowerPoint などにペーストできる．

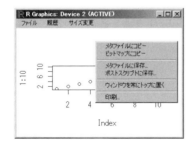 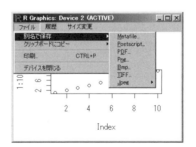

注3　PostScript 出力が横向きになるのを防ぐには，オプション horizontal=FALSE を使えばよい．

Mac OS X 版 R ならば，グラフのウインドウメニューの［ファイル］→［保存］を選択することで，グラフを PDF ファイルに保存できる．

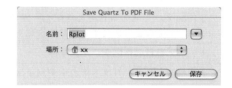

7.5 落穂ひろい

前節までの内容でグラフを作成できるようになったが，ここではその他雑多なことを取り上げる．面倒ならば本節は飛ばし読みしてもよい．

7.5.1 グラフの消去

プロットしたグラフを消去するには，関数 frame() または関数 plot.new() を使う．グラフィックスパラメータ new が TRUE ならばグラフは消去されない[注4]．

```
> frame()
> plot.new()
```

7.5.2 複数の作図デバイス

ある 1 つの作図デバイスに対してグラフ作成を行っているとする（この作図デバイスを「カレントデバイス」という）．このとき，別の作図デバイスを開き，この作図デバイスに対してグラフ作成を行うこともできる．このように，複数の作図デバイスを操作したり作図デバイスのコピーを作成したりするための関数は表 7.10 のとおりである．

表 7.10　作図デバイスを操作する関数

関数	機能
dev.copy()	作図デバイスのコピーを作成する（引数には postscript などのデバイス関数を指定する）
dev.cur()	現在のデバイス番号を返す
dev.list()	アクティブなデバイスの番号と名前を返す
dev.next()	カレントデバイスの次の位置の作図デバイスの番号と名前を返す

注4　Mac OS X 版 R ではプロットした図は消去されない．

関数	機能
dev.prev()	カレントデバイスの前の位置の作図デバイスの番号と名前を返す
dev.off(k)	デバイスリストのk番目の作図デバイスを終了する
dev.print()	アクティブな作図デバイスのコピーを作成し，他の作図デバイスに再出力する（引数には postscript などのデバイス関数を指定する）
dev.set(k)	デバイスリストのk番目の作図デバイスを開く
graphics.off()	無効なデバイスを取り除き，リスト中の全デバイスを終了する

複数の作図デバイスを操作する例を挙げる．

```
> windows()              # 1つ目の作図デバイスを開く
> plot(1:10)             # 1つ目のデバイスに散布図
> windows()              # 2つ目の作図デバイスを開く
> plot(1:5, type="h")    # 1つ目のデバイスに棒グラフ
> dev.set(dev.prev())    # 前のデバイス（1つ目：windows 2）に移動
windows
     2
> abline(0, 1)           # 1つ目にy=xの直線を追記
> dev.set(dev.next())    # 後のデバイス（2つ目：windows 3）に移動
windows
     3
> abline(h=3, col="red") # 2つ目にy=3の直線を追記
> dev.set(dev.prev())    # 前のデバイス（1つ目：windows 2）に移動
windows
     2
> dev.off(); dev.off()   # 2つともデバイスを閉じる
windows
     3
null device
     1
```

7.5.3 対話的作図関数

　対話的作図関数を用いると，マウスなどでグラフにプロット点を追加したり，グラフのプロット点の位置情報を得たりすることができる．たとえば作図デバイスがX11やwindowsの場合，関数locator()を実行することでグラフ上(作図デバイス上)に「＋」マーク（クロスヘア）が表示されるので，これをマウスで操作すればよい．マウスを右クリックして［停止］を選択すると関数locator()の実行が終了し，動作終了後は追記したプロット点の座標が表示される[注5]．関数locator()は入力した位

注5　Windows版Rならばマウスの中央のボタンをクリック，Mac OS X版Rならばグラフィックウインドウの外でクリックすることでも，入力が終了する．

置の座標 x と y を成分とするリストを返すので，マウスでプロットする際に関数 locator() の結果を適当な変数に代入すれば，入力した位置の座標を保存することもできる．

```
> plot(1:10)                  # 題材となる散布図を作成
> locator(type="p")           # 入力終了操作を行うまでマウスで座標値の入力をする
$x
[1] 2.101386 3.193603 3.248214
$y
[1] 7.966932 7.211957 5.477554
> z <- locator(5, type="p")   # 5点入力した時点で終了し，座標情報をzに代入
```

外れ値の近くに目印のテキストを置きたい場合は，次のようにする．

```
> plot(c(1:10, 30))
> text(locator(1), "外れ値", adj=0)
```

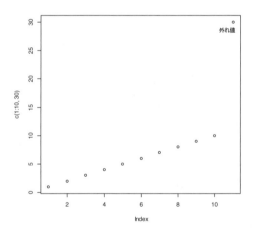

また，グラフ中のある点の位置情報等を得るには関数 identify() を使用する．関数 locator() と同様，マウスで「＋」マークを操作して，情報がほしい点をクリックすればよい．関数の返り値は観測番号（何番目の点か）が返される．

```
> x <- rnorm(20)              # xに正規乱数を20個入れて
> y <- rnorm(20)              # yに正規乱数を20個入れて
> plot(x, y)                  # (x, y)をプロットする
> identify(x, y, x)           # 点のx座標を表示（y座標を知ることも可）
[1]  4 13 19
> identify(x, y, plot=F)      # 点の観測番号（何番目？）を取得
```

```
[1]  5 10 15
```

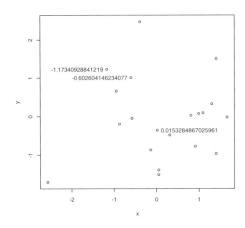

7.5.4 3次元プロット

3次元的にプロットする手順は次のとおりである.

(1) x方向の分点(範囲と点の数:点の数はlengthというオプションで指定)とy方向の分点を生成する
(2) プロットする関数を定義する(関数sin()など,元からある関数をプロットする場合は不要)
(3) z方向の分点を生成する
(4) 関数persp()にx, y, zを指定してプロットする

3次元的にプロットするための関数persp()の書式は次のとおり.

```
> persp(x軸のデータ, y軸のデータ, z軸のデータ, col=色,
+       theta=横回転の角度, phi=縦回転の角度, expand=拡大率)
```

例として,2次元標準正規分布の密度関数 $f(x) = \dfrac{1}{2\pi} \exp\left\{-\dfrac{x^2+y^2}{2}\right\}$ のグラフを$-3 \leqq x \leqq 3$の範囲でプロットする.

```
> x <- seq(-3, 3, length=61)   # x方向の分点
> y <- x                        # y方向の分点
> f <- function(x, y) {         # 2次元正規分布の関数
+   return( 1 / (2 * pi) * exp(-(x^2 + y^2) / 2) )
+ }
> z <- outer(x, y, f)           # z方向の大きさを求める
```

```
> persp(x, y, z, theta=30, phi=30, expand=0.5, col="lightblue")
```

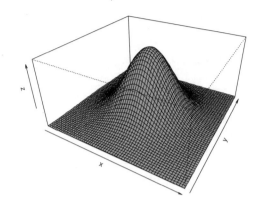

7.5.5 パッケージ rgl

　パッケージ rgl を使えば，3次元の点のプロットや3次元グラフを描くことができ，さらにプロットをマウスで動かしたり，拡大や縮小を行ったりもできる．動作させるためにはRについて多少慣れておく必要があるが，面白いパッケージなのでこの入門セクションで紹介することにする．
　まず，ダウンロード先の CRAN を統計数理研究所にする（インターネット接続が必要）．

```
> options(repos="https://cran.ism.ac.jp/")
```

次に，パッケージ rgl をインストールする．

```
> install.packages("rgl", dep=T)
```

最後に，パッケージ rgl を呼び出す．

```
> library(rgl)
```

では，サンプルを表示してみる．立体図がぐるぐると回転するはずである．

```
> example(rgl.surface)
> for(i in 1:360) rgl.viewpoint(i, i / 4)
```

次のプロットを行うために図形を消去するには，関数 clear3d() を使用する．

```
> clear3d()              # 図形の消去
> clear3d(type="lights") # 光源の設定の消去
> clear3d(type="all")    # bounding-boxの設定の消去
```

関数 plot3d(x座標の点, y座標の点, z座標の点) を使って3次元散布図をプロットしてみる.

```
> x <- rnorm(100)     # x軸データの準備
> y <- rnorm(100) * 2 # y軸データの準備
> z <- rnorm(100) * 3 # z軸データの準備
> plot3d(x, y, z)     # 3次元散布図の描画
```

プロットした後は，左クリックで図形を持ったままマウスを動かすことで図形を回転したり，マウスホイールを回したりすることで図形の拡大や縮小ができる．

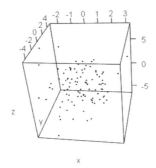

3次元関数を描く場合は，関数 persp3d(x座標のデータ, y座標のデータ, z座標のデータ, color=色) を用いる．

```
> x <- seq(-10, 10, length=51)
> y <- x
> f <- function(x, y) { r <- sqrt(x^2 + y^2); 10 * sin(r) / r }
> z <- outer(x, y, f)
> persp3d(x, y, z, aspect=c(1, 1, 0.5), col="lightblue", xlab="X", ylab="Y", zlab="")
```

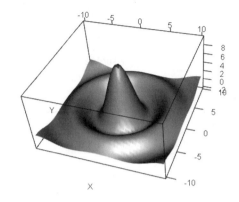

描いたグラフを保存する場合は次のようにする．関数 snapshot3d() は，現在表示されているグラフを PNG 形式で保存する．また，関数 rgl.postscript() の第 2 引数に「ps」「eps」「tex」「pdf」「svg」「pgf」のいずれかを指定することで，グラフの保存形式を指定できる．

```
> snapshot3d("filename.png")
> rgl.postscript("filename.pdf", "pdf", drawText=FALSE)
```

ほかにも有用な関数がいくつか用意されている（表 7.11）．詳細はヘルプを参照されたい．

表 7.11　パッケージ rgl に用意されている関数一覧

関数	機能	関数	機能
abclines3d()	x，y，z 軸に直線を追記する	particles3d()	点を描く
aspect3d()	x 軸：y 軸：z 軸の比を指定する	persp3d()	3 次元関数を描く
axes3d()	軸を描く	planes3d()	平面を描く
axis3d()	軸を描く	play3d()	アニメーションを実行する
bbox3d()	外枠を描く	plot3d()	3 次元散布図を描く
bg3d()	背景色を設定する	points3d()	点を描く
bgplot3d()	2 次元プロットを描く	polygon3d()	3 次元の多角形を描く
box3d()	箱を描く	qmesh3d()	四角形のメッシュを生成する
clear3d()	rgl プロットを消去する	quads3d()	多角形を描く
cube3d()	立方体を生成する	segments3d()	線分を描く
dot3d()	点を描く	select3d()	範囲を指定してマーキング
ellipse3d()	楕円を描く	shade3d()	影を描く
extrude3d()	ギザギザを描く	show2d()	xy 軸にプロットを投影する
grid3d()	格子を描く	spin3d()	グラフを回転する

関数	機能	関数	機能
light3d()	光源を設定する	spheres3d()	球を描く
lines3d()	線を描く	sprites3d()	スプライトを描く
mfrow3d(3, 2)	画面を 3×2 に分割	surface3d()	面を描く
mtext3d()	文字を描く	text3d()	文字を描く
observer3d()	グラフを拡大する	texts3d()	文字を描く
oh3d()	"o" 型の図形を生成する	title3d()	タイトルを描く
open3d()	rgl デバイスを生成する	triangles3d()	三角形を描く
par3d()	rgl 用のグラフィックスパラメータを指定する	wire3d()	ワイヤーフレームを描く
		view3d()	rgl の viewpoint を生成する

第 7 章の練習問題④ （解答は 404 ページ）

(1) 関数 persp() を使って，関数 $f(x,y) = \sin(\sqrt{x^2+y^2})/\sqrt{x^2+y^2+1}$ を $-10 \leqq x \leqq 10$ の範囲でプロットせよ．

(2) 関数 persp3d() を使って，関数 $f(x,y) = \sin(\sqrt{x^2+y^2})/\sqrt{x^2+y^2+1}$ を $-10 \leqq x \leqq 10$ の範囲でプロットせよ．

第8章

データ解析（入門編）

▶ この章の目的

- Rでは比較的容易にデータ解析を行うことができる．この章では，データから要約統計量を求める方法や検定を行う方法を紹介する．
- 必要な前提知識は，第2章「電卓としてRを使う──起動→計算→終了」の内容，第3章「代入（付値）」の内容と，第4章「ベクトルの基本」の内容である．

8.1 データ「ToothGrowth」の読み込み

あるデータについて統計解析を行う場合，基本的な作業の流れは次のようになる．

(1) データをRに読み込ませる（★）
(2) 読み込ませたデータをプロットする
(3) 読み込ませたデータの統計量を求める

(1) については，関数 c() を用いてデータをベクトルとして読み込ませるのが簡単である．(2) は，データの特徴をつかむ意味で重要であり，グラフィックスに長けたRならば簡単に行うことができる．(3) については本章や以降の章で詳細に扱うことにする．

ここでは，ギニーピッグ（guinea pig，モルモット系の動物）にビタミンCまたはオレンジジュースを与えたときの歯の長さを調べたデータ「ToothGrowth[注1]」を紹介する（表8.1）．データの中身は次の3つの変数となっており，サプリの種類「VC（ビタミンC）」「OJ（オレンジジュース）」によってギニーピッグの歯の長さが変わるかどうかを，データ解析によって調べてみる．

- len：歯の長さ（mm）
- supp：サプリの種類で「VC（ビタミンC）」または「OJ（オレンジジュース）」
- dose：サプリの用量（0.5mg，1.0mg，2.0mg）

注1　出典：C. I. Bliss（1952）「The Statistics of Bioassay」Academic Press.

表8.1 データ「ToothGrowth」

supp	len	dose	supp	len	dose
VC	4.2	0.5	OJ	15.2	0.5
VC	11.5	0.5	OJ	21.5	0.5
VC	7.3	0.5	OJ	17.6	0.5
VC	5.8	0.5	OJ	9.7	0.5
VC	6.4	0.5	OJ	14.5	0.5
VC	10.0	0.5	OJ	10.0	0.5
VC	11.2	0.5	OJ	8.2	0.5
VC	11.2	0.5	OJ	9.4	0.5
VC	5.2	0.5	OJ	16.5	0.5
VC	7.0	0.5	OJ	9.7	0.5
VC	16.5	1	OJ	19.7	1
VC	16.5	1	OJ	23.3	1
VC	15.2	1	OJ	23.6	1
VC	17.3	1	OJ	26.4	1
VC	22.5	1	OJ	20.0	1
VC	17.3	1	OJ	25.2	1
VC	13.6	1	OJ	25.8	1
VC	14.5	1	OJ	21.2	1
VC	18.8	1	OJ	14.5	1
VC	15.5	1	OJ	27.3	1
VC	23.6	2	OJ	25.5	2
VC	18.5	2	OJ	26.4	2
VC	33.9	2	OJ	22.4	2
VC	25.5	2	OJ	24.5	2
VC	26.4	2	OJ	24.8	2
VC	32.5	2	OJ	30.9	2
VC	26.7	2	OJ	26.4	2
VC	21.5	2	OJ	27.3	2
VC	23.3	2	OJ	29.4	2
VC	29.5	2	OJ	23.0	2

```
> head(ToothGrowth, n=3)   # 先頭の3行を表示
   len supp dose
1  4.2   VC  0.5
```

```
2 11.5   VC  0.5
3  7.3   VC  0.5
```

このデータ ToothGrowth より，変数 OJ に「OJ（オレンジジュース）を摂取したギニーピッグの歯の長さ」，変数 VC に「VC（ビタミン C）を摂取したギニーピッグの歯の長さ」を代入する．

```
> ( OJ <- subset(ToothGrowth, supp=="OJ", len, drop=T) )
 [1] 15.2 21.5 17.6  9.7 14.5 10.0  8.2  9.4 16.5  9.7 19.7 23.3 23.6 26.4
[15] 20.0 25.2 25.8 21.2 14.5 27.3 25.5 26.4 22.4 24.5 24.8 30.9 26.4 27.3
[29] 29.4 23.0
> ( VC <- subset(ToothGrowth, supp=="VC", len, drop=T) )
 [1]  4.2 11.5  7.3  5.8  6.4 10.0 11.2 11.2  5.2  7.0 16.5 16.5 15.2 17.3
[15] 22.5 17.3 13.6 14.5 18.8 15.5 23.6 18.5 33.9 25.5 26.4 32.5 26.7 21.5
[29] 23.3 29.5
```

8.2 データのプロット

データをプロットして，データの概観をつかむことにしよう．

(1) データを R に読み込ませる
(2) 読み込ませたデータをプロットする（★）
(3) 読み込ませたデータの統計量を求める

まず，変数 OJ と変数 VC についてヒストグラムを描く場合は，関数 hist(ベクトル，xlim=c(x 軸の下限，x 軸の上限)，col=" 色 ") を使用すればよい．

```
> hist(OJ, xlim=c(0, 40), col="cyan")
> hist(VC, xlim=c(0, 40), col="cyan")
```

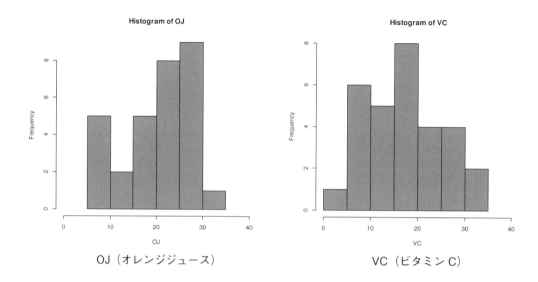

OJ（オレンジジュース）　　　　　　　　　　VC（ビタミンC）

　パッケージ lattice の関数 densityplot(ベクトル, xlim=c(x軸の下限, x軸の上限)) を使用すれば，ヒストグラムの曲線版（密度推定曲線）を描くことができる．この曲線の下に，実際のデータのプロット（ドットプロット）も表示される．

```
> library(lattice)
> densityplot(OJ, xlim=c(0, 40))
> densityplot(VC, xlim=c(0, 40))
```

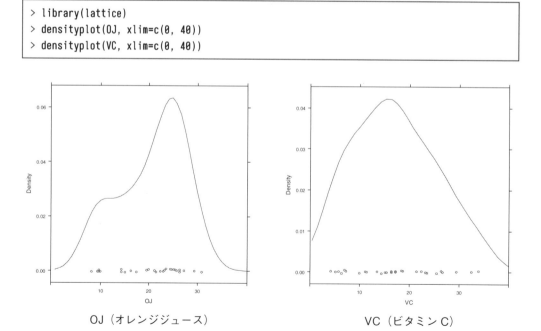

OJ（オレンジジュース）　　　　　　　　　　VC（ビタミンC）

　サプリ間の歯の長さの曲線を1枚のグラフ上で比較することもできる．関数 plot(density(ベク

トル，xlim=c(x 軸の下限，x 軸の上限)，ylim=c(y 軸の下限，y 軸の上限)，col=" 色 "))と関数 par(new=T) を併用することで，密度推定曲線の重ね描きができる．

```
> plot(density(OJ), xlim=c(0, 40), ylim=c(0, 0.1), lty=1, ann=F)
> par(new=T)
> plot(density(VC), xlim=c(0, 40), ylim=c(0, 0.1), lty=2, main="")
> legend(30, 0.1, c("OJ", "VC"), lty=1:2, ncol=1)   # 凡例を描く
```

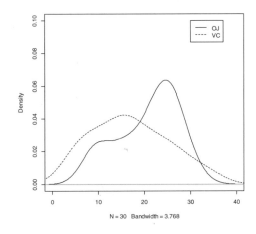

サプリ間の歯の長さの分布を比較する目的で箱ひげ図を描くこともできる．本グラフで表示される要約統計量については次節で解説する．

```
> boxplot(OJ)
> boxplot(VC)
```

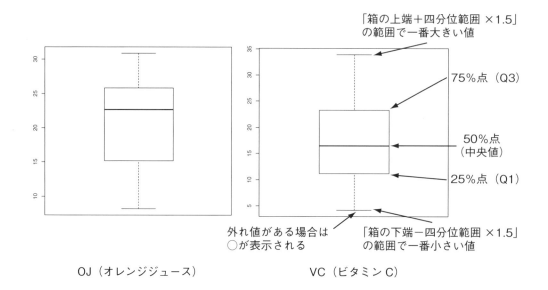

「ヒストグラム」「密度推定曲線」「箱ひげ図」の結果から、「OJ（オレンジジュース）を摂取したギニーピッグの歯の長さ」の方が多少長めであることが見てとれる．

8.3 要約統計量の算出

データを読み込ませてプロットした後は、統計量を算出してみよう．

(1) データをRに読み込ませる
(2) 読み込ませたデータをプロットする
(3) 読み込ませたデータの統計量を求める（★）

Rには四則演算を行う演算子や代表的な初等数学関数が用意されていたが、データの要約値や統計量を求める関数も多数用意されている[注2]．表8.2では、ベクトルx, yにデータが入っているものとする．

表8.2 統計関数一覧

関数	sum(x)	mean(x)	median(x)	var(x)	sd(x)
意味	総和	平均	中央値	分散	標準偏差

注2 5数要約は「最小値・下側ヒンジ・中央値・上側ヒンジ・最大値」を出力する．また、歪度と尖度はそれぞれ「mean((x - mean(x))^3) / (sd(x)^3)」「mean((x - mean(x))^4) / (sd(x)^4)」で求めることができ、データが正規分布に近い場合は「歪度が0付近・尖度が3付近」になっている．

8.3 要約統計量の算出

関数	max(x)	min(x)	weighted.mean(x)	var(x, y)	cor(x, y)
意味	最大値	最小値	重み付け平均	共分散	相関係数
関数	IQR(x)	fivenum(x)	quantile(x)	range(x)	length(x)
意味	4分位偏差	5数要約	クォンタイル点	範囲	データの数

まずは，上記の要約統計量のうち，いくつかを一度に出力してくれる関数 summary() と，標準偏差を求める関数 sd() を用いて，変数 OJ（オレンジジュースを摂取したギニーピッグの歯の長さ）と変数 VC（ビタミン C を摂取したギニーピッグの歯の長さ）の要約統計量を算出する．

```
> summary(OJ)    # OJの要約統計量
   Min. 1st Qu.  Median    Mean 3rd Qu.    Max.
   8.20   15.52   22.70   20.66   25.72   30.90
> sd(OJ)         # OJの標準偏差
[1] 6.605561

> summary(VC)    # VCの要約統計量
   Min. 1st Qu.  Median    Mean 3rd Qu.    Max.
   4.20   11.20   16.50   16.96   23.10   33.90
> sd(VC)         # VCの標準偏差
[1] 8.266029
```

出力された統計量は次のとおり．

- 最小値（Min.）：データの中で一番小さい値
- 25％点（1st Qu.）：最小値から数えて全体の 1/4 であるデータ
- 中央値（50％点，Median）：最小値から数えて全体の半分であるデータ
- 平均値（Mean）：データの合計をデータの数で割った値
- 75％点（3rd Qu.）：最小値から数えて全体の 3/4 であるデータ
- 最大値（Max.）：データの中で一番大きい値
- 標準偏差：分散[注3]の平方根（ルート）

まず，「データの真ん中」を表す指標である平均値について，変数 OJ が 20.66，変数 VC が 16.96 なので，変数 OJ の方が大きい（歯が長い）ことが示唆される．ただし，平均値は「外れ値（他のデータよりも離れすぎたデータ）の影響を受けやすい」ため，外れ値がある場合は平均値が「データの真ん中を表す指標」として適切でなくなる場合がある．この場合は，平均値の代わりに「外れ値の影響を受けにくい」中央値を使って解釈する必要がある．ちなみに，データに外れ値があるかどうかは，前節の

注3 「データと『データの平均値』との差」を2乗したものをすべて足し合わせ，「データの個数－1」で割った値を分散という．

「データのプロット」により簡単に発見できる.

外れ値の有無による平均値と中央値の変化の例を次に示す.

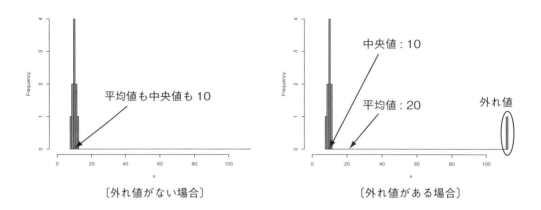

〔外れ値がない場合〕　　　　　〔外れ値がある場合〕

次に,「データのばらつき」を表す指標である標準偏差について,変数 OJ が 6.605561,変数 VC が 8.266029 なので,変数 VC の方が「ばらつき」が大きいことが示唆される.ちなみに,仮にデータが正規分布に従っていると仮定すると,全体の約 70％のデータが平均値 ± 標準偏差(変数 OJ の場合は 14.1 ～ 27.3)に含まれ,全体の約 95％のデータが平均値 ±2× 標準偏差(変数 OJ の場合は 7.5 ～ 33.9)に含まれることになる.

また,標準偏差(と分散)も「外れ値の影響を受けやすい」ので,この場合は標準偏差の代わりに 4 分位偏差(第 3 四分位数から第 1 四分位数を引いた値,変数 OJ の場合は 10.2)を使って解釈する方法もある.ちなみに,似たような概念である 4 分位範囲(第 1 四分位数～第 3 四分位数,変数 OJ の場合は 15.52 ～ 25.72)の中には,データの約半分(約 50％)が含まれることになる.

8.4　検定の適用

プロットの結果や平均値の比較などから,変数 OJ の方が変数 VC よりも大きい(歯が長い)ことが示唆されるが,判然としない.そこで検定を適用することにより,変数 OJ と変数 VC の平均値の比較を行うことにする.検定の手順は次のとおりである.なお,「p 値が非常に小さい」かどうかを判断するボーダーラインの値を「有意水準」と呼ぶ.

(1)　比較の枠組みを決める
(2)　「比較するものの間に差がない」という帰無仮説を立てる
(3)　「帰無仮説とは裏返し(差がある)」の対立仮説を立てる
(4)　帰無仮説が成り立つという条件の下で,手元にあるデータ(よりも極端なこと)が起こる確率(p 値)を計算する

- p 値が非常に小さい場合は「珍しいデータが得られた」と考えるのではなく「そんな珍しいことが起こるのは帰無仮説が正しい（差がない）と仮定したから」と考え，「帰無仮説は間違い⇒対立仮説が正しい（差がある）」と結論付ける
- p 値が小さくない場合は「帰無仮説が間違っているとはいえない」が，「帰無仮説が正しい（差がない）」という証拠もないので，「差があるとはいえない」とあいまいに結論付ける

変数 OJ と変数 VC の平均値の比較を 2 標本 t 検定による行う場合の手順は，次のとおり．

(1) 変数 OJ と変数 VC の平均値の比較を行う
(2) 「変数 OJ と変数 VC の平均値に差がない」という帰無仮説を立てる
(3) 「変数 OJ と変数 VC の平均値に差がある」という対立仮説を立てる
(4) 2 標本 t 検定を行い，p 値を計算する
   - p 値が有意水準 5%よりも小さい場合は，対立仮説が正しい（差がある）とする
   - p 値が有意水準 5%よりも小さくない場合は「差があるとはいえない」とする

2 標本 t 検定を行う場合は，関数 t.test() を用いる[注4]．

```
> t.test(OJ, VC, var.equal=T)

        Two Sample t-test
data:  OJ and VC
t = 1.9153, df = 58, p-value = 0.06039
alternative hypothesis: true difference in means is not equal to 0
95 percent confidence interval:
 -0.1670064  7.5670064
sample estimates:
mean of x mean of y
 20.66333  16.96333
```

p 値は 0.06039（約 6%）と有意水準 5%よりも大きいので「歯の長さの平均値に差があるとはいえない」と結論する．

ところで，2 標本 t 検定の帰無仮説は「変数 OJ と変数 VC の平均値に差がない」，対立仮説は「変数 OJ と変数 VC の平均値に差がある」であったが，対立仮説については次の 3 通りの仮説を設定することができ，関数 t.test() の引数 alternative で指定できる[注5]．

注 4　「var.equal=T」は「2 つのサプリの分散は等しい」と仮定して 2 標本 t 検定を行うことを意味する．この仮定を行わない場合は「var.equal=F」を指定し，「検定統計量の分母」と「自由度」に対して近似を用いて検定統計量を計算することになる．永田（1996）によると「2 群の例数比が 0.6 ～ 1.5 の間」または「2 群の分散比が 0.6 ～ 1.5 の間」である場合は 2 つの検定統計量は似た値となる．
注 5　両側検定の有意水準を 5%と設定する場合，対応する片側検定の有意水準は 2.5%となることに注意する．

(1) 変数 OJ の平均値 ≠ 変数 VC の平均値（両側検定：alternative="two.sided"）
(2) 変数 OJ の平均値 < 変数 VC の平均値（片側検定：alternative="less"）
(3) 変数 OJ の平均値 > 変数 VC の平均値（片側検定：alternative="greater"）

(1) ～ (3) それぞれについて，対応する p 値は次のグレー部分となる．

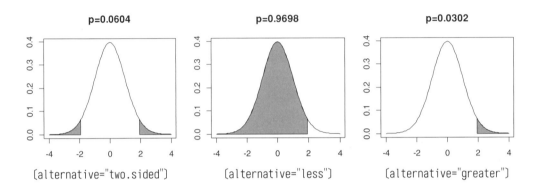

たとえば，「変数 OJ の平均値は変数 VC の平均値『よりも大きい』」ことを検証したい場合は，帰無仮説は「変数 OJ と変数 VC の平均値に差がない」，対立仮説は「変数 OJ の平均値 > 変数 VC の平均値」として 2 標本 t 検定を行うことになる．

```
> t.test(OJ, VC, var.equal=T, alternative="greater")

        Two Sample t-test
data:  OJ and VC
t = 1.9153, df = 58, p-value = 0.0302
alternative hypothesis: true difference in means is greater than 0
95 percent confidence interval:
 0.4708204       Inf
sample estimates:
mean of x mean of y
 20.66333  16.96333
```

8.5　その他の検定

(1) 2 標本 t 検定と同様の目的で，「変数 OJ と変数 VC の（歯の長さの）中央値に差があるかどうか」

をWilcoxonの順位和検定により検証する注6. p値は0.06343（約6.3%）と有意水準5%よりも大きいので「歯の長さの中央値に差があるとはいえない」と結論する.

```
> wilcox.test(OJ, VC, correct=F)

        Wilcoxon rank sum test
data:  OJ and VC
W = 575.5, p-value = 0.06343
alternative hypothesis: true location shift is not equal to 0
 警告メッセージ: 
wilcox.test.default(OJ, VC, correct = F) で: 
  タイがあるため、正確な p 値を計算することができません
```

(2) 変数OJにのみ興味を持ち,「変数OJの歯の長さの『平均値』が17かどうか」を検証する場合は,1標本t検定を用いる．この「17」の値を変更する場合は引数muを用いればよい. p値は0.005006（約0.5%）と有意水準5%よりも小さいので「変数OJの歯の長さの平均値は17ではない」と結論する.

```
> t.test(OJ, mu=17)

        One Sample t-test
data:  OJ
t = 3.0376, df = 29, p-value = 0.005006
alternative hypothesis: true mean is not equal to 17
95 percent confidence interval:
 18.19678 23.12989
sample estimates:
mean of x 
 20.66333 
```

(3) 変数OJにのみ興味を持ち,「変数OJの歯の長さの『中央値』が17かどうか」を検証する場合は,Wilcoxonの符号付き順位和検定を用いる．p値は0.005838（約0.6%）と有意水準5%よりも小さいので「変数OJの歯の長さの中央値は17ではない」と結論する．なお, Wilcoxon検定を行う際に連続修正を行わない場合は引数correct=Fを指定する.

```
> wilcox.test(OJ, mu=17, correct=F)
```

注6 引数conf.intにTRUEを指定すると, Hodges-Lehmann型の群間差の点推定値とその信頼区間が表示される．このとき, 引数exactにFALSEを指定している場合は漸近正規性を用いて点推定値の信頼区間が計算され, 引数exactにTRUEを指定している場合はBauerのアルゴリズムに基づいた信頼区間が計算される．ちなみに, データにタイがある場合は, 正確な信頼区間を計算することはできない.

```
        Wilcoxon signed rank test
data:  OJ
V = 366.5, p-value = 0.005838
alternative hypothesis: true location is not equal to 17
 警告メッセージ: 
wilcox.test.default(OJ, mu = 17, correct = F) で: 
  タイがあるため、正確な p 値を計算することができません 
```

(4) 「変数 OJ と変数 VC の（歯の長さの）分散は等しくないかどうか」を F 検定により検証する．p 値は 0.2331（約 23％）と有意水準 5％よりも大きいので「歯の長さの分散に差があるとはいえない」と結論する．

```
> var.test(OJ, VC)

        F test to compare two variances
data:  OJ and VC
F = 0.6386, num df = 29, denom df = 29, p-value = 0.2331
alternative hypothesis: true ratio of variances is not equal to 1
95 percent confidence interval:
 0.3039488 1.3416857
sample estimates:
ratio of variances
         0.6385951
```

(5) R に用意されている検定関数を表 8.3 に挙げる．

表 8.3 検定関数一覧

関数	検定手法名	帰無仮説／目的
ansari.test()	Ansari-Bradley 検定	2 群の母分散に差がない（ノンパラメトリック）
bartlett.test()	Bartlett 検定	2 群以上の母分散に差がない
binom.test()	二項検定	標本比率が母比率に等しい
chisq.test()	Pearson の χ^2 検定	標本比率が母比率に等しい．2 つの要因は独立（2×2 以上の分割表）
cor.test()	Spearman の順位相関係数	母相関が 0 に等しい（無相関）
fisher.test()	Fisher の正確検定	2 つの要因は独立（2×2 以上の分割表）
fligner.test()	Fligner-Killeen 検定	2 群以上の母分散に差がない（ノンパラメトリック）
friedman.test()	Friedman の順位和検定	ノンパラメトリックな二元配置分散分析

関数	検定手法名	帰無仮説／目的
kruskal.test()	Kruskal-Wallis の順位和検定	ノンパラメトリックな一元配置分散分析
ks.test()	Kolmogorov-Smirnov 検定	分布がある確率分布に等しい（1 標本）．2 つの分布は等しい（2 標本）
mantelhaen.test()	Cochran-Mantel-Haenszel 検定	層（因子）で調整した χ^2 検定
mcnemar.test()	McNemar 検定	対応があるデータに対する χ^2 検定
mood.test()	Mood 検定	2 群の母分散に差がない（ノンパラメトリック）
oneway.test()	一元配置分散分析	2 群以上の母平均に差がない
quade.test()	Quade 検定	ノンパラメトリックな二元配置分散分析
prop.test()	比率の同一性検定	2 群以上の母比率に差がない
prop.trend.test()	傾向性検定	2 群以上の母比率に傾向性がない
shapiro.test()	Shapiro-Wilk 検定	母集団分布は正規分布である
t.test()	t 検定	標本平均が母平均に等しい（1 標本）．2 群の平均に差はない（2 標本）
var.test()	F 検定	2 群以上の母分散に差がない
wilcox.test()	Wilcoxon 検定	標本中央値が母中央値に等しい（1 標本）．2 群の中央値に差はない（2 標本）

第 8 章の練習問題① （解答は 405 ページ）

(1) 次のデータは，2 種類の睡眠薬を 10 例の被験者に投与し，「投与前の睡眠時間と比べて Dose 1 を投与した後の睡眠時間の増加（単位：時間）」と，「投与前の睡眠時間と比べて Dose 2 を投与した後の睡眠時間の増加（単位：時間）」を測定したデータ「sleep」である[注7]．

被験者番号	1	2	3	4	5	6	7	8	9	10
Dose 1	0.7	-1.6	-0.2	-1.2	-0.1	3.4	3.7	0.8	0.0	2.0
Dose 2	1.9	0.8	1.1	0.1	-0.1	4.4	5.5	1.6	4.6	3.4

次の命令を実行し，Dose 1 の睡眠時間データを変数 D1 に，Dose 2 の睡眠時間データを変数 D2 に代入せよ．

```
> ( D1 <- subset(sleep, group==1, extra, drop=T) )
> ( D2 <- subset(sleep, group==2, extra, drop=T) )
```

注 7　出典：Student（1908）「The probable error of the mean」Biometrika, 6, 20.

(2) Dose 1 と Dose 2 の睡眠時間に関するヒストグラムをそれぞれ描け．
(3) Dose 1 と Dose 2 の睡眠時間に関する箱ひげ図をそれぞれ描け．
(4) Dose 1 と Dose 2 の睡眠時間に関する要約統計量をそれぞれ算出せよ．
(5) Dose 1 と Dose 2 の睡眠時間に関する平均値の比較を行いたいが，それぞれのデータは同じ被験者から得られており，いわゆる「対応のあるデータ」となっている．このとき，関数 t.test() の引数 paired=T を指定することで，「対応のあるデータ」に対する適切な t 検定（対応のある t 検定）を行うことができる．引数 paired=T を付けたうえで，Dose 1 と Dose 2 の睡眠時間に関する平均値の比較を行い，解釈せよ．

8.6 落穂ひろい

(1) 関数 var() は不偏分散を求める関数であって，標本分散を求める関数ではないことに注意する．たとえば，変数 OJ の標本分散を求める場合，「データと『データの平均値』との差」を 2 乗したものをすべて足し合わせ，「データの個数」で割ればよいので，関数 var() の結果を使って次のようにすればよい．

```
> variance <- function(x) var(x) * (length(x) - 1) / length(x)
> variance(OJ)    # 標本分散（真の分散よりも少し小さめに推定する）
[1] 42.17899
> var(OJ)         # 不偏分散
[1] 43.63344
> sqrt(var(OJ))   # 標準偏差は不偏分散のルート
[1] 6.605561
```

(2) データを「平均 0，分散 1」になるよう変換したいことがある．これを規準化といい，関数 scale() を用いることでデータを規準化できる．規準化は平均を 0 にするためのセンタリング（各データから平均値を引く），分散を 1 にするためのスケーリング（各データを標準偏差で割る）の 2 つの操作によって行われる．関数 scale() に center=F と指定することでセンタリングを抑制でき，scale=F と指定することでスケーリングを抑制できる．なお，センタリングを行う前後で，標準偏差は変わらない．

```
> result <- scale(OJ)
> mean(result)    # (-1.25)×10^-16 なので，ほぼ 0
[1] -1.258452e-16
> sd(result)
[1] 1
```

(3) 関数 stem() で幹葉図を作成できる．関数 stem() の引数 scale の値を変えることで，刻みを変えることができる（既定値は 1 となっている）．

```
> stem(OJ)

  The decimal point is at the |
   8 | 2477
  10 | 0
  12 |
  14 | 552
  16 | 56
  18 | 7
  20 | 025
  22 | 4036
  24 | 58258
  26 | 44433
  28 | 4
  30 | 9
```

(4) 変数 OJ と変数 VC の平均値に関する 2 標本 t 検定の結果を再掲する．

```
> t.test(OJ, VC, var.equal=T)

        Two Sample t-test
data:  OJ and VC
t = 1.9153, df = 58, p-value = 0.06039
alternative hypothesis: true difference in means is not equal to 0
95 percent confidence interval:
 -0.1670064  7.5670064
sample estimates:
mean of x mean of y
 20.66333  16.96333
```

出力結果の意味は次のとおりである．

- data：変数 OJ と変数 VC を用いて検定を行ったことを示す．
- t = 1.9153：t 統計量の値を示す．
- df = 58：t 統計量の自由度を示す．
- p-value = 0.06039：p 値を示す．
- alternative hypothesis：対立仮説が「平均値の差が 0 でない（＝両側検定）」であることを示す．
- 95 percent confidence interval：95％信頼区間．両側検定を行っているので，信頼区間も両

側信頼区間となっており，[-0.1670064, 7.5670064] となっている．信頼係数を 95% から変更する場合は，関数 t.test() の引数 conf.level に 0.9 や 0.99 のように指定する．
- sample estimates：推定値．変数 OJ と変数 VC の標本平均を推定しており，それぞれ 20.66333, 16.96333 となっている．

この出力結果を適当な変数に代入して再利用したい場合がある．この場合，まず関数 t.test() の結果を適当な変数に格納する．しかし，変数 result をただ表示しても 2 標本 t 検定の結果が表示されるだけである．そこで，関数 str() で変数の中身を確認すればよい．

```
> result <- t.test(OJ, VC, var.equal=T)
> result   # 2標本t検定の結果が表示されるだけ……
> str(result)
List of 9
 $ statistic  : Named num 1.92
  ..- attr(*, "names")= chr "t"
 $ parameter  : Named num 58
  ..- attr(*, "names")= chr "df"
 $ p.value    : num 0.0604
 $ conf.int   : atomic [1:2] -0.167 7.567
  ..- attr(*, "conf.level")= num 0.95
 $ estimate   : Named num [1:2] 20.7 17
  ..- attr(*, "names")= chr [1:2] "mean of x" "mean of y"
 $ null.value : Named num 0
  ..- attr(*, "names")= chr "difference in means"
 $ alternative: chr "two.sided"
 $ method     : chr " Two Sample t-test"
 $ data.name  : chr "OJ and VC"
 - attr(*, "class")= chr "htest"
```

出力結果が格納されている変数 result から情報を取り出すには「$」マーク付きでラベルを指定すればよいが，ある情報がどのラベルになっているかは判然としない．関数 str() の結果を見れば一目瞭然である．たとえば，t 統計量や p 値を取り出すには，それぞれ「result$statistic」「result$p.value」とすればよい．

```
> result$statistic
       t
1.915268
> result$p.value
[1] 0.06039337
```

参考までに，変数 result の各情報の概要を示す．

- $statistic：t 統計量（1.92）
- $parameter：t 統計量の自由度（58）
- $p.value：p 値（0.0604）
- $conf.int：95％両側信頼区間（[-0.167, 7.567]）
- $estimate：変数 OJ と変数 VC の標本平均（20.7, 17）
- $null.value：帰無仮説（平均値の差＝0 の「0」を示す）
- $alternative：対立仮説（two.sided）
- $method：検定手法（Two Sample t-test）
- $data.name：使用したデータ（OJ and VC）

(5) 「8.2 データのプロット」で見たとおり，関数 hist() でヒストグラムが作成できた．区切り幅は R が適当に選択してくれる．probability=T と指定することによって相対度数で作図するように変更できる．このとき，区切り幅は「適当に選択される」が，「適切に選択される」わけではない．というのも，hist() のデフォルトは「データの範囲を $\log_2(n)+1$ 個（n はデータの個数）の階級に分割して各階級に属するデータの数を棒グラフとして作図する」という Sturges（1926年！）の方法を用いている．性質としては，まず平滑化をしすぎるきらいがあり，さらにデータが正規分布（正確には二項分布）から遠ざかれば遠ざかるほど当てはめが悪くなる．そこで，引数 breaks に "FD" や "Scott" を指定することで，より適切な区切り幅の選択を行うことができる[注8]．また，引数 breaks には，文字列だけでなく数値ベクトルも指定できるので，たとえば区切り幅の横幅が等間隔でないヒストグラムを描くこともできる．

```
> hist(OJ, col="cyan", breaks="Scott")
> hist(OJ, col="cyan", breaks=c(5, 10, 20, 40))
```

注8 パッケージ MASS にある関数 truehist() や，パッケージ KernSmooth にある関数 dpih() を用いることでも，より適切なヒストグラムを描くことができる．

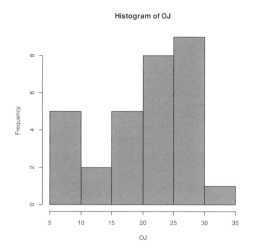
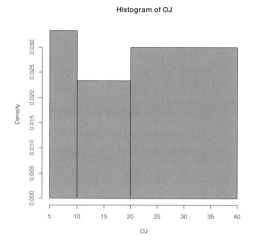

(6)「8.2 データのプロット」で見たとおり，関数 density() を用いた密度推定を行うことができた．ヒストグラムと同様，関数 density() の引数 bw に "nrd0", "nrd", "ucv", "bcv", "SJ", "SJ-ste", "SJ-dpi" のいずれかを指定して，密度推定方法を変更することができる[注9]．また，密度推定曲線の下に，関数 rug() で「データに対応する縦線」を付けることもできる．

```
> plot(density(OJ, bw="SJ"), xlim=c(5,40))
> rug(OJ)
```

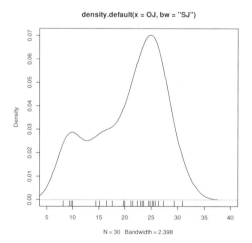

(7) 2次元データの密度推定を行う場合は，カーネル密度推定を行う関数 bkde2D()（パッケージ

注9 お勧めは "ucv"（バンド幅小），"SJ"（バンド幅中），"bcv"（バンド幅大）あたりである．パッケージ KernSmooth にある関数 dpik() ならば，もっとデータに合わせた推定を行う．ほかにも関数 bkde() などが用意されている．

KernSmooth），関数 kde2d()（パッケージ MASS）などが用意されている．

```
> library(MASS)           # 関数width.SJ()を使うため
> library(KernSmooth)     # 関数bkde2D()を使うため
KernSmooth 2.23 loaded
Copyright M. P. Wand 1997-2009
> x <- rnorm(200, sd=4)   # データの準備
> y <- rnorm(200, sd=1)   # データの準備
> z <- bkde2D(cbind(x, y),
+             bandwidth=c(width.SJ(x), width.SJ(y)))
> persp(z$fhat, phi=30, theta=20, d=5)
```

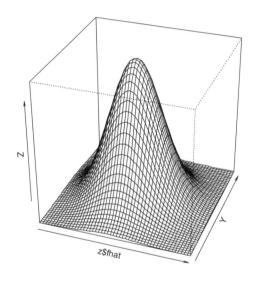

第 8 章の練習問題② （解答は 406 ページ）

(1) 練習問題①で用いたデータ「sleep」の変数 D2（Dose 2 を投与したときの睡眠時間の増加）について，Wilcoxon の符号付き順位和検定を用いて「変数 D2 の中央値が 0 かどうか」の検定を実施せよ．

(2) (1) を実行した結果得られた統計量（符号順位統計量）と p 値を適当な変数に格納せよ．

第2編

R Tips 編

第9章 データの種類と種々のベクトル

> ▶ この章の目的
> - R は実数のほかに複素数や文字列など，さまざまな種類のデータを扱うことができる．
> - 本章ではデータの種類と構造を一望した後，種々のベクトルについて詳細に見ていく．

9.1 データの種類と構造

R で扱えるデータには表 9.1 に挙げる種類がある．

表 9.1 データの種類

種類	意味
NULL	「空っぽ」という意味．0 と混同しがちだが，NULL は「何もない・0 ですらない」という意味である
NA	不定データ・欠損値（Not Available）
NaN	非数（Not a Number）．0/0 などを計算すると NaN になる
Inf	無限大（∞）．1/0 などを計算すると Inf になる
数値（numeric）	1 や 2 等の整数型（integer）と，1.3，1e10，円周率 π を表す pi などの実数型（double）がある
複素数（complex）	$1+2i$ など．ただし，1+i とすると i が変数と認識されてしまうので，虚数 $1+i$ を表すときは「1+1i」と表記すること
文字列（character）	引用符 "" または '' で囲まれた文字列
因子（factor）	1：男性，2：女性など，水準を表す
論理値（logical）	TRUE（真）と FALSE（偽）．TRUE や FALSE は文字列ではないことに注意．それぞれ T, F と略記できる
日時（date）	"2009-10-04" などの日付や時刻など

また，データの構造としては，ベクトルのほかに行列や配列，リストやデータフレームなどがある．データの種類や構造を調べたり，特定の種類や構造に変換したりする場合のために，表 9.2 の関数が用意されている[注1]．

注1 関数 paste() のように，必要に応じて引数に与えられたオブジェクトの型変換を自動的に行う関数もある．

表 9.2　データの検査・変換関数

データの種類・構造	検査する関数	変換する関数
数値型	is.numeric()	as.numeric()
整数型	is.integer()	as.integer()
実数型	is.double()	as.double()
複素数型	is.complex()	as.complex()
文字型	is.character()	as.character()
論理型	is.logical()	as.logical()
ベクトル	is.vector()	as.vector()
順序なし因子	is.factor()	as.factor()
順序付き因子	is.ordered()	as.ordered()
行列	is.matrix()	as.matrix()
配列	is.array()	as.array()
リスト	is.list()	as.list()
データフレーム	is.data.frame()	as.data.frame()

次に例を示す．

```
> x <- 1:5
> is.vector(x)      # ベクトルかどうかチェック
[1] TRUE
> as.character(x)   # 文字型に変換
[1] "1" "2" "3" "4" "5"
```

ベクトルの中身がどんなデータの種類（型）なのかを調べるには，関数 mode() や関数 typeof() を用いる．この 2 つは似た機能だが，数値ベクトルを調べたときに「数値（numeric）」となるか「整数（integer）／実数（double）」まで判定するかの違いがある．

```
> x <- 1:5
> mode(x)
[1] "numeric"
> typeof(x)
[1] "integer"
```

以降でベクトルの各種類について詳細に見ていくことにするが，その前に「何もない」という概念，NULL や NA などについて紹介しておく．

9.2 NULL・NA・NaN・Inf

　NULL（何もない），NA（欠損値・欠測値），NaN（非数），Inf（無限大）は，たいていは演算を施してもそのままの値（NAやNaN）が返ってくる．たとえばNAにどのような演算を施しても結果はNAになる．よって，比較演算子 == すら使えないことになる．

```
> x <- c(1.0, NA, 3.0, 4.0)    # NAはどれかを調べようとしても……
> x == NA                      # NAに対する演算はすべてNAとなる
[1] NA NA NA NA
```

　そこで，これらの値の検査を行う関数がそれぞれ用意されている（表9.3）．

表9.3　検査を行う関数

関数	is.null()	is.na()	is.nan()	is.finite()	is.infinite()	complete.cases()
対象	NULL	NA	NaN	有限か否か	無限か否か	欠損・欠測か否か

　たとえば，ある値がNAかどうかテストするには，関数 is.na() を使う（比較演算子 == では行えないことに注意）が，これはNaNを代入してもTRUEが返ってしまう．そこでNaNか否か（NAか否かではない）を判定するために is.nan() という関数が用意されている．

```
> is.na(NA)
[1] TRUE
> is.na(NaN)
[1] TRUE
> is.nan(NA)
[1] FALSE
> x <- c(1, NA, 3, 4)
> is.na(x)
[1] FALSE  TRUE FALSE FALSE
```

　引数にNAが含まれるとエラーになる関数がある．上記の検査関数を用いることで，NAが含まれるデータに対処することができる．

```
> x <- c(1, 2, NA, 4, 5, NA)
> x[!is.na(x)]                    # xからNAを取り除いた
[1] 1 2 4 5
> x <- ifelse(is.na(x), 0, x)     # NAを0に置き換える
> x                               # x[is.na(x)] <- 0でも可
```

```
[1] 1 2 0 4 5 0
```

NAを置き換えるのではなく，NAを要素に持つベクトルから，NAを読み飛ばして要素を読み取ることを考える．この場合は次のようにすればよい．

```
> x <- c(1, 2, NA, -4, 5, -6, 7, NA, 9, 10)
> y <- x[!is.na(x)]   # na.omit(x)でも可
> y
[1]  1  2 -4  5 -6  7  9 10
```

これを応用すれば，欠損値と負のデータを除去して次のようにデータを読み取ることもできる．

```
> x <- c(1, 2, NA, -4, 5, -6, 7, NA, 9, 10)
> y <- x[(!is.na(x)) & (x > 0)]    # NAと負の値以外のxの要素を
> y                                # yに格納
[1]  1  2  5  7  9 10
```

ところで，NULLは属性を取り出す関数が属性値がないときの値として返すなど「適当な結果がない」ことを示すために使われる．NULLと欠損値NAを混同してしまいがちだが，NAはベクトルの要素となり得るが，NULLは「何もない」のでそれ自身でベクトルの要素にはなり得ない点が異なる．

```
> length(NULL)   # モード"NULL"を持つ
[1] 0
> x <- 1:3
> names(x)       # names属性が付いていないのでNULLが返る
NULL
```

この手順を逆手にとって，属性値にNULLを代入して属性値を除去することができる．

```
> names(x) <- c("a", "b", "c")
> x
a b c
1 2 3
> names(x) <- NULL
> x
[1] 1 2 3
```

ほかに，繰り返し文で処理を行うオブジェクトの初期値にも NULL が使われることがある[注2]．

```
> x <- NULL                         # 長さ0のベクトルxを用意
> for (i in 1:10) x <- append(x, i * i)  # xにi^2を順に格納
> x
 [1]   1   4   9  16  25  36  49  64  81 100
```

9.3 数値型ベクトル

今さら何を言うのだという感はあるが，R で足し算を行う際は次のように行った．「1 + 2」だから単に 3 と返せばよいだけのはずだが，よく見ると [1] が前に付いている．この [1] は何だろうか．

```
> 1 + 2
[1] 3
```

R では論理数・実数・複素数・文字列などのデータは，同じ型のデータをいくつかまとめたベクトルと呼ばれる形で取り扱う．上の結果で言えば，要素が 1 つの数値ベクトル同士の足し算を行っていたことになり，小難しく言えば長さ 1 のベクトル (1) と長さ 1 のベクトル (2) の足し算を行って，結果として長さ 1 のベクトル (3) が返ってきたことになる．[1] は「ベクトルの 1 つ目の要素」という意味である．

さて，第 4 章で数値型ベクトルについていろいろ扱ってきたが，整数と実数は特に区別しなくてもあまり困らなかった．明示的に型を指定したい場合は関数 as.integer() や関数 as.double() で変換すればよい．また，空（要素数が 0）の数値型ベクトルを作成する場合は次のようにする．

```
> ( x <- numeric() )   # numeric(0)でも可
numeric(0)
```

9.4 複素型ベクトル

複素型ベクトルは，複素数を要素とするベクトルのことである．複素数を要素とするには記号 i を用いる．

```
> c(1+1i, 2+3i)   # 虚数1+iを表すときは1+1iと表記する
```

注2　ほかに x <- c() や x <- numeric(0) などが使われる．また，関数 as.character() や関数 as.numeric() などの型変換関数を使って，NULL をある型のベクトルに変換すると，指定された型の長さが 0 のベクトルになる．

```
[1] 1+1i 2+3i        # 1+iとするとiは変数と認識される
> c(1, 2+3i)         # 要素に1つでも複素数が見つかれば
[1] 1+0i 2+3i        # 要素全体が複素数となる
```

関数 complex() を使えば，実部と虚部をベクトルで指定したり，絶対値と偏角を指定したりすることでも複素型ベクトルを作ることができる．

```
> complex(re=1:3, im=4:6)             # re：実部，im：虚部
[1] 1+4i 2+5i 3+6i
> complex(mod=c(1, 2), arg=c(0, pi))  # mod：絶対値，arg：偏角
[1]  1+0i -2+0i
```

複素数を要素に持つベクトル（たとえば z <- 1+1i）を処理する場合は，実数同士の計算時に用いた関数に加えて，表 9.4 の関数を用いることができる．

表 9.4 複素数を要素に持つベクトルを処理する関数

関数	Re(z)	Im(z)	Mod(z)	abs(z)	Arg(z)	Conj(z)
機能	実部	虚部	絶対値		偏角	共役複素数

ところで，実数から複素数に自動的に型変換がなされることはない．次の例より，-2 と -2+0i は異なることがわかる．

```
> log(-2)
[1] NaN
Warning message:
In log(-2) : 計算結果が NaN になりました
> log(-2+0i)
[1] 0.693147+3.141593i
```

9.5 論理型ベクトル

論理値「真：TRUE」「偽：FALSE」を要素とするベクトルを，論理型ベクトルと呼ぶ．論理値は正式名（TRUE, FALSE）でも略記名（T, F）でも指定できる．

```
> ( x <- c(T, F, T, TRUE, FALSE) )
[1]  TRUE FALSE  TRUE  TRUE FALSE
```

論理型ベクトルに対する論理演算子として，表 9.5 の関数が用意されている．

表 9.5 論理ベクトル全体を調べる関数

コマンド	機能
&	AND（かつ）
|	OR（または）
!	NOT（でない）
xor(x, y)	ベクトル x と y の排他的論理和
any(x)	ベクトル x の要素に TRUE が 1 つでもあれば TRUE を返す
all(x)	ベクトル x の要素がすべて TRUE なら TRUE を返す
which(x)	ベクトル x の要素が TRUE となっている要素の番号

次に使用例を示す．

```
> !x
[1] FALSE  TRUE FALSE FALSE  TRUE
> any(x)
[1] TRUE
> which(x)
[1] 1 3 4
```

9.6　文字型ベクトル

　文字列を要素とするベクトルを，文字型ベクトル（または文字列ベクトル）と呼ぶ．文字列を要素とする場合は記号 " " を用いる．

```
> c("a", "b", "c", "d", "e")
[1] "a" "b" "c" "d" "e"
> c("HOKKAIDO", "SENDAI", "TOKYO", "NAGOYA", "OSAKA", "HAKATA")
[1] "HOKKAIDO" "SENDAI"   "TOKYO"    "NAGOYA"   "OSAKA"    "HAKATA"
```

　文字列には辞書式順序（ASCII 配列順）による大小関係があるので，この規則に従った文字型ベクトル同士の比較演算を行うことができる．

```
> "TOKYO" > "OSAKA"
[1] TRUE
> "HAKATA" > "OSAKA"
```

```
[1] FALSE
```

複数の文字列を連結して1つの文字列にするには，関数paste(文字列1，文字列2，……)を用いる．引数がベクトルならば，要素ごとに連結することになる．

```
> paste("May I", "help you ?")
[1] "May I help you ?"
> paste(month.abb, 1:12, c("st", "nd", "rd", rep("th", 9)) )
 [1] "Jan 1 st"  "Feb 2 nd"  "Mar 3 rd"  "Apr 4 th"  "May 5 th"
 [6] "Jun 6 th"  "Jul 7 th"  "Aug 8 th"  "Sep 9 th"  "Oct 10 th"
[11] "Nov 11 th" "Dec 12 th"
```

2つの文字列を1つに結合する際，間に挟む文字列は引数sepで指定する(空文字""を与えれば区切り文字なしで結合する)．また，ベクトルの各要素を1つにつなげた文字列を作りたいときは，引数collapseに間に挟む文字（列）を指定すればよい（sepと同じように空文字""で与えてもよい）．

```
> paste("/usr", "local", "bin", sep="/")   # /を間に挟んでつなぐ
[1] "/usr/local/bin"
> ( x <- paste(1:4) )
[1] "1" "2" "3" "4"
> paste(x, collapse="abc")
[1] "1abc2abc3abc4"
> paste(x, collapse="")
[1] "1234"
```

部分文字列を取り出すには，関数substr(文字列，要素の最初の位置(整数)，要素の最後の位置(整数))を用いればよい．

```
> substr("abcdefg", 2, 5)
[1] "bcde"
```

文字列をRの命令として実行する場合は，関数eval(parse(text="文字列"))を使う．ほかにも関数eval.parent(parse(text="文字列"))が用意されている．

```
> a <- numeric(5);   x <- 1:5
> for(i in x) eval(parse(text=paste("a[", i, "] <- 10", sep="") ))
> a
[1] 10 10 10 10 10
```

このほかにも文字列に関する関数が多数用意されている．表 9.6 に，文字型ベクトル x に対して操作を行う関数の一覧を示す．

表 9.6 文字列操作関数

関数	機能
charmatch("abc", x)	"abc" という文字列がある要素番号
chartr("ab", "cd", x)	"a" を "b" に，"c" を "d" に置換
grep('^ei', x)	先頭が "ei" となる要素番号（正規表現）
grep('(ei)', x)	文字列 "ei" が含まれる要素番号（正規表現）
gregexpr("a", x)	"a" に一致したすべての文字の位置
gsub("a", "b", x)	"a" に合致するすべての文字を "b" に置換
nchar(x)	文字数（バイト数）
regexpr("a", x)	"a" に一致した最初の文字の位置
substring(x, 2, 5)	関数 substr() と同様の働き．2〜5文字目を抽出
strsplit(x, split="A")	文字 "A" の前後で文字列を分割
strwrap(x, width=3)	文字列（英文）の分割
sub("a", "b", x)	"a" に合致する最初の文字のみ "b" に置換
toupper(x)	大文字に置換
tolower(x)	小文字に置換

関数 nchar() に NA を指定すると，2（NA の文字数）が返される点に注意いただきたい．なお，引数 type に "bytes", "chars", "width" を指定し，カウント方法を指定することもできる．また，関数 strsplit() の結果はリストとなるので，関数 unlist() をさらに適用し，ベクトルに変換する方が便利かもしれない．

```
> nchar("NA", type="byte")
[1] 2

> unlist(strsplit("BAC", split="A"))
[1] "B" "C"
```

ところで，"" は「空の文字列」を表し，「ダブルクオート " が2つある」という意味ではないことに注意されたい．また，ダブルクオートで囲んだ文字列中にはシングルクオート ' を含めることができ，逆も可能である．ただし，バックスラッシュ \ （または ¥）を単独で出力することはできない．

```
> "abc"
[1] "abc"
```

```
> ( x <- "" )      # 中身は"と"の中にあるもの
[1] ""             # （ここでは何もないことを表す）
> "I don't agree."
[1] "I don't agree."
> "¥"              # ¥マークは単独では使えない
Error: syntax error
```

9.7 順序なし因子型ベクトルと順序付き因子型ベクトル

関数 factor() を用いることで，ベクトルの要素を因子（カテゴリ）としたベクトルを作成できる．次の例では，文字型ベクトル x を因子ベクトルに変換したうえで変数 f に代入し，"L"，"M"，"H" の要素が格納されている．これらの因子の各要素を，「水準」または「カテゴリ」と呼ぶ．因子型ベクトルの水準を確認するには関数 levels() を用いる．

```
> x <- c("L", "L", "M", "M", "H")   # 文字型ベクトル
> ( f <- factor(x) )                # 順序なし因子型ベクトルに変換
[1] L L M M H
Levels: H L M

> levels(f)
[1] "H" "L" "M"
```

関数 factor() で作成した因子型ベクトルには大小関係はなかったが，関数 ordered() で順序付きの因子ベクトルを作成することができる．

```
> ( o <- ordered(x) )
[1] L L M M H
Levels: H < L < M
```

表 9.7 に，因子型ベクトル f に対して処理を行う関数の一覧を示す．

表 9.7 因子型ベクトルに対する関数

関数	機能
addNA(f)	NA という水準を追加
droplevels(f), f[, drop=T]	不要な水準を削除
gl(2, 4, label=c("A", "B"))	2 カテゴリ（A, B）で繰り返し数 4 の因子型ベクトル（A, A, A, A, B, B, B, B）を作成
levels(f) <- ベクトル	各水準のラベルを変更

関数	機能
nlevels(f)	水準数を表示
table(f)	ベクトル f に関する度数分布表を作成

　数値ベクトルをカテゴリに照らし合わせて，カテゴリごとに因子を設定する場合は関数 cut() を用いる．引数 include.lowest=TRUE を指定することで左端の値をカテゴリに含め，引数 right=TRUE を指定することで各カテゴリの右端の値をカテゴリに含める．作成後は関数 table() で頻度集計を行うこともできる．同様の関数として関数 findInterval() があり，こちらはグループ分けの結果を数値ベクトルとして返す．

```
> x <- 1:10
> ( y <- cut(x, breaks=c(0, 3, 7, 10)) )
 [1] (0,3]  (0,3]  (0,3]  (3,7]  (3,7]  [6] (3,7]  (3,7]  (7,10] (7,10] (7,10]
Levels: (0,3] (3,7] (7,10]
> table(y)
y
 (0,3]  (3,7] (7,10]
     3      4      3

> ( y <- cut(x, breaks=c(0, 3, 7, 10),
+         labels=c("Low", "Mid", "Hi")) )
 [1] Low Low Low Mid Mid Mid Mid Hi
 [9] Hi  Hi
Levels: Low Mid Hi

> findInterval(x, c(0, 3, 7, 10), right=T)
 [1] 1 1 2 2 2 2 3 3 3 3
```

　因子型ベクトルの水準のラベルを変更する場合は，関数 levels() を用いる．

```
> ( f <- factor(1:3) )
[1] 1 2 3
Levels: 1 2 3
> levels(f) <- list("L"=1, "M"=2, "H"=3)
> f
[1] L M H
Levels: L M H

> ( f <- factor(1:3) )
[1] 1 2 3
Levels: 1 2 3
```

```
> levels(f) <- c("Low", "Mid", "Hi")
> f
[1] Low Mid Hi
Levels: Low Mid Hi
```

いったん作成した因子の順番を変更する場合，順序なし因子型ならばパッケージ car の関数 recode() を，順序付き因子型ならば関数 reorder() を用いる．また，参照水準（最初の水準）のみを変更するには関数 relevel() を用いる．

```
> library(car)
> ( x <- factor(1:3) )
[1] 1 2 3
Levels: 1 2 3
> ( y <- recode(x, "c(1, 2)='A'; else='B'") )
[1] A A B
Levels: A B
> relevel(y, "B")
[1] A A B
Levels: B A

> ( x <- ordered(1:3) )
[1] 1 2 3
Levels: 1 < 2 < 3
> ( y <- reorder(x, 3:1) )
[1] 1 2 3
attr(,"scores")
1 2 3
3 2 1
Levels: 3 < 2 < 1
```

9.8 日付型ベクトル

R には日付や日時データを扱うための関数がいくつか用意されている．まず，関数 as.Date() で文字型データを日付型データに変換することができ[注3]．

```
> as.Date("2016/01/07")
[1] "2016-01-07"
> as.Date("01/07/2016", format="%m/%d/%Y")
```

注3 ほかにも関数 as.POSIXct() などがある．

```
[1] "2016-01-07"
```

「%d」「%m」「%Y」以外のフォーマットを使う場合は，日本語環境では日本語文字になって返り値がNA となるため，関数 Sys.setlocale("LC_TIME", "C") を事前に実行する必要がある．

```
> Sys.setlocale("LC_TIME", "C")
[1] "C"
> as.Date("2016/Jan/07", format="%Y/%b/%d")
[1] "2016-01-07"
```

また，関数 strptime() で文字型データを日時型データに変換することができる．さらに，関数 format() で日時データを表す文字列を作成することも可能だ．

```
> Sys.setlocale("LC_TIME", "C")
[1] "C"
> strptime("07Jan2016", "%d%b%Y")
[1] "2016-01-07 JST"
> format(Sys.time(), "%Y %b %d %H:%M:%S %Z")
[1] "2016 Jan 07 20:47:40 JST"
```

「%m」や「%d」のフォーマットの一覧を表 9.8 に挙げる．関数 strptime() はすべてのフォーマットを使うことができるが，関数 as.Date() は表中の一部しか使えない．

表 9.8 日付のフォーマットの一覧

命令	機能	as.Date()
%A, %a	曜日の英語名（小文字は略記）	
%B, %b	月の英語名（小文字は略記）	○
%c	ロケール固定の日時表示	
%d	月の中の日（01-31）	○
%H	時（24 時制：00-23）	
%I	時（12 時制：01-12）	
%j	年の中の日（001-366）	
%M	分（00-59）	
%m	月（01-12）	○
%p	ロケール固定の AM/PM 表示	
%S	秒（00-61）	
%U	年の中の週（00-53：週のはじめを日曜日とする）	

命令	機能	as.Date()
%W	年の中の週（00-53：週のはじめを月曜日とする）	
%w	週を表す整数（0-6：日曜日を0とする）	
%X, %x	ロケール固定の時間表示（小文字は日付表示）	
%Y, %y	4桁表示の西暦（小文字は2桁表示の西暦）	○
%Z, %z	タイムゾーン	

日付型データに変換した後は，四則演算や統計的な処理を行うことができる．

```
> x <- as.Date(c("2016/01/01", "2016/01/04", "2016/01/07"))
> x[2] - x[1]    # 日付の差
Time difference of 3 days
> diff(x)        # 日付の差
Time differences in days
[1] 3 3
> mean(x)        # 日付の平均
[1] "2016-01-04"
```

9.9 ベクトルの操作

作成したベクトルの要素は左から順に 1, 2, ……と番号が振られており，要素の番号を指定して要素を取り出す（アクセスする）ことができる．表 9.9 に，ベクトル x の要素にアクセスする方法を示す．

表 9.9 ベクトルの操作

コマンド	機能
x[k]	k 番目の要素を取り出す． 要素番号として 0 を指定すると，長さ 0 で元のベクトルと同じ型のベクトルが返る
x[[k]]	k 番目の要素を取り出す（配列としてアクセスする）
x[k] <- a	k 番目の要素を a に変更する
x[正整数ベクトル]	いくつかの要素をまとめて取り出すことができる． 要素番号のベクトルの中に同じ番号が現れた場合は，同じ要素が何度も取り出される
x[負整数ベクトル]	対応する要素番号の要素を取り除く
x[論理値ベクトル]	TRUE の要素に対応した要素を取り出す
x[条件式]	条件に合致した要素が取り出される
x[文字型ベクトル]	要素ラベルを指定して要素を取り出す（ベクトルに names 属性が付いている場合）

要素にアクセスする例を示す．[と] の間には単一の値だけでなく，正の整数ベクトル，負の整数ベクトル，論理型ベクトル，文字型ベクトルを指定することができる．ただし，正値と負値が混在したベクトルは指定できない．

```
> ( x <- c(1, 2, 3, 4, 5) )
[1] 1 2 3 4 5
> x[2]
[1] 2
> x[2:5]
[1] 2 3 4 5
> x[c(-1, -3)]
[1] 2 4 5
> x[c(F, T, F, T, F)]
[1] 2 4
```

次に，条件式を指定する例と文字列を指定する例を示す．ベクトルに names 属性が付けられているならば，次のようにラベルを指定して要素を取り出すことができる（ラベルの大文字と小文字は区別される）．

```
> x <- c(10, 20, 30, 40, 50)
> x[30 < x]
[1] 40 50
> x[10 < x & x < 40]           # 2つの条件は&や|でつなぐ
[1] 20 30
> (1:length(x))[10 < x & x < 40]   # 何番目の要素が
[1] 2 3                            # 条件を満たしているか
> names(x) <- c("A", "B", "C", "D", "E")
> x["A"]
 A
10
```

また，[と] の間に負の整数を入れることでベクトルの要素を削除することができたが，ベクトルの要素の一部を置き換えるには関数 replace() を用いることで実現できる．

```
> x <- c(1, 2, 3, 4, 5)                  # x <- 1:5でもよい
> ( y <- replace(x, c(2, 4), c(0, 0)) )  # xの2, 4番目の要素を
[1] 1 0 3 0 5
> ( z <- replace(x, c(2, 4), NA) )       # 今度はNAで置き換える
[1] 1 NA 3 NA 5
> replace(z, which(is.na(z)), 10)        # zのNAを10で置き換え
```

```
[1]  1 10  3 10  5
```

2個以上のベクトルを結合するには，関数 c() を用いる．2つのベクトルを結合するだけならば関数 append() でも実現できる．また，関数 append() を用いることで，ベクトルの指定の場所にベクトルを挿入させることも可能だ．

```
> x <- c(1, 2, 3);   y <- c(4, 5, 6);   z <- c(7, 8, 9)
> c(x, y, z)
[1] 1 2 3 4 5 6 7 8 9

> ( w <- append(x, z) )     # c(x, z)でもよい
[1] 1 2 3 7 8 9
> append(w, y, after=3)     # wの3番目の要素の後にyを挿入
[1] 1 2 3 4 5 6 7 8 9
```

9.10 落穂ひろい

(1) Rでは，LETTERS（アルファベットの大文字），letters（アルファベットの小文字），month.abb（月の名前の略称），month.name（月の名前），pi（円周率）の5つの定数がある．

```
> pi / 2
[1] 1.570796
> month.abb
 [1] "Jan" "Feb" "Mar" "Apr" "May" "Jun" "Jul" "Aug" "Sep" "Oct" "Nov" "Dec"
> LETTERS[1:5]
[1] "A" "B" "C" "D" "E"
```

(2) 関数 rep() を用いることで同一の数列の反復を生成できたが，関数 unique() によって同一の値の反復を除くこともできる．ベクトル要素の削除・探索・正規乱数生成をする場合も，関数 rep() によって同一の数列の反復を作り，関数 unique() によって同一の値の反復を除くことで実現できる．また，関数 match() で指定した値がベクトル中に存在するかを判定し，関数 duplicated() で重複した値に対して TRUE となるベクトルを返す．

```
> ( x <- rep(c("A", "B", "C"), 1:3) )
[1] "A" "B" "B" "C" "C" "C"
> unique(x)                # 反復した値を除く
[1] "A" "B" "C"
> match(x, c("A", "C"))    # xの中にAまたはCがあるか否か
```

```
[1]  1 NA NA  2  2  2
> duplicated(x)              # 重複した値に対してTRUEを返す
[1] FALSE FALSE  TRUE FALSE  TRUE  TRUE
```

(3) ベクトルについて「ある値に最も近い要素」の番号を求めたい場合，関数 which() を用いることで実現できる[注4].

```
> ( x <- seq(1, 4, by=0.6) )
[1] 1.0 1.6 2.2 2.8 3.4 4.0
> which( abs(x - 2) == min(abs(x - 2)) )      # 2に最も近い値を持つ要素の番号
[1] 3
> x[which( abs(x - 2) == min(abs(x - 2)) )]   # 該当する要素の値
[1] 2.2
```

(4) Rで集合演算を行うことができる．表 9.10 に同じ型のベクトル x と y について集合演算を行う方法を示す．

表 9.10 集合演算の関数

関数	機能
union(x, y)	和集合
intersect(x, y)	積集合
setdiff(x, y)	差集合
setequal(x, y)	集合として等しいか否か
is.element(x, y)	ベクトル x の各要素が集合 y に含まれるか否か
x %in% y	is.element() の演算子版

次に使用例を示す．

```
> x <- 1:8; y <- c(1, 3, 6)
> union(x, y)       # 和集合
[1] 1 2 3 4 5 6 7 8
> setdiff(x, y)     # 差集合（xからxとyの共通要素を削除）
[1] 2 4 5 7 8
> setdiff(y, x)     # 差集合（yからxとyの共通要素を削除）
numeric(0)
> setequal(x, y)    # 集合として等しいか否か
[1] FALSE
```

注4 ベクトルの最大・最小要素の位置を求める関数として，関数 which.max() と関数 which.min() が用意されている．

```
> x %in% y          # ベクトルxの各要素が集合yに含まれるか
[1]  TRUE FALSE  TRUE FALSE FALSE  TRUE FALSE FALSE
```

(5) 関数 sort() でベクトルの要素を小さい順（昇順）に並べ替える．大きい順（降順）に並べ替える場合は引数 decreasing=TRUE を指定する．また，関数 sort.list() で，要素の順番を取得できる．

```
> x <- c(3, 1, 6, 2, 5, 4)
> sort(x, decreasing=T)
[1] 6 5 4 3 2 1
```

(6) TRUE と FALSE を関数 as.numeric() で数値に変換すると，それぞれ 1 と 0 に変換される．ちなみに，R の演算式中に論理値が期待されているときに数が現れると「0 でない数 → TRUE」「0 → FALSE」と認識される．たとえば if (2.718) は TRUE になり，if 文の命令が実行される．

(7) 空のベクトルを生成する方法をいくつか紹介する．ちなみに，関数 as.character() や as.numeric() などで NULL を変換すると，指定された型の長さ 0 のベクトルになる．

```
> ( x <- NULL )
NULL
> ( x <- c() )
NULL
> ( x <- vector(mode="character", length=0) )   # 型と長さを指定できる
character(0)
```

第10章

配列とリスト，要素のラベル

▶この章の目的

- 使用する頻度はそれほど多くないかもしれないが，本章では配列とリストについて簡単に紹介する．
- ベクトルやリストの要素にはラベルを付けることができる．

10.1 配列

ベクトルはいわゆる1次元のデータであったが，配列はデータを多次元的に保持するものである．配列は目的の次元に応じて2，3，4，……次元のものを作成することができる．配列は関数array()で作成でき，引数dimに各次元の要素の個数をベクトルで指定する．また，k次元の配列はk個の要素番号でアクセスでき，関数dim()で配列の次元を調べることができる．

```
> ( x <- array(1:6, dim=c(1, 3, 2)) )   # 3次元配列
, , 1
     [,1] [,2] [,3]
[1,]    1    2    3
, , 2
     [,1] [,2] [,3]
[1,]    4    5    6
> x[1, 3, ]                             # x[行，列，3次元目の要素，……]
[1] 3 6
```

2次元配列（行列）の「各行について」および「各列について」平均値を計算するには，関数apply()を用いる．たとえば行ごとの平均値を計算したい場合は，次のように計算すればよい．

```
> ( x <- array(1:6, dim=c(2, 3)) )
     [,1] [,2] [,3]
[1,]    1    3    5
[2,]    2    4    6
> apply(x, 1, mean)   # 行について：mean(x[i, ]) (i=1, 2, ……)と同じ計算
[1] 3 4
> apply(x, 2, mean)   # 列について：mean(x[ ,i]) (i=1, 2, ……)と同じ計算
```

```
[1] 1.5 3.5 5.5
```

3次元配列に対しても同様の処理を行うことができる．似たような関数として，関数 ftable(配列，row.vars= 次元数 , col.vars= 次元数) がある．

```
> x <- array(1:6, dim=c(1, 3, 2))
> apply(x, c(1,2), mean)
     [,1] [,2] [,3]
[1,]  2.5  3.5  4.5
> addmargins(x, margin=2, FUN=mean)  # margin=1（列），2（行），3（表全体），1:2など
, , 1
     [,1] [,2] [,3] [,4]
[1,]   1    2    3    2

, , 2
     [,1] [,2] [,3] [,4]
[1,]   4    5    6    5
```

配列を転置するには関数 aperm() を用いればよい．引数 perm（置換）の部分に c(2, 1) を入れれば，行列の転置と同じになる．

```
> x <- array(1:6, dim=c(3, 1, 2))
> aperm(x, perm=c(2, 1, 3))
, , 1
     [,1] [,2] [,3]
[1,]   1    2    3
, , 2
     [,1] [,2] [,3]
[1,]   4    5    6
```

10.2 リスト

Rにはデータの種類としてベクトルや行列，配列などが用意されているが，これらのデータを集めて1つのオブジェクトにしたものが，リストである．言い換えれば，リストとは異なる構造のデータを1つのデータセットにまとめることができるオブジェクトである．リストは関数 list() を用いて作成する．

```
> ( x <- list(1:5, "It's my list.", c(T, F, T)) )
[[1]]
```

```
[1] 1 2 3 4 5
[[2]]
[1] "It's my list."
[[3]]
[1]  TRUE FALSE  TRUE
```

リストの操作はベクトルとほぼ同様であるが，[ ] に加えて [[ ]] も使う点に注意いただきたい．また，リストの長さは関数 length() で調べることができる．ただし，リストの要素に NULL を代入する操作は「その要素を取り除く」という意味で，「リストの成分に NULL を代入する」という意味ではないので注意しよう．後者の意味にするには，list(NULL) を代入すればよい．

```
> x[[2]]            # 第2成分を抽出
[1] "It's my list."
> x[[1]][2]         # 第1成分のベクトルの2番目の要素
[1] 2
> x[1:2]            # 第1，第2成分を抽出
[[1]]
[1] 1 2 3 4 5
[[2]]
[1] "It's my list."
> length(x)         # リストxの長さを求める
[1] 3
> x[[1]] <- NULL    # リストの第1成分を取り除く
> x
[[1]]
[1] "It's my list."
[[2]]
[1]  TRUE FALSE  TRUE
```

ところで，ベクトルと同様にリストの連結も関数 c() や関数 append() で行うことができる．

```
> c( list(1:5), list(c(T, F, T)) )   # append(list(1:5),
[[1]]                                #         list(c(T, F, T)))でも可
[1] 1 2 3 4 5
[[2]]
[1]  TRUE FALSE  TRUE
```

ほかにも，リストの要素を端からベクトルとして結合して1つのベクトルとしてまとめる関数 unlist() や，逆にベクトルをある基準で区分けしてリストとしてまとめる関数 split() がある．

```
> ( x <- split(1:10, rep(c("odd", "even"), 5)) )
$even
[1]  2  4  6  8 10
$odd
[1] 1 3 5 7 9
> unlist(x)
even1 even2 even3 even4 even5  odd1  odd2  odd3  odd4  odd5
    2     4     6     8    10     1     3     5     7     9
```

10.3 要素のラベル

ベクトルには names 属性と呼ばれる属性情報を付けることができ，要素のラベルを持つベクトルは，このラベルを使って要素を取り出すことができる．ベクトルに names 属性を付けるには，関数 names() を使用する．

```
> x <- 1:5
> names(x) <- c("a", "b", "c", "d", "e")
> x
a b c d e
1 2 3 4 5
```

names 属性の中身を確認する場合も，関数 names() を使用する．

```
> names(x)
[1] "a" "b" "c" "d" "e"
```

names 属性を付けることで，ベクトルにラベルでアクセスすることができる．

```
> x["b"]
b
2
> x["c"][[1]]
[1] 3
```

リストに names 属性を付ける場合も，関数 names() を使用する．

```
> x <- list(1:5, "abc")
> names(x) <- c("sequence", "letters")
```

```
> x
$sequence
[1] 1 2 3 4 5
$letters
[1] "abc"
> x$letters   # ラベルletters で要素にアクセスする
[1] "abc"     # x[["letters"]] でも可
```

[[ ]] の動作と $ の動作とでは多少の違いがある．

```
> temp <- "sequence"   # temp に文字列"sequence"が代入される
> x[[temp]]            # [[ ]]の中身は評価されるので，
[1] 1 2 3 4 5          # これはx[["sequence"]]と認識される
> x$temp               # $ の後は評価されないので，これは
NULL                   # x$temp と認識され，NULLが返る
```

リストの作成時に「ラベル = 要素」の形で要素を指定することで，要素にラベルを付けることもできる．ラベルは " " で囲んでも囲まなくてもよい．

```
> list(sequence=1:5, "letters"="abc")
$sequence
[1] 1 2 3 4 5
$letters
[1] "abc"
```

2次元配列（行列）の場合は dimnames 属性を使って行と列にラベルを付けることができる．行列に dimnames 属性を付けると，その行列を表示する際にそれが使われる．

```
> x <- matrix(1:6, nrow=2, ncol=3)
> dimnames(x) <- list(c("row1", "row2"), c("col1", "col2", "col3"))
> x
     col1 col2 col3
row1    1    3    5
row2    2    4    6
```

多次元の配列に対する dimnames 属性はリストで与えることができる．ラベルが不要な次元には，要素に NULL を代入すればよい．

```
> x <- array(1:16, dim=c(2, 4, 2))
```

```
> dimnames(x) <- list(NULL, c("A", "B", "C", "D"), c("a", "b"))
> x
, , a
     A B C D
[1,] 1 3 5 7
[2,] 2 4 6 8

, , b
      A  B  C  D
[1,]  9 11 13 15
[2,] 10 12 14 16
```

たとえば 2 次元配列（行列）の場合，行と列のどちらかのラベルが不要なら dimnames 属性の対応する要素を NULL にし，両方のラベルが不要なら dimnames 属性自体を取り除けばよい．

```
> dimnames(x) <- list(c("row1", "row2"), NULL)   # 列ラベルを削除
> dimnames(x) <- NULL                             # 全ラベルを削除
```

10.4 落穂ひろい

R は本質的属性（attribute）と呼ばれる付加情報を持つことができ，オブジェクトは必ず mode と length という 2 つの属性を持っている（names 属性のように明示的に与える必要はなく，自動的に属性が付けられる）．この mode と length 以外に，（非本質的な属性である）names 属性や，因子型ベクトル（factor）ならば levels 属性を，2 次元配列である行列ならば dim 属性を持つことになる．オブジェクトが持つ mode と length 以外のすべての非本質的な属性を調べるには，関数 attributes() を使う．また，mode の変更には関数 as.データ型名 () を使う．さらに，関数 attr() により，任意の属性を操作することもできる．次の最後の例では，ベクトル x に dim 属性を付けることで，x を 2×2 行列であるかのように振る舞わせている．

```
> x <- 1:4
> mode(x)          # xの属性を調べる
> attributes(x)    # modeとlength以外の全属性を調べる
> attr(x, "dim") <- c(2, 2)
```

第11章 オブジェクトと出力

▶この章の目的

- Rのオブジェクト（object）とは，変数，ベクトル，文字列，データフレーム等の「モノ」のことである．たとえば，変数x，"あああああ"，c(1, 2, 3)がオブジェクトである．「オブジェクト」と言われると何やら難しい印象を持ってしまうが，Rでは単なる「モノ」なので，「オブジェクトが……」と言われたら「ああ，変数だか数値だか何かがあるんだな」と気軽に思っておけばよい．
- 本章ではオブジェクトに関する事項と出力方法について簡単に触れる．

11.1 オブジェクトの表示：print()

オブジェクトを表示する基本的な関数はprint()である[注1]．

```
> x <- "one"
> x            # オブジェクト名だけを入れても表示されるが
[1] "one"      # 関数print()を使うと，引数digits, justify,
> print(x)     # max.levels, na.print, quote, width, zero.print
[1] "one"      # などで出力をカスタマイズすることができる
> print(x, quote=F)
[1] one
```

11.2 文字列オブジェクトの表示：cat()

任意の文字列を表示するには，関数cat()を使う．普通，print()で文字列を表示すると前後にダブルクオートが付けられるが，関数cat()で表示すればダブルクオートは付かない[注2]．また，関数cat()で出力する文字列中で￥￥，￥t，￥n，￥fを用いると，それぞれ￥マーク，タブ，改行，改ページ文字を出力する[注3]．

さらに，￥で始まる3桁の8進数を書けば，文字列中に文字コードを直接記述することもできる．

注1 長いデータなどを表示する際，関数page()で別ウインドウでオブジェクトの値を構造付きで表示することもできる．
注2 文字列でないオブジェクトは文字列に強制変換される．
注3 使っているOSによって，￥マークを適宜バックスラッシュ（\）に読み替えていただきたい．

なお，関数cat()は最後に改行を付けないので，改行したければ文字列中に改行記号（¥n）を含める必要がある（付けないと見栄えが悪くなる）.

```
> cat("cd C:¥¥Document and Settings¥¥usr¥¥ ¥n")
cd C:¥Document and Settings¥usr
> cat("¥123¥n")
S
```

ちなみに，" "の中で'を使用でき，' 'の中で"を使用できるが，" "の中で"を用いたいときは，その前に¥を入れなければならない.

```
> cat(" a'a ¥n")
 a'a
> cat(" a¥"a ¥n")
 a"a
```

11.3　書式付きオブジェクトの表示：sprintf()

書式付きでオブジェクトを表示するには，関数sprintf()を使う[注4]．関数sprintf()の返り値は文字列なので，任意の書式を指定して文字列を生成することができる（表11.1）.

表11.1 関数sprintf()の書式

命令	機能
sprintf("%5.1f", 実数)	実数を「■■■.■」（整数部分3桁，小数点1つ，小数部分1桁）で表記する．小数部分がはみ出た場合は丸められ，整数部分が足りない場合はスペースで補われる
sprintf("%5.0f", 実数)	実数を整数部分5桁で表記する．整数部分が足りない場合はスペースで補われる
sprintf("%f", 実数)	fは小数点以下の桁数を指定する．デフォルトは6
sprintf("%-10f", 実数)	左詰めにする．余った部分は空白で埋める．%とfの間に+や0などの文字を入れることもできる
sprintf("%3d", as.integer(整数))	整数部分3桁で表記する．整数部分が足りない場合はスペースで補われる．「%3i」も同様
sprintf("%e", 実数)	指数表示（浮動小数点表記）する．亜種として"g"や"G"を指定できる
sprintf("%s", as.character(文字))	数値を文字として出力する場合はas.character()で変換する

注4　有効桁数を決める関数は，ほかに関数format()や関数 formatC()などがある.

例として「文字列と浮動小数点数を出力」「文字列と整数値を出力」をする．「%f」を指定した場合は小数点以下6桁まで表示されるが，「%i」を指定した場合は小数点以下は表示されない．

```
> sprintf("%s is %f feet tall¥n", "Seven", 7)
[1] "Seven is 7.000000 feet tall¥n"
> sprintf("%s is %i feet tall¥n", "Seven", 7)
[1] "Seven is 7 feet tall¥n"
```

11.4　オブジェクトの要約を表示：str()

オブジェクトの内容を情報付きで簡潔に表示するには，関数 str() を用いる．統計的な要約がほしい場合は関数 summary() を用いる．

```
> x <- c(1, 2, 3, 4, 5)
> str(x)
 num [1:5] 1 2 3 4 5
> summary(x)
   Min. 1st Qu.  Median    Mean 3rd Qu.    Max.
      1       2       3       3       4       5
```

11.5　オブジェクトに注釈を加える：comment()

オブジェクトに備忘録的にコメントを残しておくには，関数 comment() を用いる．付け加えたコメントは普通の計算時には表示されず，関数 comment() や関数 str() を使って初めて表示される．

```
> x <- c(1, 2, 3, 4, 5)
> comment(x) <- c("x : 1 x 5 vector", "Oct 04, 2009")
> x
[1] 1 2 3 4 5
> comment(x)
[1] "x : 1 x 5 vector" "Oct 04, 2009"
> str(x)
 atomic [1:5] 1 2 3 4 5
 - attr(*, "comment")= chr [1:2] "x : 1 x 5 vector" "Oct 04, 2009"
```

11.6　出力をファイルに送る：sink()

関数sink()を使うと，通常はコマンドライン上に表示されるRの出力をファイルに送ることができる．引数には送り先のファイル名を指定すればよい．たとえば次のように入力すれば，以降の出力はすべてファイルoutput.txtに送られるようになる[注5]．出力をファイルに送るのを解除するには，引数なしで関数sink()を実行すればよい．

```
> sink("output.txt")    # 以降の計算結果はoutput.txtへ出力される
> 1 + 2                 # output.txtに計算結果が出力される
> sink()                # output.txtへの出力を解除
```

11.7　オプション：options()

関数options()でさまざまなオプションを変更できる．オプションには整数値か論理値を指定する．関数options()で変更できるオプションの一部を表11.2に示すが，詳しくはhelp(options)または関数options()を実行することで確認できる．

表11.2　関数options()のオプション

命令	機能
continue	式の評価途中であることを表すプロンプト記号を設定する．デフォルトは"+ "
contrasts	関数lm()などで解析する際のモデルによる対比の種類を設定する．デフォルトはunordered: "contr.treatment", ordered: "contr.poly"
defaultPackages	デフォルトで呼び出すパッケージを設定する．デフォルトは"datasets", "utils", "grDevices", "graphics", "stats", "methods"
digits	数値を出力する際の表示桁数を設定する．デフォルトは7で，1〜22まで設定できる
expressions	評価する入れ子の数の限界を設定する．デフォルトは500で，25〜100000まで指定できる
papersize	PostScriptで使う用紙サイズを指定する．デフォルトは"a4"
prompt	プロンプト記号を設定する．デフォルトは">"
scipen	指数表現にするか否かの閾値を設定する．デフォルトは0で，正の整数ならば指数表現になりにくく，負の整数ならば指数表現になりやすくなる
show.error.messages	エラーメッセージを出力するか否かを設定する．デフォルトはTRUEで，FALSEにするとエラーメッセージが出なくなる

注5　似たような関数にdump()，dget()，dput()，capture.output()がある．詳しくはヘルプを参照されたい．

11.7 オプション：options()

命令	機能
stringsAsFactors	関数 data.frame() や関数 read.table() にて，文字列ベクトルを自動で因子ベクトルに変換するかどうか（デフォルトは TRUE）
timeout	インターネット接続のタイムアウト時間を設定する（デフォルトは 60 秒）
warn	警告メッセージの取り扱いを設定する．デフォルトは 0 で，この場合はトップレベル関数が返されるまで警告メッセージが格納される．負の値の場合は警告がすべて無視され，1 の場合は警告が生じるとともに警告が出力，2 以上の場合は警告はすべてエラーに変えられる
width	ライン上の文字の数を設定する（デフォルトは 80）．R ウインドウの大きさを変更する際に，ついでに変更したくなるかもしれない．10〜10000 まで設定できる．

最大表示桁数は 7 であるが，digits（整数）を変更することで最大桁数を変えることができる．

```
> options(digits=15)   # 表示桁数を15桁に変える
```

R では 10000 はそのまま表現され，100000 は指数表現 1e5 と表現し直されるが，scipen（整数）を変更することで指数部分に表現し直す際の基準の桁数を変えることができる．デフォルトの値は 0 で，値を増やせば基準の桁数が増える．

```
> options(scipen=0);   print(1e5)
[1] 1e+05
> options(scipen=1);   print(1e5)
[1] 100000
```

ベクトルの内容を出力する際，1 行あたりの要素の数を少なくするには width オプションの値を変更する．

```
> x <- runif(10)
> x
 [1] 0.3670568 0.7209854 0.9568679 0.4202735 0.1225961 0.2212387
 [7] 0.3502483 0.1798455 0.8755473 0.5800494
> options(width=50)
> x
 [1] 0.3670568 0.7209854 0.9568679 0.4202735
 [5] 0.1225961 0.2212387 0.3502483 0.1798455
 [9] 0.8755473 0.5800494
```

11.8 使った変数（オブジェクト）の確認と削除

関数 objects()objects() を使うことで，検索リストに含まれているディレクトリの中にどんな変数（オブジェクト）があるかを調べることができる．また，前に定義した変数を消す場合（たとえば x, y, z の定義や入っている値を消したい場合）は，関数 rm() を用いる．

```
> objects()
[1] "last.warning" "oldpar" "x"
> objects(all=TRUE)        # ドットで始まるファイル（隠しオブジェクト）を表示
[1] ".Traceback" "last.warning" "oldpar" "x"
> rm(x)                    # オブジェクトxを消す場合
> rm(list=ls(all=TRUE))    # すべてのオブジェクトを消す場合
```

この種の関数はほかにも表 11.3 のようなものがある．表中の「ワークスペース」とは，変数(オブジェクト) や関数の定義など，今までに行った作業内容が保存されたものを指す．

表 11.3 オブジェクト関係の関数一覧

関数	機能
browseEnv()	ワークスペースをブラウズする
load()	特定のオブジェクトを呼び出す
load(".RData")	ワークスペースをロードする
ls()	ワークスペースを表示する
rm(list=ls())	ワークスペースを消去する
save()	特定のオブジェクトをファイルへ記録する
save.image()	ワークスペースを保存する

11.9 落穂ひろい

たまに「10L」「10000L」のような，L 付きの数値が見受けられるが，これはそれぞれ整数の「10」「10000」を意味する．オブジェクトの素性の確認は関数 str() で実行できる．なお，関数 str() は，変数の属性や中身の情報を調べるときに非常に有用である．

```
> 10L
[1] 10
> str(10L)
 int 10
```

第12章

行列

▶ この章の目的

- R で行列計算をできるようになるのが目的である.
- R には行列計算のための関数が多数用意されており，大学の線形代数で行われている内容や，数理統計学の計算で出てくる行列計算ならば，R で数行の命令を書けば計算を実行できる.

12.1 行列の作成

R で行列を作成する場合，次の2段階に分けて作成することになる．

(1) 行列の要素をベクトルで用意する
(2) 関数 matrix() でベクトルから行列に変換する

例として，ベクトル (1, 2, 3, 4, 5, 6) を変換して，行列 $X = \begin{pmatrix} 1 & 3 & 5 \\ 2 & 4 & 6 \end{pmatrix}$ を作成する．なお，関数 matrix() の引数 nrow または ncol だけを指定すると，行列のサイズからもう一方が自動的に決定されるので，nrow と ncol はどちらか一方のみ指定するだけでもよい[注1].

```
> ( X <- matrix(1:6, nrow=2, ncol=3) )   # nrowで行数, ncolで列数を指定する
     [,1] [,2] [,3]                       # matrix(1:6, 2)と略記してもよい
[1,]    1    3    5
[2,]    2    4    6
```

行列を作成する場合，指定された要素は左の列から順に（上から下へ）埋められる．逆に，引数 byrow=T を指定することで，要素を上の行から順に（左から右へ）埋めることもできる．例として，ベクトル (1, 2, 3, 4, 5, 6) を変換して，行列 $X = \begin{pmatrix} 1 & 2 & 3 \\ 4 & 5 & 6 \end{pmatrix}$ を作成してみる．

```
> matrix(1:6, nrow=2, ncol=3, byrow=T)   # matrix(1:6, ncol=3, by=T)でも可
     [,1] [,2] [,3]
[1,]    1    2    3
```

注1　R の行列は2次元配列なので，関数 array() を用いても作成できる．

```
[2,]    4    5    6
```

ほかにも，要素がすべて0の行列（ゼロ行列）や単位行列などを簡単に作ることもできる[注2]（表12.1）.

表12.1 行列の作成

命令	作成される行列
matrix(0, nrow=2, ncol=3)	2行3列のゼロ行列
diag(0, 3)	3行3列（正方行列）のゼロ行列
diag(2)	2行2列の単位行列
diag(1:3)	3行3列で，対角成分が(1, 2, 3)のゼロ行列
matrix(1:2, nrow=2, ncol=3)	1行目の要素がすべて1，2行目の要素がすべて2の行列
row(X)	各行の値が行番号と同じ行列（大きさは行列Xと同じ）
col(X)	各列の値が列番号と同じ行列（大きさは行列Xと同じ）

12.2 行列の要素を抽出

前節で作成した行列Xを使って，行列の要素の抽出方法を紹介する（表12.2）．行列の要素を取り出す場合は 行列名[行番号 , 列番号]と指定して要素を取り出す．また，要素番号として負の値や論理値ベクトルを指定することもでき，負の値で表示しない行や列を指定し，Tで要素を表示，Fで要素を非表示にする．

表12.2 行列の要素の抽出

命令	機能
X[1, 2]	1行2列目の成分を抽出
X[c(1, 2), 2]	1, 2行2列目の成分を抽出
X[2, c(1, 2)]	2行1, 2列目の成分を抽出
X[-1, c(T, F, T)]	1行目を削除，2行目の第1, 3成分を抽出
X[2,]	2行目を抽出
X[,2]	2列目を抽出
X[c(1, 2), c(1, 3)]	1, 2行目と1, 3列を抽出
X[, -c(1, 3)]	1, 3列を除外した行列を抽出
X[matrix(c(1, 2, 2, 3), 2, 2)]	行列で指定して抽出

注2 関数matrix()に指定したベクトルの長さが行列のサイズに足りないと，最初の方の要素から循環的に補充されるので，このような規則的な行列を作成することができる．

命令	機能
X[1:4]	行列をベクトルに変換し，最初の 4 個の要素を抽出

行列名 [行番号 ,] とすることで行のみを，行列名 [,列番号] とすることで列のみを取り出すこともできる．

```
> X[ ,2]    # 2列目を取り出す
[1] 3 4
```

引数に drop=FALSE を指定することで，行列の要素抽出における結果のベクトル化を防ぐこともできる（結果が複数行でない場合にベクトル化がなされる）．

```
> X[, 2, drop=F]   # 2列目を行列の形で取り出す
     [,1]
[1,]    3
[2,]    4
```

12.3 行列計算

まず，本節で使う行列 A と B を作成する．

```
> ( A <- matrix(1:4, 2, 2) )          # 2×2行列
     [,1] [,2]
[1,]    1    3
[2,]    2    4
> ( B <- matrix(c(5,1,1,3), 2, 2) )   # 2×2行列
     [,1] [,2]
[1,]    5    1
[2,]    1    3
```

(1) 行列の和，差，積などの基本的な行列演算は，普通の数値と同じコマンドで行える[注3]．

```
> A + B - A %*% B   # 和・差・積
> A * B             # 要素ごとの掛け算
> A %o% B           # 外積
> A %x% B           # クロネッカー積
```

注3　外積は関数 outer()，クロネッカー積は関数 kronecker() でも計算できる．

```
> sum(A^2)          # 行列成分の2乗の総和
```

注意 行列の積は %*% 演算子によって求める点に注意すること．行列に対して * 演算子を用いると，要素ごとの積を計算してしまう．

(2) 演算子 * については，定数部分にベクトルを持ってくることもできる．また，似たような働きで / を用いることで，要素ごとの逆数を求めることもできる．

```
> A * (1:2)   # (1:2) * A も同じ結果
     [,1] [,2]
[1,]   1    3
[2,]   4    8
> 1 / A
     [,1]      [,2]
[1,] 1.0  0.3333333
[2,] 0.5  0.2500000
```

(3) 行列式を計算するには関数 det() を用いる．また，転置行列を求めるには関数 t() を用いる．

```
> det(A)
[1] -2

> t(A)
     [,1] [,2]
[1,]   1    2
[2,]   3    4
```

(4) ある行列に対して対角成分の要素を変更する方法は次のとおりである．

```
> diag(A) <- 7        # 対角成分を7に
> A
     [,1] [,2]
[1,]   7    3
[2,]   2    7

> diag(A) <- c(7, 8)  # 対角成分を7, 8に
> A
     [,1] [,2]
[1,]   7    3
[2,]   2    8
```

12.3 行列計算

(5) 三角行列とは，対角線（対角行列）よりも左下の要素がすべて0である正方行列（上三角行列），もしくは右上の要素がすべて0である正方行列（下三角行列）である．上三角行列を作成する場合は関数 lower.tri()，下三角行列を作成する場合は関数 upper.tri() を用いる．

```
> A[upper.tri(A)] <- 0            # 下三角行列（対角を含む）を作る
> A
     [,1] [,2]
[1,]    1    0
[2,]    2    4
> A[upper.tri(A, diag=TRUE)] <- 0 # 対角成分も0にする場合
> A
     [,1] [,2]
[1,]    0    0
[2,]    2    0
```

(6) 三角行列から対称行列を生成することができる．

```
> A[upper.tri(A)] <- 0       # 下三角行列を作る
> Y       <- A + t(A)        # 三角行列＋三角行列の転置行列
> diag(Y) <- diag(Y) / 2     # 対角成分を元に戻す
> Y                          # Yに対称行列ができている
     [,1] [,2]
[1,]    1    2
[2,]    2    4
```

(7) A.x = b なる形の x についての連立方程式の解は，関数 solve() を使って解くことができる．

```
> b <- matrix(c(2, 2))   #  x + 3y = 2
> solve(A, b)            # 2x + 4y = 2
     [,1]
[1,]   -1
[2,]    1
```

係数行列が上三角行列の場合は関数 backsolve()，下三角行列の場合は関数 forwardsolve() を用いて連立方程式の解を求めることもできる．

```
> A[lower.tri(A)] <- 0   # 上三角行列（対角を含む）を作る
> A                      #  x + 3y = 4
     [,1] [,2]           #      4y = 4
[1,]    1    3
```

```
[2,]   0   4
> backsolve(A, c(4, 4))
[1] 1 1
```

(8) 逆行列は関数 solve(),ムーア・ペンローズ型一般逆行列はパッケージ MASS の関数 ginv() で求めることができる.

```
> solve(A)
     [,1] [,2]
[1,]  -2  1.5
[2,]   1 -0.5

> library(MASS)
> ginv(A)
     [,1] [,2]
[1,]  -2  1.5
[2,]   1 -0.5
```

(9) 行列の固有値(実正方行列の固有値)と固有ベクトルは,関数 eigen() で求められる.このとき,行列のスペクトル分解がリストの成分として返される.

```
> z <- eigen(A)
> z$values
[1]  5.3722813 -0.3722813
> z$vectors[, 1]   # 固有値 5.37……に対する固有ベクトル
[1] -0.5657675 -0.8245648
> z$vectors[, 2]   # 固有値-0.37……に対する固有ベクトル
[1] -0.9093767  0.4159736
```

(10) 正定値対称行列(エルミート行列)のコレスキー(Cholesky)分解を計算するには,関数 chol() を使う.すなわち,A が正定値対称行列のときに「A = t(B) %*% B」を満たす上三角行列 B を求めることができる.よって,返り値はコレスキー分解の上三角因子,つまり「t(B) %*% B = x」となる行列 B となる.また,正値対称行列の逆行列をコレスキー分解から求める関数 chol2inv() も用意されており,引数に行列を入れると分解された行列の逆行列が返ってくる.

```
> ( Y <- chol(B) )
         [,1]      [,2]
[1,] 2.236068 0.4472136
[2,] 0.000000 1.6733201
> crossprod(Y)   # t(b) %*% b
```

```
          [,1] [,2]
[1,]    5    1
[2,]    1    3
> B %*% chol2inv(Y)
             [,1]          [,2]
[1,] 1.000000e+00 5.551115e-17
[2,] 2.775558e-17 1.000000e+00
```

(11) たとえば正方行列 A に対する 2 乗操作 A^2 は成分ごとに 2 乗した行列を与えるだけで，行列そのもののべき乗 A %*% A は与えてくれない．そこで，A のべき乗 A^n を計算するには A の固有値分解 A = V %*% D %*% t(V) を用いて「A^n = V %*% (D^n) %*% t(V)」を計算する．D は対角行列なので，D^n と D の行列としての n 乗は一致する．以下では行列の任意べき乗を計算する関数 matpow() を定義している[注4]．

```
> matpow <- function(x, pow=2) {
+   y <- eigen(x)
+   y$vectors %*% diag( (y$values)^pow ) %*% t(y$vectors)
+ }
> matpow(diag(1:2))    # 行列((1, 0), (0, 2))の2乗
     [,1] [,2]
[1,]    1    0
[2,]    0    4
```

この概念を応用すると，行列のべき乗を計算できる．次の例では，行列の指数関数を計算する関数 matexp() を定義している．

```
> matexp <- function(x) {
+   y <- eigen(x)
+   y$vectors %*% diag( exp(y$values) ) %*% t(y$vectors)
+ }
> matexp(matrix(0, 2, 2))   # ゼロ行列の指数乗は単位行列
     [,1] [,2]
[1,]    1    0
[2,]    0    1
> matexp(diag(2))           # exp(E) = ((e, 0), (0, e))
         [,1]     [,2]
[1,] 2.718282 0.000000
[2,] 0.000000 2.718282
```

注4 関数 matpow() は「RjpWiki」の記事より引用した．

(12) その他の行列計算を行う関数を紹介する（表 12.3）.

表 12.3 その他の行列計算関数

関数	機能
crossprod(A, B)	クロス積：t(A) %*% B
crossprod(A)	行列 A 自身のクロス積：t(A) %*% A
svd(A)	「A = U %*% D %*% t(V)」なる特異値分解を行い，「u：行列 U」，「d：特異値を大きい順に並べたベクトル」，「v：行列 V を転置したもの」を返す

たとえば，関数 svd() を用いると，行列の平方根を求めることができる.

```
> U <- svd(B)$u
> V <- svd(B)$v
> D <- diag(sqrt(svd(B)$d))
> Y <- U %*% D %*% t(V)      # 行列Aの平方根
> Y %*% Y                    # = A

     [,1] [,2]
[1,]    5    1
[2,]    1    3
```

12.4　行列の大きさとラベル

行列は dim 属性という次元の属性を持っており，（行数，列数）という長さ 2 の整数ベクトルの形をしている．行列に付けられた dim 属性を見るには，関数 dim()，nrow()，ncol() を用いる．関数 dim() を使って，行列の大きさを強制変更することもできる.

```
> X <- matrix(1:6, nrow=2, ncol=3)   # 2×3の行列を作る
> dim(X)                              # dim属性を調べる
[1] 2 3
> nrow(X)                             # 行数：dim(x)[1]でも同じ結果が得られる
[1] 2
> ncol(X)                             # 列数：dim(x)[2]でも同じ結果が得られる
[1] 3
> dim(X) <- c(3, 2)                   # 3×2の行列に強制変換
```

また，ベクトルやリストの場合と同様，行列にも names 属性を与えることによって，ラベルを付けることができる.

```
> X <- matrix(1:6, nrow=2, ncol=3)        # 2×3の行列
> rownames(X) <- c("up", "down")          # 行の名前を指定
> colnames(X) <- c("left", "center", "right")  # 列の名前を指定
> dimnames(X) <- list(c("up", "down"), c("left", "center", "right"))  # 同時に指定
> X
     left center right
up      1      3     5
down    2      4     6
> X["up", "right"]                        # 名前で要素にアクセスすることができる
[1] 5
```

行と列のどちらかのラベルが不要ならば，dimnames 属性の対応する要素を NULL にすればよい．両方のラベルが不要ならば，dimnames 属性自体を取り除けばよい．

```
> rownames(X) <- NULL    # 行に付けられた名前をすべて取り除く
> colnames(X) <- NULL    # 列に付けられた名前をすべて取り除く
> dimnames(X) <- NULL    # 両方のラベルを取り除く
```

12.5 落穂ひろい

(1) ベクトルや行列を結合することで新たな行列を作ることもできる．行ベクトル単位で結合するには関数 rbind() を，列ベクトル単位で結合するには関数 cbind() を使う．3 つ以上のベクトルや行列を一度に結合することもできる．

```
> rbind(X, c(7, 8, 9))   # 行ベクトルを与えて行列生成
     [,1] [,2] [,3]
[1,]    1    3    5
[2,]    2    4    6
[3,]    7    8    9
> cbind(X, 7:8, 9:10)    # 3個の列ベクトルを結合
     [,1] [,2] [,3] [,4] [,5]
[1,]    1    3    5    7    9
[2,]    2    4    6    8   10
```

(2) QR 分解は多くの統計的技法の中で重要な役目を果たしており，特に与えられた行列 A とベクトル b に関する方程式 $Ax = b$ を解くのに使うことができる．たとえば，行列の QR 分解を計算するには関数 qr() を用いる．

- qr(x)：QR 分解を計算したい行列 x を引数に入れることで，x の QR 分解を行う．返り値の成分は次のとおり．
    - qr：x と同じ次元の行列．上半三角部分は分解の R を含み，下半三角部分は分解の Q に関する情報を含む．
    - qraux：長さ ncol(x) のベクトル．Q に関する追加情報を含む．
    - rank：分解によって計算された x のランク．
    - pivot：分解の過程で使われたピボット選択法に関する情報．
- qr.coef(qr, y)：QR 分解された行列に当てはめたときに得られる係数を求める．
- qr.fitted(qr, y, k = qr$rank)：QR 分解された行列に当てはめたときに得られる当てはめ値を求める．
- qr.qy(qr, y)：Q %*% y を返す．
- qr.qty(qr, y)：t(Q) %*% y を返す．
- qr.resid(qr, y)：QR 分解された行列に当てはめたときに得られる残差を求める．
- qr.solve(a, b)：QR 分解によって線形方程式系を解く．
- qr.X(qr)：QR 分解の結果から元の行列 x を求める．
- qr.Q(qr)：QR 分解の結果から行列 Q を求める．
- qr.R(qr)：QR 分解の結果から行列 R を求める．

例として，行列の階数（ランク）を求めてみる．

```
> qr(A)$rank    # qr()$rank：行列のランク
[1] 2
```

(3) ある条件を満たす行列要素の位置（番号）を取り出すには，関数 which() を引数 arr.ind=TRUE 付きで使用する．引数で arr.ind=FALSE とすると，行列をベクトル化したうえで要素の番号ベクトルを返す．次の例では 2 の倍数である要素の行列の位置（番号）を取り出している．

```
> ( X <- matrix(1:6, nrow=2, ncol=3) )
     [,1] [,2] [,3]
[1,]    1    3    5
[2,]    2    4    6
> ( Y <- which(X%%2==0, arr.ind=TRUE) )
     row col
[1,]   2   1
[2,]   2   2
[3,]   2   3
```

ある条件を満たす行列の該当箇所にマーキングする方法もある．

```
> X[X%%2==0]          # 2の倍数であるxの全要素
[1] 2 4 6
> X[X%%2==0] <- 7    # 行列Xの偶数要素をすべて7に置き換え
> X
     [,1] [,2] [,3]
[1,]    1    3    5
[2,]    7    7    7
```

(4) 関数 apply() を用いると，たとえば行列の列（もしくは行）の和を要素とするベクトルを作成することができる．

```
> ( X <- matrix(1:4, 2, 2) )
     [,1] [,2]
[1,]    1    3
[2,]    2    4
> apply(X, 2, sum)   # 列和 -> 関数colSums(x)と同じ
[1] 3 7
> apply(X, 1, sum)   # 行和 -> 関数rowSums(x)と同じ
[1] 4 6
```

要素の和に限らず，さまざまな関数を適用することができる．たとえば，行列の列（もしくは行）全体に対する最大値や最小値を求めるには，次のようにする．

```
> apply(X, 1, max)   # 各行の最大値を求める
[1] 3 4
> apply(X, 2, min)   # 各列の最小値を求める
[1] 1 3
```

(5) 行列をある行・列に関してソートするには，関数 order() を用いる．また，行列の各行の最大要素の位置を求めるには関数 max.col() を使う．

```
> ( X <- matrix(4:1, 2, 2) )
     [,1] [,2]
[1,]    4    2
[2,]    3    1
> order(X[,2])         # 2列目について順序を出力
[1] 2 1
> X[order(X[,2]),]     # 2列目の数値が昇順になるように並べ替え
     [,1] [,2]
[1,]    3    1
```

```
[2,]    4    2
> X[,order(X[1,])]   # 1行目の数値が昇順になるように並べ替え
     [,1] [,2]
[1,]    2    4
[2,]    1    3
```

第13章

関数とプログラミング

▶この章の目的

- R で関数定義やプログラミングを行う際の概念を整理して紹介する．また，プログラミングを行う際に有用な関数をいくつか紹介する．
- 長めのプログラムを作成してエラーが出た場合，どこにエラーがあるかわからなくなることがある．その際のデバッグ用の関数を紹介する．

13.1 条件分岐

13.1.1 if, else

ある条件で場合分けをして処理を行うには if 文，else 文を使う．次の「条件式」には TRUE（真）あるいは FALSE（偽）の論理値を1つだけ返す式を入れなければならない．また，次の「式1」「式2」にいくつかの式を書きたいときは，中括弧 { } で囲んで複合式を使えばよい．

```
if ( 条件式 ) {
  <条件式がTRUEのときに実行される式1>
} else {
  <条件式がFALSEのときに実行される式2>
}
```

注意点を1点挙げておく．次のプログラムの3～4行目について，if と else を括弧なしで複数行に分けるとエラーとなり，また5～6行目について } と else の間で改行するとエラーとなるのだ．if (条件式) { 式 } の時点で「一連の式が終わった」と解釈されるので，その次に else が現れると「if がないのに else がきた」となるからである．

```
> a <- rnorm(1)
> if (a >= 0) {
+   if (a == 0) b <- "zero"
+   else b <- a
+ }
```

```
> else b <- -a   # この後エラーになる
 エラー：    予想外の 'else' です
```

よって，「一連の式はここからここまで」ということをRに教えるためには，中括弧で囲んで複合式とするか，if文の評価が終了して改行するまでにelse文を書く必要がある．たとえば次の文ならばエラーにならない．

```
> {
+   if (a >= 0) {
+     if (a == 0) b <- "zero"
+     else b <- a
+   }
+   else b <- -a   # エラーにならない
+ }
```

以上の理由により，関数定義内で次のようにしてもエラーは出ない．

```
> myfunc <- function(a) {
+   if (a >= 0) {
+     if (a == 0) b <- "zero"
+     else b <- a   # エラーは出ない
+   }
+   else b <- -a   # エラーは出ない
+   return(c(a, b))
+ }
```

条件分岐ifやelseは，次のような書き方もできる．

```
> if (a < 0) {              # 括弧"}"の位置に注意
+   print(0)
+ } else if (a < 1) {
+   print(1)
+ } else print(2)

> myfunc <- function(a) {   # 関数定義内
+   if (a < 0)  print(0)
+   else if (a < 1) print(1)
+   else print(2)
+ }
```

ところで，関数 ifelse(条件式，式1，式2) というものもある．条件式の部分にはオブジェクトを入れることができる．

```
> x <- c(2:-2)
> sqrt(x)
[1] 1.414214 1.000000 0.000000      NaN      NaN
 警告メッセージ:
 sqrt(x) で:    計算結果が NaN になりました
> sqrt(ifelse(x >= 0, x, NA))   # 0未満に対する演算結果をNAに
[1] 1.414214 1.000000 0.000000       NA       NA
```

Rは，型変換のルールにより「0でない数 = TRUE」と解釈してしまう．たとえば if (3.14) などはTRUEになり，if 文の命令が実行されることになる．よくあるエラーが，if 文の条件「x <- 2」を「x<-2」と，空白を空けずに書いてしまったために代入文と勘違いされ，「代入文 = 0でない数」となり，if の条件式が TRUE になってしまうことである．よって，演算子や数値，関数などの間には空白 (スペース) を適宜入れる習慣を付けた方がよい．

```
> x <- -3
> if (x<-2) print(x)    # x<-2はxに2を代入するという意味
[1] 2                   # 0でないのでTRUEになってしまう！
```

13.1.2 switch

条件式の評価結果がケース1，ケース2，ケース3，……と多数あり，その結果によって場合分けを行うには，switch 文を使う．たとえば条件式が文字列を返す場合の switch 文は次のような形になる．「式1」「式2」……にいくつかの式を書きたいときは中括弧 { } で囲んで複合式を使えばよい．

```
switch (<条件式>,
    文字列1 = <条件式が文字列1と合致したときに実行される式1>
    文字列2 = <条件式が文字列2と合致したときに実行される式2>
    ……
    文字列n = <条件式が文字列nと合致したときに実行される式n>
    <一致するものがないときに実行される式>
)
```

また，条件式が整数を返す場合の switch 文は次のようになる．ただし，条件式が整数を返す場合は「デフォルト式」を指定することができないこと，条件式（整数）が1……nでなければ NULL が返されることに注意されたい．

```
switch (<条件式>,
  <条件式（整数）が1のときに実行される式1>
  <条件式（整数）が2のときに実行される式2>
  ……
  <条件式（整数）がnのときに実行される式n>
)
```

次に例を示す．

```
> a <- 1
+ switch(a,
+   "1" = print("one"),
+   "2" = print("two"),
+   print("?")
+ )
[1] "one"

> a <- 2
+ switch(a,
+   print("one"),
+   print("two")
+ )
[1] "two"
```

13.2 繰り返し文

13.2.1 for

　ある処理を繰り返し行いたい場合，同じ文を何度も書く代わりにfor文を使うとよい．for（ ループ変数 in リスト要素 ）でリスト要素が空になるまで要素をループ変数にスタックしてfor中のステートメントを実行し，空になった時点でforループから抜けるという動作をする．よって，繰り返し回数は「リストの要素数」となる．

```
for ( ループ変数 in リスト ) {
  <… 繰り返す式 …>    # リストの要素が空にならない限り
}                      # 式が繰り返される
```

　次の例では，ループ範囲に整数値1～5を指定して，xに1を5回足している．

```
> x <- 0
> for (i in 1:5) {
+     x <- x + 1
+ }
> x
[1] 5
```

ループ範囲を表す「リスト」は最初に 1 回だけ評価される．「繰り返す式」の中で「リスト」中の変数を変更しても，変数に代入される値（オブジェクト）は変わらない．たとえば次のプログラムでは，「繰り返す式」の中で「リスト」として使われた変数 x を変更しているが，i は x の最初の値である 1 から 5 までの間を変化する．

```
> x <- 1:5
> for (i in x) x <- c(x, i)
> x
 [1] 1 2 3 4 5 1 2 3 4 5
```

よって，上記の手続きは次の文と同じ結果を返すことになる．

```
> x <- 1:5
> for (i in 1:5) x <- c(x, i)
> x
 [1] 1 2 3 4 5 1 2 3 4 5
```

for ループのループ範囲には行列や配列，リストを指定することもできる（実際はベクトルとしてアクセスする）．また，なぜか文字ベクトルやグラフィックス用のオブジェクトを指定することもできる．関数 plot() に対応したオブジェクトなら，plot() で順次異なるグラフを書かせたりすることも可能である．文字や論理値が混在したリストでも構わない．

```
> x <- 0
> y <- matrix(1:10, 2, 5)
> for (i in y) x <- x + 1
> x
[1] 10

> par(mfrow=c(2, 2))
> x <- list(1:6, sin, runif(6), dnorm)
> for (i in x) plot(i, xlim=c(0,2 * pi))
```

13.2.2 while

同じ繰り返しでも，ある条件が成り立っている間はずっと「繰り返す式」を繰り返すには，while 文を使う．ただし，条件式が TRUE しか取り得ない場合は，プログラムが永遠に実行され続けて暴走してしまうので，注意が必要である．

```
while ( 条件式 ) {        # 条件式がTRUEである限り式が繰り返される
  <… 繰り返す式 …>        # 最初に条件式がFALSEならば
}                         # 式は1回も実行されない
```

たとえば次の例を実行すると，x の各要素に1を6回足すことができる．

```
> x <- 0
> while (x <= 5) {
+   x <- x + 1
+ }
> x
[1] 6
```

13.2.3 break を用いて繰り返し文から抜ける

break 文によって，for や while などの「繰り返し文」の途中で繰り返しから抜けることができる．break 文が評価された時点で最も内側の繰り返しから抜けることになる．

```
> x <- 0
> for (i in 1:5) {
+   x <- x + 1
+   if (x == 3) break   # xが3になったらfor文から抜ける
+ }
> x
[1] 3
```

13.2.4 next を用いて強制的に次の繰り返しに移る

next 文によって，for や while などの「繰り返し文」の途中で強制的に次の「繰り返し文」に移ることができる．next 文が評価された時点でそれ以降の処理は中止され，「繰り返し文」の先頭に戻って次の繰り返しが開始される．次の例では，繰り返したい文の前に next 文があるので，「xに1を足す」箇所は一度も実行されずに終わることになる．

```
> x <- 0
> for (i in 1:5) {
+    next    # xに1を足す前に次の繰り返しが開始
+    x <- x + 1
+ }
> x
[1] 0
```

13.2.5　repeatによる繰り返し

repeat文はそのままでは無制限に繰り返しを行う．

```
repeat {
   <… 繰り返す式 …>    # break文が見つかるまで式が繰り返される
}
```

処理を止めるにはbreak文を用いる．

```
> x <- 0
> repeat {
+    if (x <= 5) x <- x + 1
+    else        break   # x > 5ならばrepeat文から抜ける
+ }
> x
[1] 6
```

13.3　関数の定義

自分で関数を定義したいときの基本的な形式は，次のとおりである．

```
関数名 <- function( 引数1, ……, 引数n ) {
   <関数本体>
}
```

　自分で関数を定義する場合は，Rにすでに用意されている関数と同じ名前の関数を定義しないように注意しなければならない．定義してしまった場合，Rでは警告が表示されないことが多いので気付かないことになる．重複した場合は関数rm()などでそのオブジェクトを消去する必要がある．

```
> sin <- function(x) return(x)    # 警告は出ない！
> sin(1)
[1] 1
> rm(sin)                          # オブジェクトを消去
> sin(1)
[1] 0.841471
```

13.3.1 新しい関数定義と演算子

引数の 2 乗を計算する新しい関数 mysquare() を定義する例を挙げる．

```
> mysquare <- function(x) x^2
> mysquare <- function(x) {
+    return( x^2 )   # 上と同じ関数定義
+ }
> mysquare(2)
[1] 4
```

関数と同様，新しい演算子を定義することもできる．次の例では，R には用意されていないインクリメント演算子 %+=%, %-=% を定義している．次に示したとおり，新しく作成した演算子を定義する場合は演算子を " " で囲まなければならない[注1]．

```
> "%+=%" <- function(x, y) { x <<- x + y }
> "%-=%" <- function(x, y) { x <<- x - y }
> x <- 0;  (x %+=% 3)
[1] 3
> (x %-=% 2)
[1] 1
```

13.3.2 関数の返す値（返り値）

R では手続きも関数も同じ関数と呼ぶが，本来の関数として用いるのならば返す値を明示的に指定すべきである．返す値を明らかにするには，関数 return() を使えばよい．return() が評価された時点で関数の評価は中止され，return() の引数が関数の返す値になる．

- 返り値が 1 つの場合：次に示すのは引数の 2 乗を計算する前述の関数 mysquare() だが，引数が数値ベクトルでなければ NA を返すように改造してみる．

注1　永続代入（永続付値）"<<-" については「13.3.6　ローカル変数と永続代入 <<- について」を参照のこと．

```
> mysquare <- function(x) {
+   if (!is.numeric(x)) return(NA)   # 数値でなければNAを返す
+   return(x^2)                      # 数値ならばx^2を返す
+ }
```

return 文が実行されると関数は終了する（後の文は実行されない）のだが，この働きを関数の途中で抜け出すために用いることもできる．また，return を書かなくても最後の文は複合文全体の返り値になるので，単に値だけを書くことで値を返すことができる．

```
> mysquare <- function(x) {
+   if (!is.numeric(x)) return(NA)   # 数値でなければNAを返す
+   x^2                              # 数値ならばx^2を返す
+ }
```

- 返り値が複数の場合：関数 return() にリストを与えると，複数の返り値を返すことができる．このとき，リストの各成分には元の変数名が返り値のラベルとして自動的に付与される．返り値のラベルを明示的に指定することもできる．

```
> mysquare <- function(x) {
+   y <- x^2
+   return( list(x, y) )   # return(x, y)
+ }                        # だとエラー
> mysquare(2)
[[1]]
[1] 2

[[2]]
[1] 4

> mysquare <- function(x) {
+   y <- x^2
+   return( list(input=x, output=y) )
+ }
> mysquare(2)
$input
[1] 2

$output
[1] 4
```

- 返り値が関数の場合：R の関数は R のオブジェクトを返すので，返り値として関数オブジェクトを

返すこともできる．

```
> mysquare <- function(x) {
+   return( function (y) { y^x } )
+ }
> result <- mysquare(2)   # result(y)は関数y^2
> result(3)
[1] 9
```

13.3.3　画面に計算結果（返り値）を表示しない

関数 invisible() を使うことで，関数の実行結果を自動的に表示しないようにする．

```
> mysquare <- function(x) {
+   return( invisible(x^2) )
+ }
> mysquare(3)           # 何も表示されない
> y <- mysquare(3)      # 変数に代入して初めて表示できる
> y
[1] 9
```

13.3.4　エラーや警告を表示

関数 stop() によって意図的にエラーを発生させることができる．次の例では，引数が整数でない場合にエラーを発生させている．

```
> mysquare <- function(x) {
+   if (!is.numeric(x)) stop("not numeric !")
+   return(x^2)   # 数値ならばx^2を返す
+ }
> mysquare("a")
 mysquare("a") でエラー: not numeric !
```

エラーではなく，関数 warning() によって警告を発生させることもできる．

```
> mysquare <- function(x) {
+   if (!is.numeric(x)) {
+     warning("not numeric !")   # 数値でなければ警告を出して
+     return(NA)                 # NAを返す
+   }
```

```
+     return(x^2)                        # 数値ならばx^2を返す
+ }
> mysquare("a")
[1] NA
 警告メッセージ:
 mysquare("a") で:  not numeric !
```

13.3.5　エラーが起きても作業を続行する

　同様の作業を繰り返すようなシミュレーションを行う際，ある段階でエラーが起きても作業を続行したい場合は，関数 try() を用いる．次の関数 mysquare() は引数が奇数の場合はエラーを出力するが，関数 try() を用いているので，途中でエラーが起きても関数 mysquare() は最後まで実行されている．

```
> mysquare <- function(x) {
+   if (x %% 2 == 1) stop("error !")     # 奇数ならばエラーを
+   return(x^2)                          # 偶数ならばx^2を返す
+ }
> result <- lapply(1:2, function(x){ try(mysquare(x), TRUE) } )
> result
[[1]]
[1] "Error in mysquare(x) : error !\n"
attr(,"class")
[1] "try-error"
[[2]]
[1] 4
```

13.3.6　ローカル変数と永続代入 <<- について

　関数中で用いられる変数を「ローカル変数」といい，ここでの値は普通の変数（グローバル環境中の変数・グローバル変数）に影響を与えない．たとえば，関数内で行われた <- による代入はその関数の中でのみ有効で，関数の終了とともに関数内で行った代入も無効になる．つまり，関数内で <- による代入を行っても，関数の外部にある同じ名前の変数の値は決して変わることがない．よって，関数の内部では外部に及ぼす影響を考えずに変数名を決めてもよいことになる．

```
> x <- 10                  # グローバル変数x
> myfunc <- function(y) {  # yは引数（形式パラメータという）
+   x <- y + 999           # xは関数myfunc()中のローカル変数
+   return(x)              # 引数でもローカル変数でもない変数は
+ }                        # 自由変数と呼ばれる
> x
```

```
[1] 10            # グローバル変数xの値は10
> myfunc(1)
[1] 1000          # グローバル変数xには影響を与えない
> x               # 影響がないかどうかを確認する
[1] 10
```

関数定義の中からグローバル変数にアクセスするには，永続代入演算子 <<- を用いる．永続代入演算子 <<- でグローバル変数にアクセスする場合，特に関数中でグローバル変数にアクセスする場合は注意が必要である．

```
> x <- 10         # グローバル変数x
> myfunc <- function () {
+   x <- 777      # 関数myfunc()中のローカル変数x
+   x <<- 99      # グローバル変数xに99を代入する
+   print(x)      # ローカル変数xの値を表示
+ }
> myfunc()
[1] 777           # 関数myfunc()の返り値（変数x）の値
> x               # 関数myfunc()内でグローバル変数xの値を
[1] 99            # 変えたので，グローバル変数xの値は99
```

非常にややこしい……．上記の例では，同じ名前だが実体が異なる2つの変数が登場する．関数中では単なる変数xはローカル変数を指し，これは関数実行後は残らない．一方，グローバル変数xは関数実行後も残る．すなわち，慣れないうちはグローバル変数とローカル変数を同じ名前にしない方がよいということである．最後に，グローバル変数にアクセスする場合は，関数 assign(変数，値，env=.GlobalEnv) を用いた方がよいという例を挙げる[注2]．

```
> x <- 10
> myfunc <- function () {
+   x <- c(1, 2)      # この文をx <- 1:3とした場合や，
+   x[2] <<- 0        # この文をassign(x[2], 2, env=.GlobalEnv)とした
+   print(x)          # 場合の動作の違いを比較することをお勧めする
+ }
> myfunc()            # ローカル変数xの値（値が変更されている……）
[1] 1 2
> x                   # グローバル変数xの値（いつの間にかベクトルに……）
[1] 10  0
```

[注2] 興味のある方は，マニュアル「An Introduction to R」や「RjpWiki」，『Rの基礎とプログラミング技法』(Uwe Ligges 著，石田 基広 訳，丸善出版，2012) などで「Rのスコープ」について学習することをお勧めする．

13.3.7 関数内での関数定義

関数内で別の関数を定義することもできる．関数内で定義した関数は，その関数の外で使用することはできない．

```
> myfunc <- function(x) {
+   y <- 2
+   mysquare <- function(a, b) {
+     a^b
+   }
+   mysquare(x, y)
+ }
> myfunc(3)
[1] 9
```

13.3.8 関数終了時の処理

関数を実行する際，その関数特有の処理をすることがよくあるが，関数の実行終了時は関数の実行前の状態に戻すことが望ましい．たとえば，関数中でグラフィックスパラメータを変更する場合，関数の最初にパラメータ値を保存し，関数終了時に値を元に戻すことが望ましい．

```
> myfunc <- function(x) {
+   oldpar <- par()    # 最初にグラフィックスパラメータを保存する
+   par(col="red")
+   plot(x)
+   par(oldpar)        # 最後にグラフィックスパラメータを元に戻す
+ }
> myfunc(1:10)
```

上記の関数定義では，もしも関数が途中でエラーが出て異常終了した場合にパラメータ値が元に戻らない．この問題は関数 on.exit() を用いて「関数が終了するときの処理」を指定することで解決する．関数 on.exit() の処理は，関数が正常終了・異常終了に関わらず，関数終了時に必ず実行される．

```
> myfunc <- function(x) {
+   oldpar <- par()          # 最初にグラフィックスパラメータを保存する
+   on.exit(par(oldpar))     # 関数終了時にpar(oldpar)を実行する
+   par(col="red")
+   plot(x)
+ }
> myfunc(1:10)
```

on.exit()で指定した関数終了時の処理を初期化するには，on.exit()を（引数なしで）実行すればよい．また，on.exit()の引数addによって終了処理を追加する（add=T）のか置換する（add=F）のかを指定できる．

```
> on.exit(par(oldpar), add=T)    # 終了処理：par(oldpar)を追加
> on.exit(par(oldpar), add=F)    # 終了処理：par(oldpar)のみ実行
> on.exit()                      # 関数終了時の処理を無効にする
```

13.4 関数の引数

13.4.1 引数のチェックを行う

特定の引数に対して関数の手続きを変更したい場合は，if文などの条件分岐で場合分けをすればよい．次の関数myfunc()は，引数nが0のときに1を返す．

```
> myfunc <- function (n) ifelse(n==0, 1, prod(1:n))
> myfunc(0)
[1] 1
> myfunc(5)
[1] 120
```

関数の引数に整数を期待する場合，整数以外の引数が与えられたら不具合が生じてしまうことがある．そのようなときは，関数定義の先頭で条件分岐による引数のチェックを行えばよい[注3]．ここで，不具合を起こすような引数が見つかればreturn()で関数を終了させればよい．次の関数は，引数が自然数以外ならば何もせず，引数が自然数ならば階乗の計算を行う．

```
> myprod <- function(n) {
+   if   (n != floor(n) || n < 0) return()
+   else return(gamma(n + 1))
+ }
> myprod(3)
[1] 6
> myprod(-1)
NULL
```

注3　実際，条件分岐だけで完全な引数のチェックを行うことは難しい．このプログラムではmyprod(4.0)としても実行されてしまう．

13.4.2 引数の省略

組み込み関数には引数の省略を許すものが多くあるが，自分で定義した関数でも引数の省略を許すように作ることができる．これを実現する方法は次の2つがある．

①引数の宣言部で指定する方法

次の関数定義では「引数名＝式」の形で y を指定している．y は省略可能な引数となり，省略した場合の y の値は 1 となる．

```
> myfunc <- function(x, y=1) {
+   return(x * y)   # 2つの引数の掛け算を行う
+ }
> myfunc(2, 5)
[1] 10
> myfunc(2)         # 引数を1つにすると引数をそのまま返す
[1] 2
```

式の中で他の引数を参照することもできる．次のように引数を互いに参照し合う定義を行った場合，どちらかの引数を与えて関数を呼び出せば問題はないが，引数なしで関数を呼び出すとエラーになる．

```
> myfunc <- function(x, y=x^2) {
+   return(x * y)
+ }
> myfunc(2, 5)
[1] 10
> myfunc(2)
[1] 8

> myfunc <- function(x=2*y, y=x^2) {
+   return(x * y)
+ }
> myfunc(2)
[1] 8
> myfunc()
Error in myfunc() : recursive default argument reference
```

②関数 missing() を使う方法

関数 missing() を使って，ある引数が実際に存在するかどうか，引数が省略されたかどうかを調べ

ることもできる．関数 missing() は，指定された引数に対する値が省略されていれば TRUE を返す[注4]．また，関数 missing() によって，引数への値が省略されたかどうかを調べることもできる．次の例では，変数 y が省略されたときに関数 missing() と関数 warning() を用いて警告を表示している．

```
> myfunc <- function(x, y) {
+   if (missing(y)) return(x)
+   else return(x * y)
+ }
> myfunc(2, 5)
[1] 10
> myfunc(2)
[1] 2

> myfunc <- function(x, y=1) {
+   if (missing(y)) warning("Missing y!")
+   return(x * y)
+ }
> myfunc(3, 2)
[1] 6
> myfunc(2)
[1] 2
 警告メッセージ: 
 myfunc(2) で: Missing y!
```

13.4.3 引数の数を明示しない

組み込み関数 c() や array()，list() は引数の個数の制限がなく，2個でも10個でも好きなだけ引数を与えることができる．このような関数を定義する場合，記号 ... で表される特殊な引数を使う．ただし，この特殊な引数は「...」のままで他の関数に指定する必要があり，実際にこのような関数を呼び出す際には，引数 ... は必ず「引数名 = 値」の形で与える必要がある．

```
> myfunc1 <- function(x, ...) {
+   xlabel <- deparse(substitute(x))   # 第1引数の変数名を取得
+   plot(x, xlab=xlabel, ...)           # plot()にも...を与える
+ }
> x <- 1:10
> myfunc1(x, ylab="y")

> myfunc2 <- function(...) {
```

注4 ただし，関数 missing(y) は y が関数中で変更されると信頼できなくなる（例: y <- match.arg() の後では必ず FALSE になる）．

```
+     args <- list(...)              # 引数のリスト
+     return(args)                   # 引数のリストを返す
+ }
> myfunc2(1:10, "title")
[[1]]
 [1]  1  2  3  4  5  6  7  8  9 10
[[2]]
[1] "title"
```

関数の引数 ... の後にさらに引数を持つ関数を定義することもできる．

```
> myfunc <- function(..., y=1) {
+     2 * y
+ }
```

余談だが，関数 do.call(関数名等の文字列，引数のリスト) で，適当な関数を引数付きで呼び出すことができる．

```
> do.call("paste", list("ABC", 1:3, sep=""))
[1] "ABC1" "ABC2" "ABC3"
```

13.4.4 引数に関数を与える

たとえば，関数 apply() や sapply() は引数に関数を指定できる．同様の方法で，関数定義を引数に指定することもできる．

```
> ( x <- matrix(1:6, 2) )
     [,1] [,2] [,3]
[1,]    1    3    5
[2,]    2    4    6
> apply(x, 2, sum)
[1]  3  7 11

> ( x <- matrix(1:6, 2) )
     [,1] [,2] [,3]
[1,]    1    3    5
[2,]    2    4    6
> apply(x, 2, function(x) { x + 700 } )
     [,1] [,2] [,3]
[1,]  701  703  705
```

```
[2,]   702   704   706
```

これは自分で定義した関数にも当てはまり，「引数に関数をとることが可能な関数」を自作することもできる．

```
> myfunc <- function(x, f) f(x)
> myfunc(2, sqrt)
[1] 1.414214
> myfunc <- function(x, f=log) f(x)
> myfunc(2)    # 既定の関数logが使われる
[1] 0.6931472
```

関数 apply() や sapply() の例のように，関数定義を直接与えることもできる．

```
> myfunc <- function(x, f=log) f(x)
> x <- 1
> myfunc(x, f=function(y) 1/(1 + exp(y)))    # 関数定義を直接与える
```

関数自身がオプション（引数）をとり，それを特定の値に指定したいときは次のようにする．

```
> myfunc1 <- function(x, alpha=0)     mean(x, alpha)
> myfunc2 <- function(x, alpha, fun) fun(x, alpha)
> myfunc2(c(0, 1, 4, 9, 16), 0.4, myfunc1)
[1] 4
```

13.4.5　引数のマッチングと選択

　関数の引数は省略形で指定することができる．すなわち，綴りの途中までだけで特定の引数であることを認識できれば，引数をある程度省略して記述することができる．これを部分的マッチングと呼ぶ．ただし，次の例では "xl" から "xlab" が認識できずに（"xlim" の可能性もあるので）エラーが出ている．

```
> plot(sin, xlab="x-title")   # x軸にタイトルを付ける
> plot(sin, xla ="x-title")   # "xla"でも"xlab"とわかる
> plot(sin, xl  ="x-title")   # "xl"では"xlab"とわからない
Error in if (from == to || length.out < 2) by <- 1 :
        missing value where TRUE/FALSE needed
```

関数の引数に与えられた値が候補のどれに一致するかどうかをチェックするには，関数 match.arg() を用いる（このとき部分的マッチングが行われる）．ただし，該当する項目がなければエラーが出る．

```
> myfunc <- function(a, b, do = c("sum", "minus", "multi", "div")) {
+   do <- match.arg(do)
+   switch(do, sum   = a + b,    # do (match.argの返り値)
+              minus = a - b,    # の結果で条件分岐
+              multi = a * b,
+              div   = a / b)
+ }
> myfunc(3, 2, "minus")
[1] 1
> myfunc(3, 2, "mi")              # 引数："mi"でも"minus"だとわかる
[1] 1
> myfunc(3, 2, "m")               # "m"では"minus"だとわからない……
 match.arg(do) でエラー: 
  'arg' should be one of  "sum" , "minus" , "multi" , "div"
```

また，関数に指定された引数の値を一括で取得するには，関数 match.call() を用いる．

```
> myfunc <- function(x, y) { z <- match.call(); return(z) }
> result <- myfunc(1, 2)
> result$x   # 関数myfunc()の引数xに指定された値
[1] 1
```

ほかにも，引数に与えられた条件が満たされないときにプログラムを停止する関数 stopifnot() がある．

```
> myfunc <- function(a, b) {
+   stopifnot(is.numeric(a), b=="B")
+   return(a)
+ }
> myfunc(1, "A")
 エラー:  b == "B"  は  TRUE  ではありません 
> myfunc("A", "B")
 エラー:  is.numeric(a)  は  TRUE  ではありません 
```

13.5 再帰呼び出し

ある関数が関数内で自分自身の関数を呼び出すことを,「再帰呼び出し」という.次に,再帰プログラムの例ではありきたりの階乗を求めるプログラムを紹介する.また,関数 Recall() によって関数の名前に依存せずに再帰呼び出しを行うこともできる.先の例では関数名を変えると本体で自分自身を呼び出しているところも変更しなければならなかったが,関数 Recall() を使って再帰呼び出しを行っていれば,その必要はなくなる.

```
> myfunc <- function(n) {
+   if (n <= 1) return(1)
+   else        return( n * myfunc(n - 1) )
+ }
> myfunc(5)
[1] 120

> myfunc <- function(n) {
+   if (n <= 1) return(1)
+   else        return( n * Recall(n - 1) )
+ }
> myfunc(10)
[1] 3628800
```

13.6 デバッグについて

長めの命令や関数を定義して実行した際に,エラーメッセージが出力されたり期待どおりの動作をしなかったりということは少なくない.そのような場合,関数ならばどこに誤りがあるのかを探し,見つけて修正しなければならなくなる.この誤りを修正する一連の作業のことを「デバッグ」という.

13.6.1 途中で変数の値を調べる:cat(), print()

関数の途中で cat() や print() を使って,バグの原因かもしれない怪しい変数の値を,関数の評価途中で表示させる方法がある.この方法は手軽で,確実にデバッグできる(ただし手間がかかりすぎるという欠点がある).たとえば関数 myfunc() を定義したときに,変数 x, y, s の途中の値を知りたいときは次のようにする.

```
> myfunc <- function(z) {
+   x <- rnorm(1)
+   y <- rnorm(1)
+   cat("x =", x, "\n")    # 現在のxの値を調べる
```

```
+     cat("y =", y, "\n")   # 現在のyの値を調べる
+     if ((x < 0) || (y < 0)) s <- -x * y
+     else                    s <-  x * y
+     cat("s =", s, "\n")   # 現在のsの値を調べる
+     return(s * z)
+ }
```

13.6.2　評価の途中で変数を調べる：browser()

　関数の途中で cat() や print() を使ってデバッグする方法では，十分な情報が得られないことがある．こういった場合，状況を調べたい場所に関数 browser() を挿入すればよい（browser() は関数中に何個入れてもよい）．たとえば次のような関数を定義したとする．

```
> myfunc <- function(z) {
+     x <- rnorm(1)
+     y <- rnorm(1)
+     if ((x < 0) || (y < 0)) s <- -x * y
+     else                    s <-  x * y
+     browser()   # 現在の状況を調べる
+     return(s * z)
+ }
```

　この関数を実行すると，browser() の文で処理が止まり，入力待ちのモードになる．

```
> myfunc(10)
Called from: myfunc(10)
Browse[1]>
```

　ここで入力できるコマンドは表 13.1 のようなものがある．もし関数内に c や n という名前の変数があれば，それらを評価するために print(c) や print(n) を使う必要が出てくる．

表 13.1　コマンド一覧

入力	動作
c, cont	関数の実行を継続する（s も似たような動作）
f	現在のループまたは関数の評価を終了する
help	使用できるコマンドの一覧を表示
ls()	現在までに生成されたオブジェクト（変数）をすべて表示する
n, next	デバッグ付きのステップ実行を開始し，関数の残りの部分を一度に 1 行ずつステップ実行する

入力	動作
return()	関数評価に戻る
where	現在のスタックの記録 (すべての関数) を表示する
関数中の変数	この例では z のような引数，x や y といったローカル変数などを入力すると現時点の値を表示してくれる
関数中の式	式を評価し値を表示することもできる．エラーが起きてもデバッグモードに戻るだけで，関数評価自体には影響を及ぼさない
Q	終了する

```
> myfunc(10)
Called from: myfunc(10)
Browse[1]> x        # xの値を調べてみる
[1] 0.8610376
Browse[1]> y        # yの値を調べてみる
[1] -0.6385286
Browse[1]> x * y    # 式x * yの値を調べてみる
[1] -0.5497971
Browse[1]> return()
#7 の debug: return(s * z)
```

13.6.3　デバッグモードに入る：debug()

　関数をステップ実行（1行ずつ実行）するには関数 debug() を用いる．もし関数内に c や n という名前の変数があれば，それらを評価するために print(c) や print(n) を使う必要が出てくる．デバッグ中に入力できるコマンドは browser() で使用できるコマンドと同じなので，そちらも参照されたい．デバッグモードを抜ける場合は関数 undebug() を実行する．

```
> debug(myfunc)
> myfunc(10)
debugging in: myfunc(10)
debug: {
 ......
}
Browse[1]> n
debug: x <- rnorm(1)
Browse[1]> n
debug: y <- rnorm(1)
Browse[1]> ls()
[1] "x" "z"
Browse[1]> x
[1] 1.112382
```

```
Browse[1]> z
[1] 10
Browse[1]> c
Called from: myfunc(10)
Browse[1]>
exiting from: myfunc(10)
[1] 16.7528
```

13.6.4　関数の呼び出しを追跡する：trace()

関数 trace() によって関数の呼び出しを追跡することができる．詳しくはヘルプを参照していただきたいが，たとえば browser() を呼び出しながら関数を追跡する場合は，次のようにすればよい．

```
> trace(myfunc, browser, exit=browser)
[1] "myfunc"
> myfunc(10)
Tracing myfunc(10) on entry
Called from: myfunc(10)
Browse[1]> c
Called from: myfunc(10)
Browse[1]> x
[1] -0.5571034
Browse[1]> y
[1] 0.357289
Browse[1]> n
#7 の debug: return(s * z)
```

recover を指定して関数を追跡すると，メニュー 0, 1, 2, ……から選択できるようになる．

```
> trace(myfunc, recover)
[1] "myfunc"
> myfunc(5)
Tracing myfunc(5) on entry
Enter a frame number, or 0 to exit
1:myfunc(5)
Selection:    # 入力待ち
```

追跡モードを止める場合は関数 untrace() を用いる．

```
> untrace("myfunc")
> untrace(c("func", "myfunc"))
```

ほかにも，デバッグする際に有用なコマンド traceback() と debugger() がある．また，計算速度の高速化を図る際に，プログラムの実行時間を計測する関数 system.time()，プログラムの実行を指定秒数中断する関数 Sys.sleep() がある．詳しくはヘルプを参照されたい．

13.7　落穂ひろい

13.7.1　ファイルに保存してある関数定義を読み込む

一般的に関数定義は長文であり，コマンドラインで入力するとエラーが起きたときに修正が効かない．そこで，普通は関数定義を別のエディタで作成して保存し，R でファイルを読み込む形式をとる．たとえば関数 distance() が保存されているファイル dis.r を読み込むには，次のようにする．Windows 版 R ならば，メニューの［ファイル］→［R コードのソースの読み込み］から読み込むこともできる．

```
> source("C:/dis.r")
```

この例のように，ファイル名だけでなくファイルのある場所（パス）も書くのが確実であるが，作業ディレクトリのフルパスを指定しない場合は，現在の作業ディレクトリから dis.r が探されることになる（作業ディレクトリの参照・変更方法は「7.4.1　作業ディレクトリの変更」を参照のこと）．初期状態では R の実行ファイルなどが入っているディレクトリ（例：C:\Program Files\R\R-3.2.3）になっている．

13.7.2　関数を保存して次回に使えるようにする

前述のとおり，関数の定義を dis.r に書き，関数 source("dis.r") で読み込むことができるが，R の初期設定ファイル「.Rprofile」に source("dis.r") の行を入れておけば，いつも自動的に読み込まれるようになる．また，R セッション中に，関数 save() で関数定義を Rdata ファイルに保存しておくこともできる．関数 load() でその定義ファイルを読み込むことができる．

```
> myfunc <- function(x) x^2
> save(myfunc, file="myfunc.Rdata")

 …いったん終了…

> load("myfunc.Rdata")
```

13.7.3 連番の変数を作成する

C言語やJavaの配列はx[1], x[2], ……という形をしている．これに対応するRの概念はベクトル（x[1], x[2], ……）であるが，関数assign()と関数paste()を組み合わせることで，これと似たような（しかし一風変わった）変数名を付けることができる．

```
> for (i in 1:10) {
+   assign(paste("x", i, sep=""), i)   # 変数xiにiを代入
+ }
> x1
[1] 1
> x2
[1] 2
```

13.7.4 数値ベクトルの対話的入力：readline()

関数readline()を用いると，キー入力があるまでプログラムの実行を停止することができる．これにより，対話的な入力を行うことができる．キー入力があるまでプログラムの実行を停止するのではなく，秒数を指定してプログラムを停止するには，関数Sys.sleep(time)を用いればよい．

```
> fun <- function() {
+   ANSWER <- readline("Are you a satisfied R user? ")
+   if (substr(ANSWER, 1, 1) == "n")
+     cat("This is impossible. YOU LIED!\n")
+   else
+     cat("I knew it.\n")
+ }
> fun()
Are you a satisfied R user? y   # 「y」と入力してみる
I knew it.
```

関数readline()を用いることで，文字型ベクトルを読み込ませるようにすることができる．文字をスペース区切りで入力させ，次に関数strsplit()で文字型リストに変換してから関数unlist()で文字型ベクトルに変換する．

```
> myfunc <- function () {
+   x <- readline("データ入力：")
+   unlist(strsplit(x, " "))
+ }
> y <- myfunc()
```

```
データ入力：A B C
> y
[1] "A" "B" "C"
```

また，オブジェクト名を入力して読み込ませるには，次のようにする．

```
> x <- 1:10
> y <- get(readline())
x  #「x」と入力してみる
> y
 [1]  1  2  3  4  5  6  7  8  9 10
```

13.7.5 メニューによる選択：menu()

関数 menu() でメニュー選択を実現できる．引数 choices で選択肢を示す文字列ベクトル，引数 title でメニューのタイトルとして出力される文字列を指定する．0, 1, 2, ……を選択することができ，0 を入力したらメニュー選択から抜ける．次の例では選択肢番号により switch 文で実行内容を変えている．

```
> switch(menu(c("List letters", "List LETTERS")) + 1,
+        cat("Nothing done\n"), letters, LETTERS)

1: List letters
2: List LETTERS
選択: 1
 [1] "a" "b" "c" "d" "e" "f" "g" "h" "i" "j" "k" "l" "m" "n" "o" "p" "q" "r"
[19] "s" "t" "u" "v" "w" "x" "y" "z"
```

13.7.6 オブジェクト指向プログラミング

関数 print() は，引数が数値ベクトルであればベクトルの中身を表示し，引数が因子ベクトルであればベクトルの中身と因子の種類を表示し，引数がテーブル形式であれば中身のテーブルを表示する．いずれの種類の引数を指定する場合でも，関数名は「print」でよい．これは，関数 print() の内部で引数の「クラス」を判別し，適当な「メソッド」を適用して出力結果を返している．同様の関数として関数 plot() がある．

この print() のような関数を「汎用関数」といい，「汎用関数」は引数（オブジェクト）の「クラス」ごとに適当な「メソッド」を呼び出す．このような仕組みを「オブジェクト指向」と呼ぶ．詳しくは『R の基礎とプログラミング技法』（Uwe Ligges 著，石田 基広 訳，丸善出版，2012）や『アート・オブ・R プログラミング』（Norman Matloff 著，大橋 真也 他訳，オライリージャパン，2012）を参照のこと．

13.7.7 バッチ処理

各種 OS のプロンプトから R のプログラムをバッチ実行するには，次のようにする[注5]．

```
R CMD BATCH <Rプログラム名> <出力ファイル名>
```

たとえば R のプログラム「myprogram.r」を実行して，結果をテキストファイル「myoutput.txt」に保存するには，次のようにする．ちなみに，オプション「--vanilla」は「プログラム実行時にワークスペースを読み込まない」「プログラム終了時にワークスペースを保存しない」というオプションである[注6]．

```
R CMD BATCH --vanilla myprogram.r myoutput.txt
```

逆に，R 上でコマンドを OS に送る場合は，関数 system() を用いる．詳しくはヘルプを参照されたい．

```
> system(paste('"C:/Program Files/Mozilla Firefox/firefox.exe"',
+              '-url cran.r-project.org'), wait=FALSE)
```

Windows 版 R の場合は，関数 system() あるいは関数 shell() を用いればよい．

```
> shell("コマンド")        # 指定したコマンドをプロンプトで実行する
> shell.exec("ファイル")   # 指定したファイルを適当なソフトで開く
```

13.7.8 ロケールの設定

ロケールとは，プログラム言語を利用する国・地域の内部設定のことで，言語や国・地域ごとに異なる日付表記や通貨の単位などが設定されている．普段はロケールを意識する必要性は少ないが，ロケールを変更しないと動作が変になるパッケージもたまに存在する．

```
> Sys.getlocale()                              # 現在のロケールを表示
> Sys.setlocale(locale="C")                    # C言語の標準（≒北米）に設定
> Sys.setlocale(locale="Japanese_Japan.932")   # 日本に設定
```

[注5] Windows 版 R の場合，64 ビットマシンで例示の命令を実行するとエラーとなる場合がある．R の実行ファイルのパスが 64 ビット用 R のものになっているかなどを確認し，適宜修正すること．
[注6] オプションに関する詳しい説明はマニュアル「An Introduction to R」の「Appendix B：Invoking R」を参照されたい．

ロケールではなく R 自体を英語版で動作させたい場合は，Windows 版 R の場合は，R のショートカットを右クリックして，プロパティのリンク先の末尾に「 LANGUAGE=en」を追記すればよい．

第14章

数値計算

▶この章の目的

- Rで簡単な数値計算ができるようになるのが目的である．
- Rには数値計算のための関数が多数用意されており，大学の「数値解析」や「数値計算」などの授業で取り上げられているテーマ程度ならば，Rで数行ほど命令を書けば計算を実行できる．

14.1 ニュートン法

xの関数$f(x)$について，$f(x) = 0$を満たす解を求める方法を，ニュートン法という．

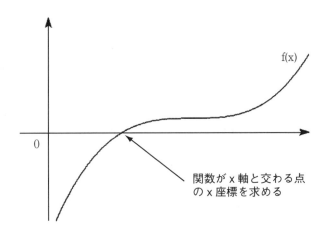

Rには，ある範囲（たとえば $0 \leqq x \leqq 1$の範囲）の中で$f(x) = 0$を満たす解を求める関数 uniroot() が用意されている．使用手順は次のとおりだ．

(1) ニュートン法の対象となる関数を定義する
(2) 関数 uniroot(関数名 , 範囲の最小値 , 範囲の最大値) を実行する
(3) 出力の $root に結果が格納されている

次の例では$0 \leqq x \leqq 1$の範囲において，$f(x) = e^x - 2$が0となるxの値を求めており，解は$x = 0.6931457$となっている．

```
> f <- function (x) exp(x) - 2        # (1) f(x)を定義
> ( result <- uniroot(f, c(0, 1)) )   # (2) 範囲をc(0, 1)で指定
$root
[1] 0.6931457
 ……
> result$root                         # 変数resultから解を取り出す
[1] 0.6931457
```

14.2 多項式の解

多項式$p(x) = z_0 + z_1 x + z_2 x^2 + \cdots + z_n x^n$について，$p(x) = 0$となる解（根）を求める場合，Rでは関数polyroot()を用いる．polyroot()に多項式の係数$z = (z_0, z_1, \cdots, z_n)$を引数に与えればよい．たとえば$p(x) = 2 + 3x + x^2$の根を求めるにはc(2, 3, 1)を与える．

```
> polyroot(c(2, 3, 1))   # (x+1)(x+2)=0の解
[1] -1+8.912216e-18i -2-8.912216e-18i
```

結果は$-1 + 8.912216 \times 10^{-18}i$，$-2 - 8.912216 \times 10^{-18}i$を表している．虚数部分は非常に小さい値となっているので，ほぼ0と考えてよく，この場合は$x = -1, -2$が解となっている．

気持ちが悪い場合は，関数round()を用いればよい．

```
> round( polyroot(c(2, 3, 1)), digits=3 )   # (x+1)(x+2)=0の解
[1] -1+0i -2+0i
```

重解の場合は同じ値が複数返されることになる．例として$p(x) = 1 + 2x + x^2$の根を求めてみると，結果は$x = -1$（重解）が解となる．

```
> round( polyroot(c(1, 2, 1)), digits=3 )   # (x+1)(x+1)=0の解
[1] -1+0i -1+0i
```

14.3 関数の微分

Rで関数を微分することができる．

(1) 微分する関数fを定義する（次の例ではax^4を定義）．関数expression()を用いていることに注意されたい．

```
> f <- expression( a * x^4 )
```

(2) x を変数として（a を定数として）f を微分する．

```
> D(f, "x")    # D(数式, 微分する変数)
a * (4 * x^3)
```

(3) 高階微分する場合は，次のような関数 DD を定義すると便利である．

```
> DD <- function(expr, name, order = 1) {
+   if(order < 1) stop("'order' must be >= 1")
+   if(order == 1) D(expr, name)
+   else DD(D(expr, name), name, order - 1)
+ }
> DD(f, "x", 3)  # D(数式, 微分する変数, 微分する回数)
a * (4 * (3 * (2 * x)))
```

上記で用いた関数 D は，微分した後の数式を見る場合に用いるのだが，この表現を関数にしてさらに計算することはできない．結果の数式表現を見るのが目的ではなく，結果の数式を使ってさらに計算を行うには，関数 deriv() を用いればよい．

```
deriv(~ 数式, 微分する変数, func=T)
```

関数 deriv() をオブジェクトに代入すると，そのオブジェクトは関数になる．後はそのオブジェクトの引数に値を入れるだけで計算を行ってくれる．次の例では，まず x^2 を微分したものを関数 f(x) とし，次に f(-2) を計算している．

```
> f <- deriv(~ x^2, "x", func=T)
> f(-2)
[1] 4                  # 引数に対する関数の値
attr(,"gradient")      # 引数に対して微分した後の関数の値
     x
[1,] -4
```

結果は -4 となっている．また，deriv() を使って多変数関数の微分を行うこともできる．次の例では $g(x,y) = x^2 y$ として，$\frac{\partial}{\partial x}g(x,y)|_{x=2,y=3}$ と $\frac{\partial}{\partial y}g(x,y)|_{x=2,y=3}$ を求めている．

```
> g <- deriv(~ x^2 * y, c("x", "y"), func=TRUE)
> g(2, 3)
[1] 12                  # 引数に対する関数の値
attr(,"gradient")       # 引数に対して微分した後の関数の値
        x y             # xで一階微分した結果を使って計算したもの（12）と
[1,]   12 4             # yで一階微分した結果を使って計算したもの（4）
```

オブジェクトに代入する際に，関数の形を決めることもできる．次の例では h(x, y, z) として，z=4 を定数としたものを定義している．

```
> h <- deriv(~ x^2 * y * z, c("x", "y"), function(x, y, z=4){} )
> h(3, 2)
[1] 72
attr(,"gradient")
        x  y
[1,]   48 36
```

deriv() は引数に hessian=T を与えることで hessian を計算することもできる．また，関数 deriv3() は deriv(..., hessian=T) と同じ働きをする．

14.4 数値積分

前節では R で微分を行う方法を紹介したが，ここでは数値積分を行う方法を紹介する．

(1) 積分する関数 f を定義する（次の例では x^2 を定義）．

```
> f <- function(x) x^2
```

関数 integrate(被積分関数，積分範囲の下限，積分範囲の上限) で積分を実行し，結果は 0.33……となっている．

```
> integrate(f, 0, 1)
0.3333333 with absolute error < 3.7e-15
```

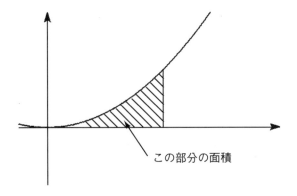
この部分の面積

結果の「absolute error」は「積分結果と真の値との誤差の大きさ」を表し，ここでは最大 3.7×10^{-15} だけ誤差があることを表している．このような「X.Xe-15」といった表現は非常に小さい値を表しており，「0」の意味を表していると思ってよい．

ところで，R にもともと用意されている関数を積分する際は，新たに関数を定義する必要はない．

```
> integrate(sin, 0, pi)
2 with absolute error < 2.2e-14
```

さらに，無限大（Inf）を範囲にとること（広義積分）も可能である．次の例では正規分布の密度関数を − Inf（−∞）〜 1.96 の範囲で積分している．

```
> integrate(dnorm, -Inf, 1.96)   # dnorm：正規分布の密度関数
0.9750021 with absolute error < 1.3e-06
```

ところで，パッケージ cubature 中の関数 adaptIntegrate() を用いれば，多次元の数値積分を行うことができる．まず，パッケージ cubature をインストールする（インターネット接続が必要）．

```
> install.packages("cubature", dep=T)
```

次に，パッケージ cubature を呼び出してから関数 adaptIntegrate(関数名，積分の下限，積分の上限) を実行することで，integralvalue に積分値が，error に相対誤差が表示される．また，関数の引数 tol で相対誤差の最小値を指定することもできる．

```
> library(cubature)
> f <- function(x) cos(x)    # 1変数関数の場合
> adaptIntegrate(f, 0, pi / 2)
```

```
$integral
[1] 1
$error
[1] 1.110223e-14
 ......
> g <- function(x) {                        # 2変数関数の場合
+   exp(-(x[1]^2 + x[2]^2) / 2) / (2 * pi)
+ }
> adaptIntegrate(g, c(-3, -3), c(3, 3))    # 引数はベクトルを指定
$integral
[1] 0.9946064
 ......
```

14.5 関数の最大化・最小化，数理計画法

　関数 optim() は関数の最小化を行う．関数の最大化を行うには，引数 control 内のリスト fnscale に負の値を与えればよい（例：fnscale=-1）．引数 method には "Nelder-Mead"，"BFGS"，"CG"，"L-BFGS-B"，"SANN" を指定することができる．

　次の例では，ベルヌーイ試行10回を行って成功が3回であった場合のパラメータ（ここでは確率）p を推定している．結果（$par）は 0.3 となっており，そのときの対数尤度（$value）もあわせて表示される[注1]．

```
> f <- function(p) choose(10, 3) * p^(3) * (1 - p)^(7)  # 同時密度分布
> optim(0, f, control=list(fnscale=-1), method="BFGS")  # 初期値0
$par
[1] 0.3000007
$value
[1] 0.2668279
 ......
```

　関数 optim() は2次元以上の関数についても最大化や最小化を行うことができる．ちなみに，1次元関数が対象となっている場合は，関数 optimize() を用いてもよい．

```
> f <- function (x, a) (x - a)^2
> xmin <- optimize(f, c(0, 1), tol=0.0001, a=1/3)
> xmin
$minimum
[1] 0.3333333
```

注1　関数 nlm() を用いても同様のことが実行できる．

```
$objective
[1] 0
```

また，パッケージ lpSolve の中の関数 lp() で数理計画を行うことができる．条件（f.con）「$x_1 + 2x_2 + 3x_3 \leq 9$」「$3x_1 + 2x_2 + 2x_3 \leq 15$」において，式（f.obj）「$x_1 + 9x_2 + x_3$」を最大化する例を挙げておく．

```
> install.packages("lpSolve", dep=T)
> library(lpSolve)
> f.obj <- c(1, 9, 1)
> f.con <- matrix (c(1, 2, 3, 3, 2, 2), nrow=2, byrow=TRUE)
> f.dir <- c("<=", "<=")
> f.rhs <- c(9, 15)
> lp ("max", f.obj, f.con, f.dir, f.rhs)
Success: the objective function is 40.5
> lp ("max", f.obj, f.con, f.dir, f.rhs)$solution
[1] 0.0 4.5 0.0
> lp ("max", f.obj, f.con, f.dir, f.rhs, int.vec=1:3)
Success: the objective function is 37
> lp ("max", f.obj, f.con, f.dir, f.rhs, int.vec=1:3)$solution
[1] 1 4 0
```

「変数が整数しかとらない」という条件を付ける場合は，次のようにする．

```
> lp ("max", f.obj, f.con, f.dir, f.rhs, int.vec=1:3)
Success: the objective function is 37
> lp ("max", f.obj, f.con, f.dir, f.rhs, int.vec=1:3)$solution
[1] 1 4 0
```

14.6　丸めと数値演算誤差

R には実数を丸めるために表 14.1 の関数が用意されている．

表 14.1　丸め用関数の一覧

関数	機能
round(x, digits=0)	丸め関数．digits で指定した（小数点以下の）桁で IEEE 式丸めを行う．既定では digits=0，つまり小数以下を丸める．IEEE 方式は「一番近い偶数に丸める」が基本で，場合によると「五捨」になることもある
ceiling(x)	x 以上のうち最小の整数を返す
floor(x)	x 以下のうち最大の整数を返す
signif(x, digits=6)	digits で指定された有効桁数（既定値は 6 桁）に丸める
trunc(x)	x を「0 へ向かって」整数化する
zapsmall(x, digits=getOption("digits"))	round(x, digits=dr) の丸め位置桁 dr を「0 に近い値」が 0 になるように定めて丸める

R における数値丸め処理の基本は関数 round() であるが，これは IEEE 規約に基づいたものなので，四捨五入とは微妙に異なる（五入ばかりでなく五捨もあり得る！）．IEEE では任意の桁位置における丸め処理法を次のように定めている[注2]．

(1) 一番近い丸め結果候補が 1 つだけなら，その数に丸める．
(2) 一番近い丸め結果候補が 2 つある場合は，末尾が偶数のものに丸める．
(3) 丸め処理は 1 段階で行わなければならない．

この規則は丸めによる誤差が最小になる利点がある．ただし，規則 (2) が適用される場合は通常の四捨五入とは異なる結果になる場合がある．また，規則 (3) は，たとえば 12.451 は直に 12 と丸めるべきであって，まず 12.5 としてから次に 13 としてはならないことを主張している．

表 14.2　丸めの例

命令	round(122.5)	round(122.51)	round(123.5)	round(123.461)
結果	122	123	124	123
適用された規則	(2)：五捨！	(1)：五入	(2)：五入	(1) と (3)：四捨

ところで，C 言語や Java と同じく，R でも数値演算誤差が生じる．というのも，パソコンの内部では 10 進数を 2 進数に直して計算しているため，小数の種類によっては近似値（循環小数）になってしまっている可能性があるからである．

注 2　「RjpWiki」の記事，『工学のためのデータサイエンス入門』（間瀬 茂 他 著，数理工学社，2004）から引用した．なお，四捨五入は関数 myround(数値 , n= 小数部桁数) で行える．
　　　myround <- function(x, n=0) floor(round(abs(x)*10^(n)+0.5,10))*sign(x)/10^(n)

```
> 0.6 - 0.3 - 0.3
[1] 0
> 0.6 - 0.4 - 0.2
[1] -5.551115e-17
```

「0.6 - 0.4 - 0.2」の結果は 0 ではなく，「ほとんど 0 である値」となっている．これが 0 に見えない場合は，関数 round() を用いて丸めてしまえばよい．

```
> round( 0.6 - 0.4 - 0.2 )
[1] 0
```

14.7 落穂ひろい

(1) R では表 14.3 のガンマ関数が用意されている．

表 14.3 ガンマ関数一覧

関数	機能
beta(a, b)	ベータ関数 B(a, b) = (gamma(a) * gamma(b)) / gamma(a + b) 引数 a, b は 0 および負整数を除く数値（のベクトル）
lbeta(a, b)	ベータ関数の自然対数． 直接計算しており，log(beta(a, b)) として計算しているわけではない
gamma(x)	ガンマ関数．引数 x は 0 および負整数を除く数値（のベクトル）． 正の整数 n に対する階乗 $n!$ は gamma(n + 1) として計算する
lgamma(x)	ガンマ関数の自然対数． 直接計算しており，log(gamma(x)) として計算しているわけではない
digamma(x)	lgamma の一階微分
trigamma(x)	lgamma の二階微分
psigamma(x)	digamma の deriv 階微分（引数 deriv で何階微分かを指定）
choose(n, k)	二項係数（n 個から k 個を選ぶ場合の数）． gamma(n + 1) / (gamma(k + 1) * gamma(n - k + 1)) として計算しているので n, k が整数でなくても値は得られるが，結果は整数化される
lchoose(n, k)	二項係数 choose(n, k) の自然対数． 直接計算しており，log(choose(n, k)) として計算しているわけではない

ガンマ関数：$\Gamma(s) = \int_0^\infty x^{s-1} e^{-x} dx$ の性質は次のとおりである．

- ① $\Gamma(1) = 1$

- ② $\Gamma\left(\dfrac{1}{2}\right) = \sqrt{\pi}$
- ③ $\Gamma(s) = (s-1)\Gamma(s-1) \quad (s > 1)$
- ④ $\Gamma(n) = (n-1)! \quad (n:整数)$

昔は$n!$を計算する場合は，ガンマ関数 gamma(n + 1) としたものだが[注3]，最近は関数 factorial() というものが出てきたので，これを使って階乗計算ができるようになった．たとえば3!を計算するには次のようにする．また，lgamma(n + 1) と定義される関数 lfactorial(n) も用意されている．

```
> factorial(3)
[1] 6
```

(2) R には表 14.4 のベッセル関数が用意されている．引数 x は非負値，次数 nu は実数（負の値の場合を含む）とする．

表 14.4 ベッセル関数一覧

関数	機能
besselI(x, nu, expon.scaled=F)	変形された第1種のベッセル関数
besselK(x, nu, expon.scaled=F)	変形された第2種のベッセル関数
besselJ(x, nu)	第1種のベッセル関数
besselY(x, nu)	第2種のベッセル関数

注3 prod()という関数を使っても計算できるが，0! = 1 とは計算してくれない．

第15章

データハンドリング

▶ この章の目的

- Rで本格的なデータを扱う際には，データフレームという形式にして，このデータフレーム上でさまざまな処理を行う．本章ではデータフレームの紹介とデータフレームの各種の作成方法を紹介する．
- データフレームを作成した後は，データの編集や加工を行う方法を紹介する．

15.1 データフレームとは

データフレームとは data.frame クラスを持つリストのことであり，数値ベクトルや文字ベクトル，因子ベクトル（文字型ベクトル）などの異なる型のデータをまとめて1つの変数として持っている．外見は行列と同じ2次元配列であるが，データフレームの各行・列はラベルを必ず持ち，ラベルによる操作が可能である点が普通の行列と異なる．ラベルによる操作ができると，抽出が比較的簡単になるという利点がある．

データフレームの例として，ある5人の健康診断のデータフレーム「MYDATA」を紹介する．「ID」で各人を区別し，「性別（F：女性，M：男性）」「身長」「体重」の3種類のデータがとられている．

	ID	性別	身長	体重	
					←列名（変数名）
1	1	F	160	50	←観測値（1行目）
2	2	F	165	65	←観測値（2行目）
3	3	M	170	60	←観測値（3行目）
4	4	M	175	55	←観測値（4行目）
5	5	M	180	70	←観測値（5行目）

データフレームに関するいくつかのポイントを挙げておく．

- データフレームの各行は1つの観測値として，データフレームの各列は1つの変数（項目）として認識される．しかも各列の要素の型はバラバラでも構わないので，ベクトルやリストで持っているデータをデータフレームに変換することで統計解析がやりやすくなる．
- データフレームの最も簡単な作成方法は，いくつかのデータをベクトルで用意しておき，それらを関数 data.frame() で1つのデータフレームに変換する方法である．

```
> data.frame(列名1=ベクトル1, 列名2=ベクトル2, ……)
```

- 外部ファイルからデータフレームを作成することもでき，たとえば関数 read.table() でファイルの中身を読み込むことでデータフレームを作成できる．
- 外部ファイルからデータフレームを作成する場合，作業ディレクトリを外部ファイルがあるディレクトリに変更しておくと便利である．

15.2 データフレームの作成

データフレーム MYDATA をいくつかの方法で作成してみる．

①ベクトルからデータフレームを作成する

「ID」「性別（F：女性，M：男性）」「身長」「体重」をそれぞれベクトルで用意しておき，それらを関数 data.frame() で1つのデータフレームに変換する．もしデータに欠測がある場合は，欠測を NA とすればよい．ただし，文字型ベクトルは自動で因子型に変換されるため，この自動変換を行わない場合は引数 stringsAsFactors=F を指定する．

```
> id     <- c(1, 2, 3, 4, 5)              # ID
> sex    <- c("F", "F", "M", "M", "M")    # 性別
> height <- c(160, 165, 170, 175, 180)    # 身長
> weight <- c( 50, 65, 60, 55, 70)        # 体重
> MYDATA <- data.frame(ID=id, SEX=sex, HEIGHT=height, WEIGHT=weight)
> MYDATA
  ID SEX HEIGHT WEIGHT
1  1   F    160     50
2  2   F    165     65
3  3   M    170     60
4  4   M    175     55
5  5   M    180     70
```

イメージは次のとおりである．

ID	SEX	HEIGHT	WEIGHT
1	F	160	50
2	F	165	65
3	M	170	60
4	M	175	55
5	M	180	70

data.frame() →

ID	SEX	HEIGHT	WEIGHT
1	F	160	50
2	F	165	65
3	M	170	60
4	M	175	55
5	M	180	70

②行列からデータフレームを作成する

「ID」「性別（1：女性，2：男性）」「身長」「体重」を行列で用意しておき，行列からデータフレームを作成することもできる．たとえば行列 X をデータフレームに変換するには，data.frame(X) とすればよい．ラベル名を指定しない場合，自動でラベル名が振り分けられる．

```
> X <- matrix(
+   c(1, 1, 160, 50,
+     2, 1, 165, 65,
+     3, 2, 170, 60,
+     4, 2, 175, 55,
+     5, 2, 180, 70), 5, by=T)
> MYDATA <- data.frame(X)
> names(MYDATA) <- c("ID", "SEX", "HEIGHT", "WEIGHT")
> MYDATA
  ID SEX HEIGHT WEIGHT
1  1   1    160     50
2  2   1    165     65
3  3   2    170     60
4  4   2    175     55
5  5   2    180     70
```

③テキストファイルからデータフレームを作成する

たとえば，C:/data フォルダに「mydata.txt」があり，中身が次のようになっていたとする（1 行目は変数名，スペース区切り）．

```
ID SEX HEIGHT WEIGHT
1 F 160 50
2 F 165 65
3 M 170 60
4 M 175 55
5 M 180 70
```

この場合，関数 read.table() に引数 header を TRUE（1 行目に変数名がある），引数 sep に ""（スペース区切り）を指定して「mydata.txt」を読み込めばよい．もし，未充足の行がある場合は，引数 fill に TRUE を指定する．ただし，文字型ベクトルは自動で因子型に変換されるため，この自動変換を行わない場合は引数 stringsAsFactors=F を指定する．

```
> MYDATA <- read.table("C:/data/mydata.txt", header=TRUE, sep="")
> MYDATA
```

```
   ID SEX HEIGHT WEIGHT
1  1   F    160     50
2  2   F    165     65
3  3   M    170     60
4  4   M    175     55
5  5   M    180     70
```

作業ディレクトリを C:/data/ に変更すれば，関数 read.table() にはファイル名だけを指定すればよい．

```
> setwd("C:/data/")
> MYDATA <- read.table("mydata.txt", header=TRUE, sep="")
```

表 15.1 にデータの読み込み方法を形式別に紹介する．引数 row.names と col.names にそれぞれ行ラベルと列ラベルを指定することもできる．

表 15.1　データの読み込み方法

ファイル名	1行目にコメント	列名(変数名)	区切り	コマンド
data01.txt	なし	なし	スペース	read.table("data01.txt")
data02.txt	なし	あり	スペース	read.table("data02.txt", header=T)
data03.txt	あり	あり	スペース	read.table("data03.txt", header=T, skip=1)
data04.txt	なし	あり	カンマ	read.table("data04.txt", header=T, sep=",")
data05.txt	なし	あり	タブ	read.table("data05.txt", header=T, sep="\t")

(1) 列名がなく，データ間がスペースで区切られている場合（R が自動で列名を決める）

```
> ( x <- read.table("data01.txt") )
  V1  V2 V3
1  F 160 50
2  F 165 65
3  M 170 60
4  M 175 55
5  M 180 70
```

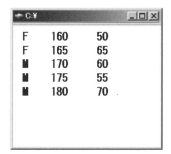

data01.txt

(2) 列名があり，データ間がスペースで区切られている場合

```
> ( x <- read.table("data02.txt",
+                   header=T) )
  sex height weight
1   F    160     50
2   F    165     65
3   M    170     60
4   M    175     55
5   M    180     70
```

```
sex height weight
F   160    50
F   165    65
M   170    60
M   175    55
M   180    70
```

data02.txt

(3) 列名があり，データ間がスペースで区切られていて，先頭から4行だけ読み込む場合

```
> ( x <- read.table("data02.txt",
+                   header=T, nrows=4) )
  sex height weight
1   F    160     50
2   F    165     65
3   M    170     60
4   M    175     55
```

```
sex height weight
F   160    50
F   165    65
M   170    60
M   175    55
M   180    70
```

data02.txt

(4) 1行目にコメント，2行目に列名があり，データ間がスペースで区切られている場合

```
> ( x <- read.table("data03.txt",
+                   header=T, skip=1) )
  sex height weight
1   F    160     50
2   F    165     65
3   M    170     60
4   M    175     55
5   M    180     70
```

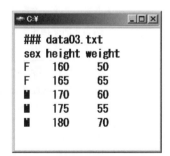

```
### data03.txt
sex height weight
F   160    50
F   165    65
M   170    60
M   175    55
M   180    70
```

data03.txt

(5) 列名があり，データ間がカンマで区切られている場合

```
> ( x <- read.table("data04.txt",
+                   header=T, sep=",") )
  sex height weight
1   F    160     50
2   F    165     65
3   M    170     60
4   M    175     55
5   M    180     70
```

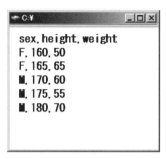

data04.txt

(6) 列名があり，データ間がカンマで区切られており，データは data04.txt のファイル名を data04.csv としたものだが，関数 read.csv() を使えば引数がシンプルになる

```
> ( x <- read.csv("data04.csv") )
  sex height weight
1   F    160     50
2   F    165     65
3   M    170     60
4   M    175     55
5   M    180     70
```

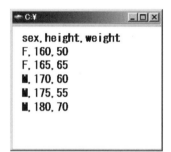

data04.csv

(7) 列名がなく，データ間がカンマで区切られている場合，R に列名を自動で決めてもらうのではなく，列名を別途指定することもできる

```
> myname <- c("SEX","HEIGHT","WEIGHT")
> ( x <- read.csv("data05.csv",
+                 header=F, col.names=myname) )
  SEX HEIGHT WEIGHT
1   F    160     50
2   F    165     65
3   M    170     60
4   M    175     55
5   M    180     70
```

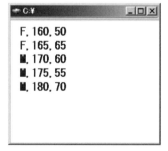

data05.csv

④ さまざまな形式のテキストファイルからデータフレームを作成する

「③テキストファイルからデータフレームを作成する」でも扱ったが，たとえばC:/dataフォルダにあるCSVファイル「data04.csv」を読み込む際，関数read.csv()を用いて「mydata.csv」を読み込んだが，このような関数read.table()のラッパー関数には表15.2に挙げるものが用意されている．

表15.2 関数read.table()のラッパー関数

関数名	header	sep	quote	dec	用途
read.csv(file)	TRUE	","	"¥""	"."	区切りがカンマの場合
read.csv2(file)	TRUE	";"	"¥""	","	区切りがセミコロンの場合（小数点がカンマ）
read.delim(file)	TRUE	"¥t"	"¥""	"."	区切りがタブの場合
read.delim2(file)	TRUE	"¥t"	"¥""	","	区切りがタブの場合(小数点がカンマ)
read.fwf(file)	FALSE	"¥t"	"¥""	"."	1行の各欄の桁数widthsを指定して読み込む

たとえばmydata2.txtの中のデータの区切りが，スペース(空白)ではなくタブで区切られていたとする．

```
ID   SEX   HEIGHT   WEIGHT
1    F     160      50
2    F     165      65
3    M     170      60
4    M     175      55
5    M     180      70
```

表15.2の関数を用いて読み込むには，次のようにすればよい．

```
> MYDATA <- read.delim("mydata2.txt", header=TRUE)
```

⑤ Excelファイルからデータフレームを作成する

パッケージreadxlの関数read_excel()を使って，Microsoft Excelのファイルからデータフレームを作成することができる．たとえば，C:/dataフォルダに「mydata.xlsx」がある場合，次の手順でデータを読み込むことができる．

```
> install.packages("readxl", dep=T)
> library(readxl)   # パッケージの呼び出し
> ( MYDATA <- read_excel("mydata.xlsx", sheet=1, skip=0) )
```

```
  ID SEX HEIGHT WEIGHT
1  1   F    160    50
2  2   F    165    65
3  3   M    170    60
4  4   M    175    55
5  5   M    180    70
```

ほかにも，パッケージ openxlsx やパッケージ xlsx の関数 read.xlsx()，パッケージ XLConnect でも，Excel ファイルからデータフレームを作成することができる．

```
> install.packages("openxlsx", dep=T)
> library(openxlsx)
> read.xlsx("C:/data/mydata.xlsx", sheet=1, startRow=1,
+   colNames=T, rowNames=F, skipEmptyRows=T, rows=NULL, cols=1:3)
  ID SEX HEIGHT
1  1   F    160
2  2   F    165
3  3   M    170
4  4   M    175
5  5   M    180
```

また，Windows 版 R であれば，Excel のセルをコピーして，そのまま R に貼り付けることもできる．まず，Excel のセルをコピーする．

続いて，次の命令を実行することで，コピーしたデータがデータフレーム MYDATA に読み込まれる．

```
> MYDATA <- read.delim("clipboard", header=T)    # 列名をコピーした場合
> MYDATA <- read.delim("clipboard", header=F)    # 列名をコピーしなかった場合
```

Mac OS X 版 R であれば，Excel のセルをコピーした後，次の命令を実行することで，コピーしたデータがデータフレーム MYDATA に読み込まれる．

```
> MYDATA <- read.delim(pipe("pbpaste"), header=T)   # 列名をコピーした場合
> MYDATA <- read.delim(pipe("pbpaste"), header=F)   # 列名をコピーしなかった場合
```

さらに，Windows 版 R では，パッケージ RODBC の関数 odbcConnect() を使って，Excel ファイルや Access ファイルからデータフレームを作成することもできる．まず，パッケージ RODBC をインストールする．

```
> install.packages("RODBC", dep=T)
```

たとえば，C:/data フォルダに「mydata.xlsx」がある場合，次の手順で「mydata.xlsx」にアクセスした後，関数 sql.Query() でデータを読み込むことができる．ちなみに，関数 sql.Query() には SQL の命令を指定可能である．

```
> library(RODBC)                                    # パッケージの呼び出し
> tmp <- odbcConnectExcel2007("C:/data/mydata.xlsx")  # データに接続
> sqlTables(tmp)                                    # テーブルを表示
          TABLE_CAT TABLE_SCHEM TABLE_NAME TABLE_TYPE REMARKS
1 C:¥¥data¥¥mydata.xlsx        <NA>    Sheet1$ SYSTEM TABLE    <NA>
2 C:¥¥data¥¥mydata.xlsx        <NA>    Sheet2$ SYSTEM TABLE    <NA>
3 C:¥¥data¥¥mydata.xlsx        <NA>    Sheet3$ SYSTEM TABLE    <NA>
> MYDATA <- sqlQuery(tmp,"select * from [Sheet1$]")   # 読み込み
> odbcClose(tmp)                                    # 接続を遮断
> MYDATA
  ID SEX HEIGHT WEIGHT
1  1  F    160    50
2  2  F    165    65
3  3  M    170    60
4  4  M    175    55
5  5  M    180    70
```

Excel データ「mydata.xlsx」の Sheet1 からセル A1〜B4 の範囲にあるデータのみを読み込むには，次のようにする．

```
> tmp <- odbcConnectExcel2007("C:/data/mydata.xlsx")
> MYDATA <- sqlQuery(tmp, "select * from [Sheet1$A1:B4]")
> MYDATA
```

```
  ID SEX
1  1   F
2  2   F
3  3   M
```

⑥ Accessファイルからデータフレームを作成する

「⑤ Excelファイルからデータフレームを作成する」と同様の手順で，Accessファイルからデータフレームを作成することができる．たとえば，C:/dataフォルダに「mydata.mdb」がある場合，次の手順で「mydata.mdb」にアクセスした後，関数sql.Query()でデータを読み込むことができる．

```
> library(RODBC)                                      # パッケージの呼び出し
> tmp <- odbcConnectAccess2007("C:/data/mydata.mdb")  # データに接続
> sqlTables(tmp)                                      # テーブルを表示
           TABLE_CAT TABLE_SCHEM       TABLE_NAME   TABLE_TYPE REMARKS
1 C:¥¥data¥¥mydata.mdb        <NA> MSysAccessObjects SYSTEM TABLE    <NA>
2 C:¥¥data¥¥mydata.mdb        <NA>          MSysACEs SYSTEM TABLE    <NA>
3 C:¥¥data¥¥mydata.mdb        <NA>       MSysObjects SYSTEM TABLE    <NA>
4 C:¥¥data¥¥mydata.mdb        <NA>       MSysQueries SYSTEM TABLE    <NA>
5 C:¥¥data¥¥mydata.mdb        <NA>  MSysRelationships SYSTEM TABLE    <NA>
6 C:¥¥data¥¥mydata.mdb        <NA>           mytable        TABLE    <NA>
> MYDATA <- sqlQuery(tmp, "select * from [mytable]")  # 読み込み
> odbcClose(tmp)                                      # 接続を遮断
> MYDATA
  ID SEX HEIGHT WEIGHT
1  1   F    160     50
2  2   F    165     65
3  3   M    170     60
4  4   M    175     55
5  5   M    180     70
```

⑦ その他のデータ形式のファイルからデータフレームを作成する

パッケージforeignの中には，R以外の統計ソフト（SASなど）で作成された外部データを読み込むための関数が多数用意されている．たとえばSPSSのデータファイルを読み込むには，次のようにする．

```
> library(foreign)
> read.spss("datafile", use.value.labels=FALSE)
```

パッケージforeignで用意されている関数を表15.3に示す．

表 15.3 データの読み込み関数

関数	機能
data.restore()	S 形式のファイルを読み込む
read.arff()	ARFF 形式のファイルを読み込む
read.dbf()	DBF 形式のファイルを読み込む
read.dta()	Stata 形式のファイルを読み込む
read.epiinfo()	Epiinfo 形式のファイルを読み込む
read.mtp()	Minitab の Portable Worksheet 形式のファイルを読み込む
read.octave()	Octave 形式のファイルを読み込む
read.spss()	SPSS 形式のファイルを読み込む
read.ssd()	SAS Permanent 形式のファイルを読み込む
read.systat()	Systat File 形式のファイルを読み込む
read.xport()	SAS XPORT 形式のファイルを読み込む

15.3 データフレームの閲覧と集計

データフレームは，ベクトルや行列と同様，データフレーム名を入力して閲覧することができるが，データ数が多いときは見づらいことがある．このような場合は，データフレームの先頭を見る関数 head() や，末尾を見る関数 tail() を使用すればよい．

```
> id     <- c(1, 2, 3, 4, 5)
> sex    <- c("F", "F", "M", "M", "M")
> height <- c(160, 165, 170, 175, 180)
> weight <- c( 50, 65, 60, 55, 70)
> MYDATA <- data.frame(ID=id, SEX=sex, HEIGHT=height, WEIGHT=weight)
> head(MYDATA, 3)   # データフレームMYDATAの先頭から3行目までを見る
  ID SEX HEIGHT WEIGHT
1  1   F    160     50
2  2   F    165     65
3  3   M    170     60
> tail(MYDATA, 3)   # データフレームMYDATAの末尾から3行目までを見る
  ID SEX HEIGHT WEIGHT
3  3   M    170     60
4  4   M    175     55
5  5   M    180     70
```

関数 edit() を用いると，データエディタでデータフレームを閲覧できる．データセルをクリックすれば，データの編集を行うこともできる．

```
> edit(MYDATA)    # データエディタでデータフレームMYDATAを閲覧
```

データエディタでデータを閲覧している最中はほかの作業ができないので，不便な場合がある．パッケージ relimp の関数 showData() を用いると，テキストウインドウでデータフレームを閲覧することができ，データを閲覧している最中もほかの作業を行うことができる．

```
> install.packages("relimp", dep=T)
> library(relimp)
> showData(MYDATA)    # テキストウインドウでデータを閲覧
```

データフレーム x のサイズが大きい場合は，x[行の範囲,] や x[, 列の範囲] でデータフレームの一部分のみを指定するとよい．

```
> showData(MYDATA[2:4,])    # 2行目～4行目を表示
> showData(MYDATA[,1:2])    # 1列目～2列目を表示
```

さて，データフレームという形にすることで，要素それぞれに「ID」や「体重」などの属性を付けることに成功した．この後はデータフレームを使って集計を行うことになる．たとえば，関数 summary() を使ってデータフレームの列（変数）ごとの特徴を見ることができる．すると，数値ベクトルの場合は上から順に「最小値，4分位点，中央値，平均，4分の3位点，最大値」が表示され，因子ベクトルの場合は頻度が表示される．

```
> summary(MYDATA)
       ID     SEX      HEIGHT          WEIGHT
 Min.   :1   F:2   Min.   :160    Min.   :50
 1st Qu.:2   M:3   1st Qu.:165    1st Qu.:55
```

```
Median :3       Median :170    Median :60
Mean   :3       Mean   :170    Mean   :60
3rd Qu.:4       3rd Qu.:175    3rd Qu.:65
Max.   :5       Max.   :180    Max.   :70
```

また，関数 plot() にデータフレームを指定することで，データフレームの各変数に関する対散布図を描くことができる．

```
> plot(MYDATA)
```

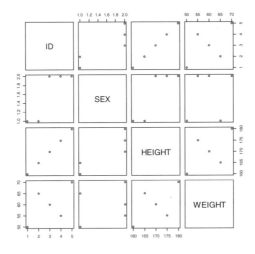

ところで，データフレームに対する集計用の関数には表 15.4 のようなものが用意されている．

表 15.4　集計用の関数

関数	機能
apply(MYDATA[,範囲], 1, 関数)	データフレーム MYDATA の指定した範囲について，行ごとに関数を適用
apply(MYDATA[,範囲], 2, 関数)	データフレーム MYDATA の指定した範囲について，列ごとに関数を適用
split(MYDATA, MYDATA$SEX)	列名 SEX のカテゴリごとにデータフレーム MYDATA を分割（列がカテゴリデータの場合）
split(MYDATA, MYDATA$ID>=3)	条件式（ID ≧ 3 かどうか）でデータフレーム MYDATA を分割
by(MYDATA[,範囲], MYDATA$SEX, 関数)	データフレーム MYDATA の指定した範囲について，列名 SEX のカテゴリごとに関数を適用する

関数	機能
aggregate(MYDATA[,範囲], list(MYDATA$SEX), mean)	データフレーム MYDATA の指定した範囲について，列名 SEX のカテゴリごとに関数を適用する

(1) データフレーム MYDATA の 1 列目と 3 列目について関数 mean() を適用して平均値を求めるには，次のようにする．

```
> apply(MYDATA[,c(1, 3)], 2, mean)
    ID HEIGHT
     3    170
```

(2) データフレーム MYDATA の 1 行目と 3 行目について，変数 SEX の値（男性 (M)，女性 (F)）ごとに関数 mean() を適用して平均値を求めるには，次のようにする．また，関数 aggregate() の結果はデータフレームなので，適当な変数に結果を代入することで二次利用することもできる．

```
> ( result <- aggregate(MYDATA[,c(1, 3)], list(MYDATA[,2]), mean) )
  Group.1  ID HEIGHT
1       F 1.5  162.5
2       M 4.0  175.0
```

(3) 関数 aggregate() を適用すれば，連続変数をカテゴリ化したうえで，関数 mean() を適用して平均値を求めることもできる．

```
> aggregate(MYDATA[,3], list(ID.45=MYDATA$ID>3), mean)   # 「ID > 3」かどうか
  ID.45     x
1 FALSE 165.0
2  TRUE 177.5
```

15.4 データの編集・加工方法

データをいろいろと編集することをデータ加工と呼ぶ．ここで，データフレーム MYDATA と MYDATA2 を題材に，データの編集・加工方法を紹介する．

```
> id     <- c(1, 2, 3, 4, 5)
> sex    <- c("F", "F", "M", "M", "M")
> height <- c(160, 165, 170, 175, 180)
> weight <- c( 50, 65, 60, 55, 70)
```

```
> ( MYDATA <- data.frame(ID=id, SEX=sex, HEIGHT=height) )
  ID SEX HEIGHT
1  1   F    160
2  2   F    165
3  3   M    170
4  4   M    175
5  5   M    180
> ( MYDATA2 <- data.frame(ID=id[1:4], WEIGHT=weight[1:4]) )
  ID WEIGHT
1  1     50
2  2     65
3  3     60
4  4     55
```

15.4.1 データへのアクセス方法

データへのアクセス方法を表15.5にまとめる.

表15.5 データへのアクセス方法

コマンド	機能
head(MYDATA, n=a)	先頭からa行だけ抽出
tail(MYDATA, n=b)	末尾からb行だけ抽出
MYDATA$SEX, MYDATA["SEX"]	指定した列（SEX）を表示
MYDATA[2], MYDATA[,2]	2番目の列（SEX）を表示
MYDATA[3, 2]	3行2列目のデータを表示
MYDATA[3, "HEIGHT"]	指定した列（HEIGHT）の3行目のデータを表示
MYDATA[c(1, 2)], MYDATA[,c(1, 2)]	1列目と2列目のデータを表示
MYDATA[c(3, 4),]	3行目と4行目のデータを表示
MYDATA[,c(T, F, T)]	論理ベクトルがTRUEとなっている列を表示
MYDATA[MYDATA$SEX=="F",]	「変数SEXがF（女性）である」行を表示
MYDATA[MYDATA$SEX=="F" & MYDATA$HEIGHT>160,]	「変数SEXがF（女性）」かつ「変数HEIGHTが160より大きい」行を表示
MYDATA[sapply(MYDATA, is.numeric)]	数値データのみ表示
subset(MYDATA, SEX=="F")	「変数SEXがF（女性）である」行を表示
subset(MYDATA, SEX=="F", c(ID,SEX))	変数IDとSEXについて、「変数SEXがF（女性）である」行を表示

(1) データフレームの一部の変数だけ確認した場合には関数 subset() が有用である.

```
> subset(MYDATA, HEIGHT>165)   # 「変数HEIGHTが165よりも大きい」行を表示
  ID SEX HEIGHT
3  3   M    170
4  4   M    175
5  5   M    180
```

(2) MYDATA[,c(1, 2)] で1列目と2列目のデータを表示することができるが,逆に MYDATA[,c(-1, -2)] で1列目と2列目「以外」のデータを表示することができる.

```
> MYDATA[,c(-1, -2)]
[1] 160 165 170 175 180
```

(3) たとえば MYDATA$SEX でデータフレーム MYDATA の変数 SEX にアクセスできるが,MYDATA$SEX に NULL を代入すると,データフレーム MYDATA の変数 SEX を削除できる.

```
> MYDATA$SEX <- NULL
> MYDATA
  ID HEIGHT
1  1    160
2  2    165
3  3    170
4  4    175
5  5    180
```

15.4.2 行や列の情報の取得・データの並べ替え

データフレームの行や列の情報の取得方法と,データを並べ替える方法を表 15.6 にまとめる.

表 15.6 データの情報取得・並べ替え方法

コマンド	機能
ncol(MYDATA)	データフレーム MYDATA の列数(変数の数)を算出
nrow(MYDATA)	データフレーム MYDATA の行数(データ数)を算出
names(MYDATA)	データフレーム MYDATA の列名を表示
rownames(MYDATA), row.names(MYDATA)	行ラベルを抽出
colnames(MYDATA), col.names(MYDATA)	列ラベルを抽出
MYDATA[c(1, 4, 2, 5, 3),]	1行目,4行目,2行目,5行目,3行目の順に行を並べ替え

例として，データフレーム MYDATA2 の変数 WEIGHT の値が小さい順に，データフレーム MYDATA2 を並べ替える．

```
> x <- order(MYDATA2$WEIGHT)   # WEIGHTを昇順に並べた場合の行番号リスト
> ( MYDATA2 <- MYDATA2[x,] )   # データの並べ替え
  ID WEIGHT
1  1     50
4  4     55
3  3     60
2  2     65
```

並べ替えた後の結果を見ると，行ラベルがバラバラになっている．そこで，データフレームの行ラベルを付ける関数 rownames() または関数 row.names() に連番を指定することで，行ラベルの付け替えができる．

```
> rownames(MYDATA2) <- 1:nrow(MYDATA2)   # xの行ラベルに1:nrow(……)を指定
> MYDATA2
  ID WEIGHT
1  1     50
2  4     55
3  3     60
4  2     65
```

2つの変数について並べ替えを行う例として，データフレーム MYDATA2 の変数 SEX で並べ替え，男性（M）や女性（F）の中で変数 HEIGHT について並べ替えを行う場合の手順は次のとおりだ．ただし，次節で紹介するパッケージ dplyr の関数 arrange() を用いた方が便利である．

```
> x <- order(MYDATA$SEX, MYDATA$HEIGHT)   # 順番を取得
> MYDATA <- MYDATA[x,]                    # データのソート
> rownames(MYDATA) <- c(1:nrow(MYDATA))   # 行ラベルの整形
> MYDATA
  ID SEX HEIGHT
1  1   F    160
2  2   F    165
3  3   M    170
4  4   M    175
5  5   M    180
```

15.4.3 データの加工・編集方法

データの加工・編集方法を表 15.7 にまとめる.

表 15.7 データの加工・編集方法

コマンド	機能
MYDATA$WEIGHT <- weight, transform(MYDATA, WEIGHT=weight)	新たな列 WEIGHT を追加
na.omit(MYDATA)	NA を含む行を削除
MYDATA[!duplicated(MYDATA[,2]),]	2 列目のデータの重複を削除
reshape(MYDATA, ……)	データフレーム MYDATA を横展開／縦展開
rbind(MYDATA, MYDATA2)	データフレーム MYDATA と MYDATA2 を縦に並べて結合（列名がすべて同じ場合）
cbind(MYDATA, MYDATA2)	データフレーム MYDATA と MYDATA2 を横に並べて結合（行数が同じ場合）
data.frame(MYDATA, MYDATA2)	データフレーム MYDATA と MYDATA2 を横に並べて結合（行数が同じ場合）
merge(MYDATA, MYDATA2)	データフレーム MYDATA と MYDATA2 を併合（マージ）
as.matrix(MYDATA2)	データフレーム MYDATA2 を行列に変換

(1) データフレーム MYDATA に新たな変数 WEIGHT を追加する場合は，関数 transform() が有用である．

```
> weight <- c(50, 65, 60, 55, 70)
> MYDATA <- transform(MYDATA, WEIGHT=weight)   # MYDATA$WEIGHT <- weightでも可
> MYDATA
  ID SEX HEIGHT WEIGHT
1  1   F    160     50
2  2   F    165     65
3  3   M    170     60
4  4   M    175     55
5  5   M    180     70
```

(2) 関数 rbind(), 関数 cbind(), 関数 data.frame() は，結合するための 2 つのデータフレームの行数，列数，列名が一致していなければならない．また，関数 cbind() や関数 data.frame() を実行する際，結合する 2 つのデータフレームに同名の変数が存在していると（たとえば変数 ID），それぞれ別の変数として格納される．

```
> cbind(MYDATA[,c(1, 2)], MYDATA[,c(1, 3)])
  ID SEX ID HEIGHT
```

```
1 1 F 1 160
2 2 F 2 165
3 3 M 3 170
4 4 M 4 175
5 5 M 5 180
> data.frame(MYDATA[,c(1, 2)], MYDATA[,c(1, 3)])
  ID SEX ID.1 HEIGHT
1  1   F    1    160
2  2   F    2    165
3  3   M    3    170
4  4   M    4    175
5  5   M    5    180
```

(3) 関数 merge() を使えば，結合する 2 つのデータフレームに共通する変数が存在する場合に（たとえば変数 ID），2 つのデータフレームの変数の値が同じもの同士を結合する．この「共通する変数」を「キー変数」と呼ぶが，明示的にキー変数を指定する場合は引数 by.x と by.y を使用する．引数 by.x と by.y は，2 つのデータフレームのキー変数が異なる場合に有用である．

```
> merge(MYDATA[,c(1, 2)], MYDATA[,c(1, 3)])
> merge(MYDATA[,c(1, 2)], MYDATA[,c(1, 3)], by.x="ID", by.y="ID")
  ID SEX HEIGHT
1  1   F    160
2  2   F    165
3  3   M    170
4  4   M    175
5  5   M    180
```

関数 merge() を使った場合，片方のデータフレームにしか値がない行は削除されることがある．

```
> merge(MYDATA, MYDATA2)
  ID SEX HEIGHT WEIGHT
1  1   F    160     50
2  2   F    165     65
3  3   M    170     60
4  4   M    175     55
```

引数 all に TRUE を指定すれば，片方のデータフレームにしか値がない行も残して結合する．また，「第 1 引数の行はすべて残す」「第 2 引数の行はすべて残す」場合は，それぞれ引数 all.x と all.y に TRUE を指定する．

```
> merge(MYDATA, MYDATA2, all=TRUE)     # すべての行を残す
  ID SEX HEIGHT WEIGHT
1  1  F   160     50
2  2  F   165     65
3  3  M   170     60
4  4  M   175     55
5  5  M   180     NA
> merge(MYDATA, MYDATA2, all.y=TRUE)   # 第2引数の行はすべて残す
  ID SEX HEIGHT WEIGHT
1  1  F   160     50
2  2  F   165     65
3  3  M   170     60
4  4  M   175     55
```

(4) 条件に当てはまる行のみに処理を施す場合は，関数 ifelse(条件式 , TRUE の場合に返す値 , FALSE の場合に返す値) を用いる．

```
> MYDATA$HEIGHT <- ifelse(MYDATA$SEX=="F", NA, MYDATA$HEIGHT)   # 女性の体重を隠す
> MYDATA
  ID SEX HEIGHT
1  1  F   NA
2  2  F   NA
3  3  M   170
4  4  M   175
5  5  M   180
```

(5) 関数 reshape() の適用例を次に示す．引数 timevar には検査時点を表す変数，引数 idvar には個体を表す変数，引数 v.names には展開する対象となる変数を指定する．

```
> df <- data.frame(id=rep(1:4, rep(2, 4)),
+                  visit=I(rep(c("Before", "After"), 4)),
+                  x=rnorm(4), y=runif(4))
> df
  id  visit       x          y
1  1 Before -0.2590255 0.3274980
2  1  After -0.8770369 0.7163056
3  2 Before -0.6499683 0.8192872
4  2  After -0.5298147 0.4818408
5  3 Before -0.2590255 0.3274980
6  3  After -0.8770369 0.7163056
7  4 Before -0.6499683 0.8192872
```

```
8 4   After -0.5298147 0.4818408
> reshape(df, timevar="visit", idvar="id", direction="wide", v.names=c("x", "y"))
  id   x.Before  y.Before   x.After   y.After
1  1 -0.2590255 0.3274980 -0.8770369 0.7163056
3  2 -0.6499683 0.8192872 -0.5298147 0.4818408
5  3 -0.2590255 0.3274980 -0.8770369 0.7163056
7  4 -0.6499683 0.8192872 -0.5298147 0.4818408
```

パッケージ reshape2 を用いれば，上記と同様に縦展開したうえで関数 dcast() などで変数 visit ごとの平均値等を求めることができ，引数 margins で周辺和に関する制御を行うこともできる．

```
> install.packages("reshape2", dep=T)
> library(reshape2)
> df2 <- melt(df, id=c("id", "visit"), na.rm=TRUE)    # データを縦展開
> acast(df2, visit ~ variable, mean, margins=TRUE)    # 結果は配列
               x         y       (all)
After   0.5214325 0.4257009 0.4735667
Before -0.1455640 0.8529581 0.3536970
(all)   0.1879342 0.6393295 0.4136319
> dcast(df2, visit ~ variable, mean, margins=TRUE)    # 結果はデータフレーム
   visit          x         y       (all)
1  After   0.5214325 0.4257009 0.4735667
2 Before  -0.1455640 0.8529581 0.3536970
3  (all)   0.1879342 0.6393295 0.4136319
> dcast(df2, visit ~ variable, mean, margins="visit") # 結果はデータフレーム
   visit          x         y
1  After   0.5214325 0.4257009
2 Before  -0.1455640 0.8529581
3  (all)   0.1879342 0.6393295
```

15.5　パッケージ dplyr

　パッケージ dplyr には，データフレームを操作するうえで便利な関数が詰まっている．まずパッケージをインストールし，呼び出す．

```
> install.packages("dplyr", dep=T)
> library(dplyr)
```

　次に，データフレーム MYDATA と MYDATA2 を題材として，データの編集・加工方法を紹介する．

```
> id     <- c(1, 2, 3, 4, 5)
> sex    <- c("F", "F", "M", "M", "M")
> height <- c(160, 165, 170, 175, 180)
> weight <- c( 50, 65, 60, 55, 70)
> ( MYDATA <- data.frame(ID=id, SEX=sex, HEIGHT=height) )
  ID SEX HEIGHT
1  1   F    160
2  2   F    165
3  3   M    170
4  4   M    175
5  5   M    180
> ( MYDATA2 <- data.frame(ID=id[1:4], WEIGHT=weight[1:4]) )
  ID WEIGHT
1  1     50
2  2     65
3  3     60
4  4     55
```

パッケージ dplyr に用意されている主な関数を表 15.8 に挙げる.

表 15.8 パッケージ dplyr の主な関数

関数	機能
filter(MYDATA, SEX=="F" & HEIGHT>160)	「SEX=="F" & HEIGHT>160」を満たすレコードを抽出
arrange(MYDATA, SEX, HEIGHT)	変数 SEX, HEIGHT の小さい順に並べ替え
arrange(MYDATA, desc(HEIGHT))	変数 HEIGHT の大きい順に並べ替え
select(MYDATA, ID, SEX)	変数 ID, SEX のみ抽出
mutate(MYDATA, M=HEIGHT/100)	新しい変数の追加
transmute(MYDATA, M=HEIGHT/100)	新しい変数の追加（新しい変数のみ返す）
summarise(MYDATA, mean(HEIGHT))	変数 HEIGHT の平均値を算出
summarise(group_by(MYDATA, SEX), N=n(), M=mean(HEIGHT))	変数 SEX のカテゴリごとに, レコード数と変数 HEIGHT の平均値を算出
sample_n(MYDATA, 3, replace=TRUE)	復元抽出でランダムにレコードを3個抽出
sample_frac(MYDATA, 0.4, replace=TRUE)	復元抽出で全レコードの40%分をランダムに抽出
inner_join(), left_join(), right_join(), full_join()	データフレームをある変数をキーとして結合（後述）
bind_rows(MYDATA, MYDATA2)	データフレームを縦結合
bind_cols(MYDATA[1:4,], MYDATA2)	データフレームを横結合

(1) 変数の選択は，ワイルドカード的な抽出方法ができる．また，関数 subset() と同様，マイナス記号を用いて変数を削除することができる．

```
> select(MYDATA, starts_with("S"))    # 先頭がSである変数
> select(MYDATA, ends_with("X"))      # 末尾がXである変数
> select(MYDATA, contains("EX"))      # EXが含まれる変数
> select(MYDATA, matches(".E."))      # 正規表現での抽出
> select(MYDATA, -ID, -SEX)           # IDとSEXを削除
> select(MYDATA, -starts_with("S"))   # 先頭がSの変数を削除
```

(2) 関数 distinct() を用いることで，重複レコードを削除することができる．

```
> df <- data.frame(
+   x = c(1, 1, 2, 2, 2, 3, 3),
+   y = c(4:9, 9)
+ )
> distinct(df, x)      # 変数xの値について重複レコードを削除
  x y
1 1 4
2 2 6
3 3 9
> distinct(df, x, y)   # 変数xとyの値について重複レコードを削除
  x y
1 1 4
2 1 5
3 2 6
4 2 7
5 2 8
6 3 9
```

(3) 関数 inner_join() などで，関数 merge() と同じく，ある変数をキー変数としてデータの結合を行うことができる．

```
> inner_join(MYDATA, MYDATA2, by="ID")   # 共通のレコードのみ
> left_join(MYDATA, MYDATA2,  by="ID")   # 左のデータ中心
> right_join(MYDATA, MYDATA2, by="ID")   # 右のデータ中心
> full_join(MYDATA, MYDATA2,  by="ID")   # すべてのデータを残す
> semi_join(MYDATA, MYDATA2,  by="ID")   # 右のデータにマッチした左のデータ
> anti_join(MYDATA, MYDATA2,  by="ID")   # 右のデータにマッチしなかった左のデータ
```

15.6 ファイルへのデータ出力

15.6.1 データフレームの出力

テキストファイルからデータを読み込んでデータフレームを作成するのに関数 read.table() を使用したが，関数 read.table() に対して関数 write.table() や関数 write() でデータフレームの中身を外部ファイルに出力することができる[注1]．たとえば，データフレーム MYDATA を関数 write.table() で「C:/data/output.txt」に出力するには，次のようにする．

```
> id     <- c(1, 2, 3, 4, 5)
> sex    <- c("F", "F", "M", "M", "M")
> height <- c(160, 165, 170, 175, 180)
> ( MYDATA <- data.frame(ID=id, SEX=sex, HEIGHT=height) )
  ID SEX HEIGHT
1  1   F    160
2  2   F    165
3  3   M    170
4  4   M    175
5  5   M    180
> write.table(MYDATA, "C:/data/output.txt",
+             row.names=FALSE, quote=FALSE, append=FALSE)
```

引数 quote に FALSE を指定しないと要素に "" が付いてしまう点に注意すること．また，引数 append に TRUE を指定すると，既存のファイルの内容の後にデータを追記することになる．さらに，カンマ区切り (CSV) 形式で出力する場合は関数 write.csv() を用いる．

データフレームを出力する場合は write.table() が使いやすいが，行列をファイルに出力する場合は関数 write() が使いやすい．行列は列の要素を横に出力するため，何も工夫せずに関数 write() を実行すると，行と列が逆に出力されてしまう．行列そのままの形式で出力したい場合は，行列を関数 t() で転置したうえで関数 write() を実行すればよい．また，引数 ncolumns で列数を指定できる．

```
> x <- as.matrix(MYDATA)   # MYDATAを行列に変換
> write(t(x), "C:/data/output.txt", ncolumns=ncol(x))
```

ファイルそのものを直接編集しない場合，関数 save() でデータの構造をそのまま記録してくれる．呼び出すには関数 load() を用いる．

注1 MASS ライブラリ内の関数 write.matrix() も，write.table() と同様の機能を持つ．

```
> save(MYDATA, file="C:/data/temp.data")   # ファイルtemp.dataは
> rm(MYDATA)                                # テキストデータではない
> MYDATA
 エラー： オブジェクト "MYDATA" は存在しません
> load("C:/data/temp.data")                 # データの呼び出し
> MYDATA                                    # 中身の確認
  ID SEX HEIGHT
1  1   F    160
2  2   F    165
3  3   M    170
4  4   M    175
5  5   M    180
```

15.6.2 区切り文字を付けたデータの出力

あるデータを，たとえばカンマ「,」で区切ってファイルに出力する場合，まず「データ，カンマ，データ，カンマ，……」という文字列を関数paste()を使って作り，次に関数write()で1行ごとにファイルに出力すればよい．

```
> x <- c(1:9)
> out <- NULL
> for (i in 1:(length(x) - 1)) {
+   out <- paste(out, x[i], sep="")
+   out <- paste(out, ",", sep="")
+ }
> out <- paste(out, x[length(x)], sep="")
> write(out, file="C:/data/output.txt", ncolumns=2*length(x))
```

C:/dataにできた「output.txt」の中身は次のとおりだ．

```
1,2,3,4,5,6,7,8,9
```

また，関数writeLines()とすれば，区切り文字を厳密に指定してファイルに書き込みを行うことができる．この際，明示的に改行「\n」を指定しないと改行されない．

```
> out <- file("C:/data/output.txt", "w")   # ファイルを書き込みモードで開く
> for (i in 1:10) {
+   if (i < 5)         writeLines(paste(i), out, sep=",")
+   else if (i == 5)   writeLines(paste(i), out, sep="\n")
+   else if (i < 10)   writeLines(paste(i), out, sep=",")
```

```
+     else              writeLines(paste(i), out, sep="\n")
+ }
> close(out)                              # ファイルを閉じる
```

C:/data にできた「output.txt」の中身は次のとおりだ．

```
1,2,3,4,5
6,7,8,9,10
```

15.6.3　データを LaTeX 形式で出力

　データを LaTeX の表を出力する命令に書き直すには，パッケージ xtable の関数 xtable() を用いる．引数 type="html" を指定すれば，データを HTML 形式の表で出力することもできる．ほかにも，パッケージ Hmisc 中の関数 latex() などがある．

```
> install.packages("xtable", dep=T)
> library(xtable)
> x <- xtable(MYDATA)    # MYDATAをxtable形式に変換
> print(x)               # LaTeX形式で出力
% latex table generated in R 3.2.2 by xtable 1.8-0 package
% Mon Dec 28 14:49:59 2015
\begin{table}[ht]
\centering
\begin{tabular}{rrlr}
  \hline
 & ID & SEX & HEIGHT \\
  \hline
1 & 1.00 & F & 160.00 \\
  2 & 2.00 & F & 165.00 \\
  3 & 3.00 & M & 170.00 \\
  4 & 4.00 & M & 175.00 \\
  5 & 5.00 & M & 180.00 \\
   \hline
\end{tabular}
\end{table}
```

15.6.4　データを Excel ファイルや他の形式で出力

　パッケージ openxlsx の関数 write.xlsx() で，データフレームを Excel ファイルに出力することができる．

```
> library(openxlsx)
> write.xlsx(MYDATA, "C:/data/mydata.xlsx", startRow=1,
+     colNames=T, rowNames=F, rows=NULL, cols=1:3)
```

ほかにもパッケージ foreign の関数 write.foreign() で，データフレームを SPSS，STATA，SAS 形式に出力することができる．

15.7 落穂ひろい

(1) 関数 file.choose() を使うと，ファイル名を指定するダイアログが表示される．たとえば次の命令を実行すると，直接ファイル名を指定せずにマウスでファイルを指定できる．似たような関数として，ファイル情報を表示する関数 file() などがある．興味のある方は関数 apropos("file.") を実行されたい．

```
> read.table(file.choose())
```

(2) 外部ファイルを R に読み込むと「数値」は「数値型」，「文字」は「因子型（カテゴリ）」に自動変換される場合がある．関数 read.table() や関数 read.csv() にて「文字」→「因子型（カテゴリ）」の自動変換を抑制する場合は，引数 stringsAsFactors に FALSE を指定するか，引数 colClasses に読み込む列（変数）の型を指定すればよい．また，データを読み込んだ後に「文字」を「文字型」としたい場合は，次のようにすればよい．

```
> MYDATA <- read.csv("C:/data/data04.csv", head=T)
> MYDATA$sex <- as.character(MYDATA$sex)    # 文字型に変換
> is.character(MYDATA$sex)
[1] TRUE
```

テキストファイルの文字コードを明示的に指定したい場合は，引数 fileEncoding に文字コードを指定する（例：fileEncoding="UTF-8"）．

(3) 関数 scan(ファイルのパス) を用いる方法を紹介する．多くのデータを取り込む場合や複雑な規則でデータの読み込みを行いたい場合には，関数 scan() を使用した方がよいかもしれない．たとえば C:/data フォルダに「mydata.txt」があり，中身が次のようになっていたとする（1 行目は変数名，スペース区切り）．

```
ID SEX HEIGHT WEIGHT
1 F 160 50
```

```
2 F 165 65
3 M 170 60
4 M 175 55
5 M 180 70
```

最も簡単に mydata.txt を読み込むには，次のようにすればよい．次の例では全6行のうち1行目を読み飛ばして（引数 skip=1），6行目まで（引数 nlines=6）のデータをベクトルとして読み込んでいる．ちなみに，データを数値型としてデータを読み込む場合は，引数 what に 0 を指定し，データを文字型としてデータを読み込む場合は引数 what に "" を指定する．

```
> MYDATA <- scan("mydata.txt", what="", skip=1, nlines=6)
Read 20 items
> MYDATA
 [1] "1"   "F"   "160" "50"  "2"   "F"   "165" "65"  "3"   "M"   "170" "60"
[13] "4"   "M"   "175" "55"  "5"   "M"   "180" "70"
```

また，データフレームとして読み込む場合は，まず行列として読み込んだ後，関数 data.frame() でデータフレームに変換すればよい．ほかにも関数 scan() に似た関数として，データを1行ずつ読み込む関数 readLines() がある．

```
> MYDATA <- data.frame(
+           matrix( scan("mydata.txt", what="", skip=1, nlines=6), 5, by=T )
+           )
Read 20 items
> MYDATA
  X1 X2  X3 X4
1  1  F 160 50
2  2  F 165 65
3  3  M 170 60
4  4  M 175 55
5  5  M 180 70
```

(4) 関数 expand.grid() を用いると，引数に指定したベクトルの要素のすべての組み合わせを要素に持つデータフレームを作成することができる．

```
> expand.grid(ID=c("A", "B", "C"), SEX=c("M", "F"))
  GROUP SEX
1     A   M
2     B   M
3     C   M
```

```
4     A  F
5     B  F
6     C  F
```

(5) Rには多数のデータセットが用意されている．これは関数data()を用いて一覧を見ることができる．

```
> data()                         # すべてのデータセットを表示
> data(package="survival")       # パッケージsurvivalのデータセットを表示
> data(USArrests, "VADeaths")    # データUSArrests, VADeathsをロード
> help(USArrests)                # データUSArrestsのヘルプを見る
```

データが特定のパッケージの中に入っている場合は，先にパッケージを呼び出す必要がある．

```
> library(survival)   # パッケージsurvivalの呼び出し
> data(cancer)        # データcancerの呼び出し
```

(6) データフレームの変数にアクセスするときは「データフレーム $ 変数名」のように「$」を用いるが，データフレーム名を指定するのが面倒だという場合もある．データフレームの成分を，データフレーム名を明示的に指定せずに指定できれば楽であるが，このようなときには関数attach()を実行することで，データフレーム名を指定せずにデータフレームの変数にアクセスできる．attachをやめる（データフレームを検索リストから外す）場合は関数detach()を用いればよい．

```
> attach(MYDATA)
> SEX
[1] F F M M M
Levels: F M
> search()            # どんなデータフレームがあるかを調べる
> detach(MYDATA)      # MYDATAを外す
```

規模が大きいデータをattachすると，処理時間がかかる場合が出てくるかもしれない．処理時間の問題が気になるのであれば，attach()に代わる関数with()を用いる．with()はデータフレームなどから専用の環境を作り，その中で作業を行う．

```
> data(sleep)
> with(sleep, {                  # sleepから専用の環境を作って
+       x <- extra[group==1]     # その中で作業：
+       y <- extra[group==2]     # グループ1のデータをxに
```

```
+         var.test(x, y)      # グループ2のデータをyに代入し
+      })                      # 分散の同一性の検定を行う（結果は省略）
```

(7) 関数 tempfile() で一時ファイルを作成することができる．このファイルの一時フォルダは関数 tempdir() で参照する．

```
> tempdir()
[1] "C:\\Users\\XXXXX\\AppData\\Local\\Temp\\RtmpmWJ7S6"
> tmp <- tempfile("mytmp", tmpdir=tempdir())
> write(1:9, tmp)   # 一時ファイルに書き込み
> file(tmp)         # ファイル情報を表示
```

(8) 関数 read.table() と関数 textConnection() を組み合わせることで，コンソール内にデータを直接入力することができる．

```
> MYDATA <- read.table(textConnection("
+ sex height weight
+ F     160    50
+ F     165    65
+ M     170    60
+ M     175    55
+ M     180    70"), header=TRUE)
```

(9) パッケージ sqldf の関数 sqldf() を使用すれば，SQL の命令を使って R のデータフレームの加工・編集を行うことができる．まずパッケージをインストールし，呼び出す．

```
> install.packages("sqldf", dep=T)
> library(sqldf)
```

次に SQL の基本構文を紹介する．

```
select    「データの列名」もしくは「*（ワイルドカード）」
  from    「データフレーム名（テーブル名）」
  where   「条件式」 group by 「データの列名」
                order by 「データの列名」もしくは「データの列名 desc」
```

- select：データを検索する（* を指定した場合はすべての変数（列）を取り出す）
- from：参照するデータを指定する

- where：条件式を指定する
- group by：層別集計などを行うときのカテゴリ変数（グループ）を指定する
- order by：データの並べ替え（ソート）を行うときのキー変数を指定する

次に，題材となるデータフレーム x と y を定義する．

```
> id     <- c(1, 2, 3, 4, 5)
> sex    <- c("F", "F", "M", "M", "M")
> height <- c(160, 165, 170, 175, 180)
> weight <- c( 50, 65, 60, 55, 70)
> ( x    <- data.frame(id, sex, height, weight) )
  ID SEX HEIGHT WEIGHT
1  1   F    160     50
2  2   F    165     65
3  3   M    170     60
4  4   M    175     55
5  5   M    180     70
> y <- x[2:3,]
```

関数 sqldf() を使ってデータフレームを操作する際は，関数 sqldf() の引数に直接 SQL の命令を書くだけで操作できる（表 15.9）．

表 15.9 SQL を用いたデータフレームの操作例

コマンド	機能
sqldf("select * from x limit 3")	先頭から3レコードを抽出
sqldf("select * from x where weight>=60")	変数 weight が 60 以上のレコードを抽出
sqldf("select * from x where weight in ('60', '70')")	変数 weight が 60〜70 のレコードを抽出
sqldf("select * from x where sex = 'F' and height < 165")	変数 sex が "F"，変数 height が 165 未満であるレコードを抽出
sqldf("select weight from x where sex = 'F'")	変数 sex が "F" であるレコードのうち，変数 weight のみ抽出
sqldf("select * from x where height like '17%'")	変数 height の先頭が "17" であるレコードを抽出
sqldf("select * from x union all select * from y")	データフレーム x と y を縦結合
sqldf("select sex, avg(height) 'height', avg(weight) 'weight' from x group by sex")	変数 sex のカテゴリごとに平均を算出
sqldf("select * from x order by weight")	変数 weight の小さい順にデータを並べ替え
sqldf("select * from x order by weight desc")	変数 weight の大きい順にデータを並べ替え

コマンド	機能
sqldf("select * from x order by sex, weight")	変数 sex, weight の小さい順にデータを並べ替え

次に使用例を挙げる．なお，重複レコードの削除を行う際，変数 weight が小さいものを優先して残すようにしている．

```
> z <- sqldf("select * from x union all select * from y")   # 縦結合
> z <- sqldf("select * from z order by id, weight")         # 並べ替え
> # 重複レコードの削除
> sqldf("select distinct id, min(weight) as weight from z group by id")
  id weight
1  1     50
2  2     65
3  3     60
4  4     55
5  5     70
```

第16章

データ解析（実践編）

▶この章の目的

- 第8章「データ解析（入門編）」ではデータ解析の大まかな流れと基本的な概念のみを紹介したが，本章では主にデータフレーム形式のデータを用いて，実践的なデータ解析手法を網羅的に紹介する．
- 具体的には「連続データ」「2値データ」「生存時間データ」に対する解析手法，回帰分析（モデルによる解析），多重比較法や時系列解析，ベイズ解析の概要についても解説を行う．

16.1　再びデータ「ToothGrowth」の要約

「8.1　データ「ToothGrowth」の読み込み」で紹介したデータ「ToothGrowth」を再び用いる．データフレーム ToothGrowth の中身は次の3変数となっており，サプリの種類「VC（ビタミンC）」「OJ（オレンジジュース）」によってギニーピッグの歯の長さが変わるかどうかをデータ解析によって調べてみる．

- len：歯の長さ（数値型，単位は mm）
- supp：サプリの種類で「VC（ビタミンC）」または「OJ（オレンジジュース）」（因子型）
- dose：サプリの用量（数値型，中身は 0.5mg，1.0mg，2.0mg）

ただし，本章ではデータフレームのままでデータ解析を行うこととする．

```
> head(ToothGrowth, n=3)    # 先頭の3行を表示
  len supp dose
1 4.2   VC  0.5
2 11.5  VC  0.5
3 7.3   VC  0.5
```

まず，サプリの種類ごと（因子 supp の水準ごと）に歯の長さ（len）の要約統計量を求める場合は，関数 aggregate() や関数 tapply() を用いる．要約統計量の解釈については「8.3　要約統計量の算出」を参照のこと．

```
> aggregate(ToothGrowth$len, list(ToothGrowth$supp), summary)   # 要約統計量
  Group.1 x.Min. x.1st Qu. x.Median x.Mean x.3rd Qu. x.Max.
1      OJ   8.20     15.52    22.70  20.66     25.72  30.90
2      VC   4.20     11.20    16.50  16.96     23.10  33.90
> tapply(ToothGrowth$len, ToothGrowth$supp, sd)                 # 標準偏差
      OJ       VC
6.605561 8.266029
```

次に，サプリの種類ごと（因子 supp の水準ごと）に歯の長さの箱ひげ図を描くには，次のようにする．図の見方は「8.3 要約統計量の算出」を参照のこと．

```
> # boxplot(解析する変数 ~ グループ変数, data=データフレーム名)
>   boxplot(len ~ supp, data=ToothGrowth)
```

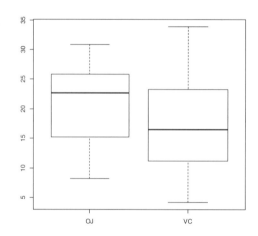

さらに，「VC（ビタミンC）」と「OJ（オレンジジュース）」の歯の長さ（len）の平均値の比較を 2 標本 t 検定により行うには，次のようにする．検定結果の見方は「8.3 要約統計量の算出」を参照のこと．

```
> # t.test(解析する変数 ~ グループ変数, data=データフレーム名, ……)
>   t.test(len ~ supp, data=ToothGrowth, var=T)

        Two Sample t-test
data:  len by supp
t = 1.9153, df = 58, p-value = 0.06039
alternative hypothesis: true difference in means is not equal to 0
95 percent confidence interval:
 -0.1670064  7.5670064
```

```
sample estimates:
mean in group OJ mean in group VC
        20.66333         16.96333
```

ほかにも，データフレーム ToothGrowth についてさまざまな検定手法を適用することができる（表 16.1）．

表 16.1　検定の例

コマンド	検定手法
wilcox.test(len ~ supp, data=ToothGrowth, correct=T)	Wilcoxon の順位和検定
var.test(len ~ supp, data=ToothGrowth)	等分散性に関する F 検定
oneway.test(len ~ supp, data=ToothGrowth, var=T)	一元配置分散分析

データフレーム ToothGrowth の一部のデータについて解析を行う場合，たとえば「OJ（オレンジジュース）を摂取したギニーピッグの歯の長さ」について解析を行うには，関数 subset() でデータを絞ればよい．抽出後のデータが1列のみの場合，引数 drop に TRUE を指定するとベクトルに，FALSE を指定するとデータフレームになる．抽出後のデータ解析例は第8章を参照のこと．

```
> ( OJ <- subset(ToothGrowth, supp=="OJ", len, drop=T) )
 [1] 15.2 21.5 17.6  9.7 14.5 10.0  8.2  9.4 16.5  9.7 19.7 23.3 23.6 26.4
[15] 20.0 25.2 25.8 21.2 14.5 27.3 25.5 26.4 22.4 24.5 24.8 30.9 26.4 27.3
[29] 29.4 23.0
```

16.2　回帰分析

次に，データフレーム ToothGrowth について回帰分析を行うことを考える．回帰分析の対象は次のような線形モデルである．

$$y_i = \sum_{j=0}^{k} \beta_j x_{ij} + \varepsilon_i \quad (x_{i0} = 1, \varepsilon_i \backsim (0, \sigma^2), i = 1, \cdots, n)$$

上式を行列表記すると $\boldsymbol{y} = \boldsymbol{X}\boldsymbol{\beta} + \boldsymbol{\varepsilon}$ となる．このときの $\boldsymbol{y}$ は目的変数を表す行列，$\boldsymbol{X}$ は説明変数を表す行列で，x_{i0} は切片項となっている．この場合，関数 lm() により線形モデルの当てはめを行うことができ，回帰分析や分散分析を行うことができる．

16.2.1 関数 lm() の書式と引数の指定

関数 lm() 中のモデルを指定する引数はシンボリックに指定でき，「y ~ x」等の形式を持つ．基本的なルールは表 16.2 のようになっている．

表 16.2 回帰モデルの記述方法

モデル式	意味
y ~ .	目的変数を y，説明変数を「y 以外の全変数」として線形回帰を行う
+ x	説明変数 x を加える
- x	説明変数 x を除く
+ 0, -1	切片（定数）項を除外する
x1:x2, x1 %in% x2	説明変数 x1，x2 の交互作用項（x1 と x2 の積からなる説明変数）
x1 / x2	x1 + x2 %in% x1 と同じ
(……)*(……)	右括弧内の変数と左括弧内の変数の掛け合わせ（交互作用），すべての組み合わせを表す（ただし x1^2, x1^2 * x2 はそれぞれ x1, x1 * x2 と解釈される）
(式) ^ n	式中のすべての項と n 次までの交互作用を表す
I(x)	恒等関数．多項式回帰を行う際は，「^k」が式の一部として評価されないように I() で囲む必要がある

たとえば形式「x1 + x2」の項は「x1 中のすべての項と x2 中の重複を除いたすべての項」を指定する．また，形式「x1* x2」は「x1 + x2 + x1 * x2」と同じことであり，「(x1+ x2) ^ 2」も「(x1 + x2) * (x1 + x2)」と同じなので，「x1 + x2 + x1: x2」の意味となる．

(1) 表 16.3 にモデル式の例を挙げる[注1]．たとえば $y_i = \beta_0 + \beta_1 x_{i1} + \varepsilon_i$ という回帰モデルは，R のモデル式では「y ~ x」と表し，本章の本文中では「y = 切片 + x」と略記する．なお，lm(y ~ I(x^3)) については，S 言語（たとえば S-PLUS）では lm(y ~ x^3) と表現する．

表 16.3 回帰モデルの記述例

記述	説明
y ~ x	単回帰モデル「y = 切片 + x」（切片項の明記はないが，切片項がある）
y ~ 1 + x	上記と同じモデル（切片項が明記されている）
y ~ 0 + x y ~ -1 + x y ~ x - 1	原点を通る回帰モデル「y = x」
log(y) ~ x1 + x2	重回帰モデル「log(y) = 切片 + x1 + x2」
y ~ x1 * x2	交互作用項を含んだモデル「y = 切片 + x1 + x2 + x1:x2」

注1 R のマニュアル「An Introduction to R」を参考にした．

記述	説明
y ~ poly(x, 2) y ~ 1 + x + I(x^2)	二次の線形回帰モデル「y = 切片 + x + x2」
y ~ x | z	z で条件付けしたときの，y の x への単回帰モデル

(2) 単回帰モデル「歯の長さ（len）＝切片＋用量（dose）」に関するモデルの当てはめや，両対数をとったモデル「log(len)＝切片＋log(dose)」についても当てはめができる．

```
> lm(len ~ dose, data=ToothGrowth)    # 結果は省略
> ( result <- lm(log(len) ~ log(dose), data=ToothGrowth) )
Call:
lm(formula = log(len) ~ log(dose), data = ToothGrowth)
Coefficients:
(Intercept)    log(dose)
    2.8291       0.7035
> AIC(result)                         # モデルに対するAIC
[1] 30.69999
> summary(result)                     # 分析結果の要約（結果は省略）
```

(3) 説明項に多少の変更を加えた場合でモデルの当てはめをやり直すには，関数 update() を用いるのが便利である．

```
> result1 <- lm(len ~ dose, data=ToothGrowth)
> result2 <- update(result1, . ~ . + supp)    # 説明変数を追加
> result3 <- update(result2, sqrt(.) ~ .)     # 平方根変換を施す
> result4 <- lm(len ~ ., data=ToothGrowth)    # すべての変数を用いる
```

16.2.2 モデル情報を取り出す関数

関数 lm() の返り値は当てはめられたモデルのオブジェクトとなっている．まず，データフレーム ToothGrowth について次の命令を実行し，オブジェクト obj, obj2 を作成する．

```
> obj  <- lm(len ~ . , data=ToothGrowth)
> obj2 <- lm(len ~ supp, data=ToothGrowth)
```

オブジェクト obj, obj2 に対して，表16.4 の関数によってモデルに関する情報を取り出すことができる[注2]．

注2　ほかにも関数 alias(), contrasts(), drop1(), family(), effects(), kappa(), labels(), proj() がある．

表 16.4 モデル情報を取り出す関数

関数	説明
anova(obj, obj2)	モデルを比較して分散分析表を生成
coefficients(obj)	回帰係数を抽出（命令は coef(obj) と省略できる）
confint(obj)	回帰係数の信頼区間を抽出
deviance(obj)	重み付けられた残差平方和を抽出
formula(obj)	モデル式を抽出
plot(obj)	残差，当てはめ値などの 4 種類のプロットを生成
predict(obj)	推定されたモデルを用いて予測を行う
print(obj)	回帰分析結果の簡略版を表示
residuals(obj)	適当に重み付けられた残差（の行列）を抽出（命令は resid(obj) と省略できる）
step(obj)	階層を保ちながら，項を加えたり減らしたりして適当なモデルを選ぶ．この探索で見つかった AIC を持つモデルが返され，最小の AIC を持つモデルが最適なモデルと判断される
summary(obj)	回帰分析の完全な要約を表示
vcov(obj)	回帰係数の分散共分散行列を抽出

ところで，関数 lm() で回帰分析を行った要約結果を変数 result に代入した場合，result$fstatistic は実際の F 検定結果と自由度は返すが p 値は返さない．自力で F 統計量の p 値を計算するには，まず関数 str() で result$fstatistic の中身を確認する．

```
> result <- summary( lm(len ~ . , data=ToothGrowth) )
> str(result$fstatistic)
 Named num [1:3] 67.7 2 57
 - attr(*, "names")= chr [1:3] "value" "numdf" "dendf"
```

result$fstatistic の中身が確認できたので，次のように計算すればよい．

```
> f.stat   <- result$fstatistic
> p.value <- 1 - pf(f.stat["value"], f.stat["numdf"], f.stat["dendf"])
> p.value
       value
8.881784e-16
```

16.2.3 重回帰分析とモデル選択

関数 lm() により重回帰モデルの当てはめを行うことができる[注3]．まず，重回帰分析（モデルは len ~ supp + dose）を行い，結果を変数 result に格納する．

```
> result <- lm(len ~ ., data=ToothGrowth)
> summary(result)
Call:
lm(formula = len ~ ., data = ToothGrowth)

Residuals:
   Min     1Q Median     3Q    Max
-6.600 -3.700  0.373  2.116  8.800

Coefficients:
            Estimate Std. Error t value Pr(>|t|)
(Intercept)   9.2725     1.2824   7.231 1.31e-09 ***
suppVC       -3.7000     1.0936  -3.383   0.0013 **
dose          9.7636     0.8768  11.135 6.31e-16 ***
---
Signif. codes:  0 '***' 0.001 '**' 0.01 '*' 0.05 '.' 0.1 ' ' 1
Residual standard error: 4.236 on 57 degrees of freedom
Multiple R-squared:  0.7038,	Adjusted R-squared:  0.6934
F-statistic: 67.72 on 2 and 57 DF,  p-value: 8.716e-16
```

各変数の右端に付いている記号（** や ***）は，各変数についての t 値に対する確率の大きさを表している（***：0〜0.001，**：0.001〜0.1，*：0.01〜0.05，．：0.05〜0.1，（無印）：0.1〜）．これをもとに削るべき変数を削って再度解析すればよいのだが，この作業を行う際に有用となる関数が step() である．関数 step() は，変数を削らない場合と変数を 1 つ削った場合の解析を全通り行って（この場合は 3 通り）各結果の AIC を比較する．結果は「変数を削らない場合（len ~ supp + dose）」の AIC が一番小さく，このモデルが最良という結論になっている．

```
> result2 <- step(result)
Start:  AIC=176.14
len ~ supp + dose

       Df Sum of Sq    RSS    AIC
<none>              1022.6 176.14
- supp  1    205.35 1227.9 185.12
- dose  1   2224.30 3246.9 243.47
```

注3　ほかに，ハット行列の対角要素，てこ率を求める関数 hat() などがある．

```
> result2
Call:
lm(formula = len ~ supp + dose, data = ToothGrowth)
Coefficients:
(Intercept)       suppVC          dose
      9.273       -3.700         9.764
```

16.2.4　応用例①：単回帰分析と相関係数

データフレーム ToothGrowth について，単回帰モデル「歯の長さ（len）＝切片＋用量（dose）」に関する単回帰分析を行う．

```
> result <- lm(len ~ dose, data=ToothGrowth)   # 単回帰分析
> summary(result)                               # 分析結果の要約
Call:
lm(formula = len ~ dose, data = ToothGrowth)

Residuals:
    Min      1Q  Median      3Q     Max
-8.4496 -2.7406 -0.7452  2.8344 10.1139

Coefficients:
            Estimate Std. Error t value Pr(>|t|)
(Intercept)   7.4225     1.2601    5.89 2.06e-07 ***
dose          9.7636     0.9525   10.25 1.23e-14 ***
---
Signif. codes:  0 '***' 0.001 '**' 0.01 '*' 0.05 '.' 0.1 ' ' 1
Residual standard error: 4.601 on 58 degrees of freedom
Multiple R-squared:  0.6443,    Adjusted R-squared:  0.6382
F-statistic: 105.1 on 1 and 58 DF,  p-value: 1.233e-14
```

まず，dose の行の「Pr(>|t|)」はサプリの用量（dose）の回帰係数が0かどうかの検定結果，すなわちサプリの用量（dose）が歯の長さ（len）に影響を与えているかどうかに関する検定結果となっており，有意水準を5％とした場合は有意な結果（用量（dose）は歯の長さ（len）に影響を与えているので，回帰モデルに残した方がよい）となった．結果のうち Estimate の列が回帰係数の推定結果となっているので，これより回帰モデルの推定結果は「歯の長さ（len）＝ 7.42 + 9.76 × サプリの用量（dose）」となる．

次に，推定された回帰直線を散布図とともにグラフ化するには，次のようにすればよい．

```
> plot(len ~ dose, data=ToothGrowth)    # 散布図
> abline(result)                         # 回帰直線を追記
```

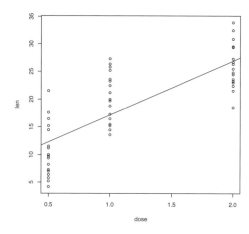

また，推定された回帰モデルを用いて予測を行う場合，たとえばサプリの用量（dose）が1.5mgの場合の歯の長さ（len）を予測するには，関数predict()を用いる．このとき，引数interval="confidence"で「予測値（fit）とその信頼区間[lwr, upr]」が，引数interval="predict"で「予測値（fit）とその予測区間[lwr, upr]」がそれぞれ得られる．

```
> new <- data.frame(dose=1.5)
> predict(result, new, interval="confidence", level=0.95)
       fit      lwr     upr
1 22.06786 20.71962 23.4161
```

信頼区間や予測区間を図示する場合は次のようにする．

```
> new <- data.frame(dose=c(0.5, 1, 2))
> pred.plim <- predict(result, new, interval="prediction")
> pred.clim <- predict(result, new, interval="confidence")
> matplot(new$dose, cbind(pred.clim, pred.plim[, -1]),
+         lty = c(1, 2, 2, 3, 3), type="l", ylab="predicted y")
```

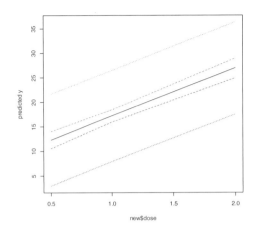

　ところで,「歯の長さ(len)」と「サプリの用量(dose)」の相関係数を算出するには関数 cor() を用いる.引数 method に相関係数を算出する方法 ("pearson"（通常の方法）, "spearman"（外れ値の影響を受けにくい）, "kendall"（少々マニアック）) を指定することができる.

```
> cor(ToothGrowth$len, ToothGrowth$dose, method="spearman")
[1] 0.8283415
```

　相関係数の基準は,データを採取した分野によって異なるが,ざっと基準をまとめると表 16.5 のようになる. ちなみに, 関数 cor.test(ToothGrowth$len, ToothGrowth$dose) で相関係数が 0 かどうかの検定を行うことができるが,「相関係数が 0 でない」という情報は有用でない場合が多い.

表 16.5　相関係数の値の基準

相関なし	正の相関あり（右肩上がり）	強い正の相関（右肩上がり）
−0.3 〜 0.3	0.3 〜 0.7	0.7 〜 1.0
	負の相関あり（右肩下がり）	強い負の相関（右肩下がり）
	−0.7 〜 −0.3	−1.0 〜 −0.7

16.2.5　応用例②：重回帰分析と分散分析

　今度は,「サプリの種類（supp）」と「サプリの用量（dose）」が「歯の長さ（len）」に影響を与えているかどうかを調べるため,次の重回帰モデル式について解析を行う.

　　歯の長さ（len）＝切片＋サプリの種類（supp）＋サプリの用量（dose）

```
> result <- lm(len ~ supp + dose, data=ToothGrowth)
> summary(result)
Call:
lm(formula = len ~ supp + dose, data = ToothGrowth)

Residuals:
   Min     1Q Median     3Q    Max
-6.600 -3.700  0.373  2.116  8.800

Coefficients:
            Estimate Std. Error t value Pr(>|t|)
(Intercept)   9.2725     1.2824   7.231 1.31e-09 ***
suppVC       -3.7000     1.0936  -3.383   0.0013 **
dose          9.7636     0.8768  11.135 6.31e-16 ***
---
Signif. codes:  0 '***' 0.001 '**' 0.01 '*' 0.05 '.' 0.1 ' ' 1
Residual standard error: 4.236 on 57 degrees of freedom
Multiple R-squared:  0.7038,    Adjusted R-squared:  0.6934
F-statistic: 67.72 on 2 and 57 DF,  p-value: 8.716e-16
```

まず,「supp VC」と「dose」の行の「Pr(>|t|)」はそれぞれサプリの種類（supp）とサプリの用量（dose）の回帰係数が0かどうかの検定結果，すなわち各変数が歯の長さ（len）に影響を与えているかどうかに関する検定結果となっている．有意水準を5%とした場合は両方とも有意であり，両方の変数とも歯の長さ（len）に影響を与えていることがわかった．次に，「Estimate」の列が回帰係数の推定結果となっているので，これより重回帰モデル式が次のように推定された．

歯の長さ（len） = 9.27 − 3.70× サプリの種類（supp） + 9.76× サプリの用量（dose）
（サプリの種類：VC の場合は 1，OC の場合は 0 とする）

ところで,「サプリの種類（supp）」と「サプリの用量（dose）」をいずれも因子型（カテゴリ変数）として同様の解析（説明変数がすべて因子型である回帰分析は分散分析と呼ばれ，変数の数が2個の場合は二元配置分散分析）を行う．結果の解釈方法は先ほどの例と同様だが，「サプリの用量（dose）」を因子型として解析しているため，説明変数が「as.factor(dose)1（0.5mgに対する1.0mgの効果）」「as.factor(dose)2（0.5mgに対する2.0mgの効果）」となっている．

```
> result <- lm(len ~ supp + as.factor(dose), data=ToothGrowth)
> summary(result)
Call:
lm(formula = len ~ supp + as.factor(dose), data = ToothGrowth)
```

```
Residuals:
    Min     1Q  Median     3Q    Max
 -7.085 -2.751 -0.800  2.446  9.650

Coefficients:
                 Estimate Std. Error t value Pr(>|t|)
(Intercept)       12.4550     0.9883  12.603  < 2e-16 ***
suppVC            -3.7000     0.9883  -3.744 0.000429 ***
as.factor(dose)1   9.1300     1.2104   7.543 4.38e-10 ***
as.factor(dose)2  15.4950     1.2104  12.802  < 2e-16 ***
---
Signif. codes:  0 '***' 0.001 '**' 0.01 '*' 0.05 '.' 0.1 ' ' 1
Residual standard error: 3.828 on 56 degrees of freedom
Multiple R-squared:  0.7623,    Adjusted R-squared:  0.7496
F-statistic: 59.88 on 3 and 56 DF,  p-value: < 2.2e-16
```

また，パッケージcarの関数Anova()で分散分析表を作成できる．結果は「サプリの種類（supp）」と「サプリの用量（dose）」が「歯の長さ（len）」に影響を与えているかが判定できる（回帰係数の結果では，「サプリの用量(dose)」が2つの変数に分かれており，場合によっては解釈しにくい点に注意）．なお，関数anova(result)でも分散分析表を作成することができるが，二元以上の分散分析（特に交互作用項がある）場合は，説明変数を指定する順番で結果が変わることがあるので，解釈に困る．

```
> install.packages("car", dep=T)   # パッケージcarのインストール
> library(car)                     # パッケージcarの呼び出し
> Anova(result, Type=2)
Anova Table (Type II tests)
Response: len
                 Sum Sq Df F value    Pr(>F)
supp             205.35  1  14.017 0.0004293 ***
as.factor(dose) 2426.43  2  82.811 < 2.2e-16 ***
Residuals        820.43 56
---
Signif. codes:  0 '***' 0.001 '**' 0.01 '*' 0.05 '.' 0.1 ' ' 1
```

16.3　2値データの解析

これまでは「歯の長さ（len）」を連続データとして扱って解析してきたが，今度は

- 歯の長さ（len）が20mm以上→成長あり（1）
- 歯の長さ（len）が20mm未満→成長なし（2）

とした2値データに関する解析方法を見てみる．まず，データ ToothGrowth の「歯の長さ（len）」を2値データに変換する．

```
> x <- transform(ToothGrowth, len_c=ifelse(len>=20, 1, 2))
> head(x, n=2); tail(x, n=2)
   len supp dose len_c
1  4.2   VC  0.5     2
2 11.5   VC  0.5     2
    len supp dose len_c
59 29.4   OJ    2     1
60 23.0   OJ    2     1
```

16.3.1 頻度集計と分割表

1つのベクトルに関して成長の有無に関する頻度を集計するには関数 table()，サプリの種類ごとに成長の有無に関する頻度を集計する場合，すなわち分割表を作成する場合は関数 xtabs() を用いる．また，分割表から割合に関する表を作成するには関数 prop.table() を用いる．生成された分割表 TABLE2 について，「1（歯の成長あり）」の行に各サプリの割合が表示されており，「VC（ビタミンC）の成長ありの割合：63.33%」「OJ（オレンジジュース）の成長ありの割合：33.33%」となっている．

```
> # 見たい指標→カテゴリの順で指定する
> ( TABLE1 <- xtabs(~ len_c + supp, data=x) )
     supp
len_c OJ VC
    1 19 10
    2 11 20
> ( TABLE2 <- prop.table(TABLE1, margin=2) )  # margin=1で行の合計が100%となる
     supp
len_c        OJ        VC
    1 0.6333333 0.3333333
    2 0.3666667 0.6666667
```

分割表や割合に関する表について棒グラフを描くには，次のようにする．

```
> barplot(TABLE1, legend=rownames(TABLE1), ylim=c(0, 40))
> barplot(TABLE2, legend=rownames(TABLE2), ylim=c(0, 1.3))
```

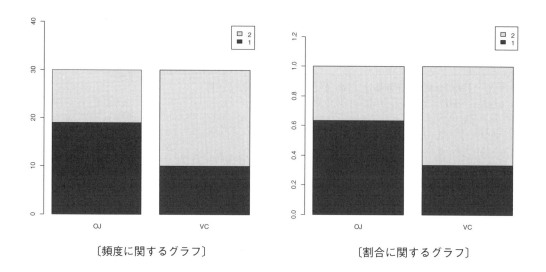

〔頻度に関するグラフ〕　　　　〔割合に関するグラフ〕

また，作成した分割表に周辺和を追加するには，関数 addmargins() を用いる．

```
> addmargins(TABLE1, margin=1:2)   # 1→列の周辺和，2→行の周辺和，1:2→両方
      supp
len_c OJ VC Sum
    1 19 10  29
    2 11 20  31
  Sum 30 30  60
```

ちなみに，「サプリの種類（supp）」と「サプリの用量（dose）」ごとに，成長の有無に関する頻度を集計するには，関数 ftable() を用いればよい．

```
> ftable(x[, 2:4])
         len_c  1  2
supp dose
OJ   0.5        1  9
     1          8  2
     2         10  0
VC   0.5        0 10
     1          1  9
     2          9  1
```

16.3.2　リスク比・オッズ比・リスク差と χ^2 検定

前節の分割表について，成長ありの割合に対するリスク比やオッズ比を算出するには，パッケージ

16.3 2値データの解析

epitools の関数 epitab() を用いる．引数 method に "riskratio" や "oddsratio" を指定することができる．

```
> install.packages("epitools", dep=T)
> library(epitools)
> ( TABLE3 <- xtabs(~ supp + len_c, data=x) )   # カテゴリ→見たい指標の順
     len_c
supp  1  2
  OJ 19 11
  VC 10 20
> ( result <- epitab(TABLE3, rev="both", method="riskratio", pvalue="chi2") )
$tab
     len_c
supp  2         p0 1          p1 riskratio    lower   upper    p.value
  VC 20 0.6666667 10 0.3333333       1.0       NA      NA         NA
  OJ 11 0.3666667 19 0.6333333       1.9 1.069506 3.37539 0.02006757
$measure
[1] "wald"
$conf.level
[1] 0.95
$pvalue
[1] "chi2"
```

また，成長ありの割合に対するリスク差を算出するには，次のようにすればよい．

```
> n         <- rowSums(result$tab[,c(1, 3)])
> p         <- result$tab[,4]
> diff      <- p[2] - p[1]; names(diff) <- "Risk Difference"
> se        <- sqrt(p[1] * (1 - p[1]) / n[1] + p[2] * (1 - p[2]) / n[2])
> ci        <- c(diff - qnorm(0.975) * se, diff + qnorm(0.975) * se)
> names(ci) <- c("lower", "upper")
> diff; ci   # VC-OJのリスク差, 信頼区間
Risk Difference
            0.3
     lower      upper
0.05877192 0.54122808
```

さて，サプリ間の「成長ありの割合」の差が0かどうかは関数 chisq.test() にて χ^2 検定を実施すればよい．結果は p 値で 0.02007 となっており，有意水準を5%とした場合は有意となり，「サプリ間の割合の差が0でない→サプリ間の割合に差がある」という結果になる．ちなみに，フィッシャーの直接確率検定を行う場合は fisher.test(TABLE3) とすればよい．

```
> chisq.test(TABLE3, correct=F)    # correct=Fで連続修正なし
        Pearson's Chi-squared test
data:   TABLE3
X-squared = 5.406, df = 1, p-value = 0.02007
```

「サプリの用量（dose）」で調整したうえで，上記のようなχ^2検定を行う場合（コクラン・マンテル・ヘンツェル（Cochran-Mantel-Haenszel）検定）は，次のようにする．

```
> # 見たい指標→グループ→調整したい変数の順で指定する
> TABLE4 <- xtabs(~ len_c + supp + dose, data=x)
> mantelhaen.test(TABLE4)
        Mantel-Haenszel chi-squared test with continuity correction
data:   TABLE4
Mantel-Haenszel X-squared = 8.8759, df = 1, p-value = 0.00289
alternative hypothesis: true common odds ratio is not equal to 1
95 percent confidence interval:
   2.869722 737.353677
sample estimates:
common odds ratio
                46
```

16.3.3 ロジスティック回帰分析

ロジスティック回帰分析は，「16.2 回帰分析」で紹介した回帰分析と同じく「モデルによる解析手法」だが，目的変数が連続データではなく2値データ（0：なし，1：あり）に対する解析手法となっている．ここでは，「サプリの種類（supp）」と「サプリの用量（dose）」が「歯の長さの成長の有無」の対数オッズに影響を与えているかどうかを調べるため，次の回帰モデルについて解析を行ってみる．

　　歯の長さの成長の有無の対数オッズ
　　　　　＝切片＋サプリの種類（supp）＋サプリの用量（dose）

まず，ロジスティック回帰分析を行う際の目的変数は「0：歯の成長なし，1：歯の成長あり」という形式にする必要があるので，これに関する変数「歯の長さの成長の有無（len_b）」を作成したうえで解析を実行する．

```
> y <- transform(x, len_b=2-len_c)    # 「0：歯の成長なし」に変換
> result <- glm(len_b ~ supp + dose, family=binomial, data=y)
> summary(result)
Call:
```

```
glm(formula = len_b ~ supp + dose, family = binomial, data = y)
Deviance Residuals:
     Min       1Q   Median       3Q      Max
-2.33478  -0.35518  -0.09369  0.36811  2.36423
Coefficients:
            Estimate Std. Error z value Pr(>|z|)
(Intercept)   -4.343      1.201  -3.617 0.000298 ***
suppVC        -3.779      1.394  -2.711 0.006700 **
dose           5.390      1.335   4.038 5.38e-05 ***
---
Signif. codes:  0 '***' 0.001 '**' 0.01 '*' 0.05 '.' 0.1 ' ' 1
(Dispersion parameter for binomial family taken to be 1)
    Null deviance: 83.111  on 59  degrees of freedom
Residual deviance: 30.536  on 57  degrees of freedom
AIC: 36.536
Number of Fisher Scoring iterations: 6
```

まず,「suppVC」と「dose」の行の「Pr(>|z|)」はそれぞれ「サプリの種類（supp）」と「サプリの用量（dose）」が「歯の長さの成長の有無（len_b）」の対数オッズに影響を与えているかどうかに関する検定結果となっており,有意水準を5％とした場合は両方とも有意であり,両方の変数とも「歯の長さ（len）」の対数オッズに影響を与えていることがわかる.次に,「Estimate」の列が回帰係数の推定結果となっており,これより回帰モデル式が次のように推定された.

歯の長さの成長の有無（len_b）の対数オッズ
$$= -4.34 - 3.77 \times サプリの種類（supp）+ 5.39 \times サプリの用量（dose）$$

16.4 生存時間解析

まず,急性骨髄性白血病（AML）を罹患された患者さんの生存時間データ aml [注4] を紹介する.データの中身は次の3変数となっている.

- time：イベント（死亡）または観察打ち切りまでの時間（単位：週）
- status：イベント（1）／打ち切り（0）
- x：維持化学療法の有無（Maintained：あり, Nonmaintained：なし）

注4　出典：Rupert G. Miller（1997）『Survival Analysis』John Wiley & Sons.

表 16.6 データフレーム aml

time	status	x
9	1	Maintained
13	1	Maintained
13	0	Maintained
18	1	Maintained
23	1	Maintained
28	0	Maintained
31	1	Maintained
34	1	Maintained
45	0	Maintained
48	1	Maintained
161	0	Maintained
5	1	Nonmaintained
5	1	Nonmaintained
8	1	Nonmaintained
8	1	Nonmaintained
12	1	Nonmaintained
16	0	Nonmaintained
23	1	Nonmaintained
27	1	Nonmaintained
30	1	Nonmaintained
33	1	Nonmaintained
43	1	Nonmaintained
45	1	Nonmaintained

16.4.1 生存時間解析の概要

　生存時間解析とは，ある時点から注目する事象（イベント）が起きるまでの時間を解析する手法である．生存時間解析を行う対象となる「イベント」の例には次のようなものがある．

- ガン患者さんが死亡するまでの時間
- 臨床試験に参加している被験者が病気を発症するまでの時間
- システムが稼働してから故障するまでの期間

　生存時間解析では「イベントの有無」と「観察時間」の2つの変数を用いて「イベントが起こるま

での時間」に対する解析を行う．たとえば，本節のデータ aml では，「イベントの有無」と「観察時間」として次の変数が該当する．

- イベントの有無：status
  - 1：イベントあり
  - 0：イベントなし（打ち切り）
- 観察時間：time
  - 死亡された患者さん（イベント例）：死亡までの時間
  - 死亡されなかった患者さん（打ち切り例）：最後の観察までの時間

上記の変数を用いて「イベントが起きるまでの時間」に対する解析を行うことで，「イベントの無発生割合（イベントが起こっていない人の割合）」を求めることができる．

16.4.2 カプラン・マイヤー法とログランク検定

具体的には，パッケージ survival の関数 survfit() と Surv() を適用し，「カプラン・マイヤー法」という方法により「イベントの無発生割合（生存割合）」を算出でき，「〇日目の無発生割合（生存割合）は□%である」という形で結果を得ることとなる．

```
> library(survival)
> result <- survfit(Surv(time,status) ~ x, data=aml)
> summary(result)
Call: survfit(formula = Surv(time, status) ~ x, data = aml)

                x=Maintained
 time n.risk n.event survival std.err lower 95% CI upper 95% CI
    9     11       1    0.909  0.0867       0.7541        1.000
   13     10       1    0.818  0.1163       0.6192        1.000
   18      8       1    0.716  0.1397       0.4884        1.000
   23      7       1    0.614  0.1526       0.3769        0.999
   31      5       1    0.491  0.1642       0.2549        0.946
   34      4       1    0.368  0.1627       0.1549        0.875
   48      2       1    0.184  0.1535       0.0359        0.944

                x=Nonmaintained
 time n.risk n.event survival std.err lower 95% CI upper 95% CI
    5     12       2   0.8333  0.1076       0.6470        1.000
    8     10       2   0.6667  0.1361       0.4468        0.995
   12      8       1   0.5833  0.1423       0.3616        0.941
   23      6       1   0.4861  0.1481       0.2675        0.883
   27      5       1   0.3889  0.1470       0.1854        0.816
```

30	4	1	0.2917	0.1387	0.1148	0.741
33	3	1	0.1944	0.1219	0.0569	0.664
43	2	1	0.0972	0.0919	0.0153	0.620
45	1	1	0.0000	NaN	NA	NA

たとえば，維持化学療法あり（Maintained）の患者さんについて，「23週目の無発生割合（生存割合）は61.4%」ということが表から見てとれる．要約表の見方は次のとおり．

- time：時点
- n.risk：残っている患者さんの数であるリスク集合（at risk 数）
- n.event：当該時点の死亡数
- survival：イベントの無発生割合（生存割合）の推定値
- std.err：イベントの無発生割合（生存割合）の推定値の標準誤差
- lower 95% CI, upper 95% CI：イベントの無発生割合（生存割合）の推定値の信頼区間

維持化学療法あり（Maintained）の患者さんと維持化学療法なし（Nonmaintained）の患者さんの「イベントの無発生割合（生存割合）」に関するグラフを作成することもできる．グラフの横軸は観察時間（time），グラフの縦軸は「イベントの無発生割合（生存割合）」となっている．また，維持化学療法の有無により生存割合に差があるかどうかはログランク検定を行うことで確認でき，それには関数 survdiff() と Surv() を用いる．ログランク検定のp値が，たとえば有意水準5%よりも小さい場合は「差がある」という結果になるが，今回の結果は6.53%となっており，生存割合に差があるとはいえない．

```
> plot(result, lty=1:2); legend(100, 1, levels(aml$x), lty=1:2)
> survdiff(Surv(time,status) ~ x, data=aml)
Call:
survdiff(formula = Surv(time, status) ~ x, data = aml)

                  N Observed Expected (O-E)^2/E (O-E)^2/V
x=Maintained     11        7    10.69      1.27       3.4
x=Nonmaintained  12       11     7.31      1.86       3.4

 Chisq= 3.4  on 1 degrees of freedom, p= 0.0653
```

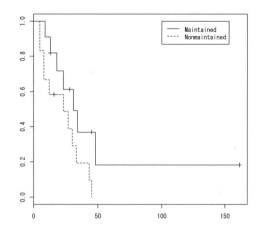

16.4.3 コックス回帰分析

コックス回帰分析は,「16.2 回帰分析」で紹介した回帰分析と同じく「モデルによる解析手法」だが,目的変数が連続データではなく,「イベントの有無」と「観察時間」の2つの変数に対する解析手法となっている.ここでは,関数 coxph() を用いてコックス回帰分析を実行し,「維持化学療法の有無（x）」が死亡に関する対数ハザードに影響を与えているかどうかを調べてみる.

```
> result <- coxph(Surv(time,status) ~ x, data=aml)
> summary(result)
```

まず,次の結果より「xNonmaintained」の行の「Pr(>|z|)」は「維持化学療法が死亡に関する対数ハザードに影響を与えているかどうか」に関する検定結果となっており,有意水準を5%とした場合は有意ではないことがわかる.次に,「coef」の列が回帰係数の推定結果（対数ハザード比）となっており,0.9155 と推定されている.

```
               coef exp(coef) se(coef)     z Pr(>|z|)
xNonmaintained 0.9155    2.4981   0.5119 1.788   0.0737 .
---
Signif. codes:  0 '***' 0.001 '**' 0.01 '*' 0.05 '.' 0.1 ' ' 1
```

次に,「維持化学療法あり（Maintained）」に対する「維持化学療法なし（Nonmaintained）」の患者さんのハザード比が出力されており,結果は 2.498（= exp(0.9155),死亡のリスクが約 2.5 倍）となっている.ほかにも尤度比検定やスコア検定の結果等が表示される.

```
               exp(coef) exp(-coef) lower .95 upper .95
xNonmaintained     2.498     0.4003    0.9159     6.813
```

また，関数 coxph() の実行結果を関数 cox.zph() に指定することで，比例ハザード性が成り立っているかどうかの検定を実行でき，検定結果が有意であれば比例ハザード性は成り立っていないこととなる．同様に，関数 plot() で「時間と Schoenfeld の残差の散布図」を描くことができ，散布図に傾向がなければ比例ハザード性が成り立っていると判断できる．

```
> ( result2 <- cox.zph(result) )
                  rho   chisq     p
xNonmaintained 0.0198 0.00691 0.934
> plot(result2)    # 結果は省略
```

16.4.4 その他の手法

イベントの種類が2つ以上ある場合は，パッケージ cmprsk の関数 cuminc() を用いて競合リスクに関する解析を行うことができる（次の例では出力結果を一部省いている）．また，関数 crr() で競合リスク版のモデルによる解析を実行できる．

```
> install.packages("cmprsk", dep=T)
> library(cmprsk)
> set.seed(777)
> time   <- rexp(100)
> group  <- factor(sample(1:2, 100, replace=TRUE), 1:2, c('a', 'b'))
> censor <- sample(0:2, 100, replace=TRUE)
> ( result <- cuminc(time, censor, group, cencode=0) )
$est
              1         2         3         4         5
a 1 0.1356668 0.3689278 0.3689278 0.3689278 0.3689278
b 1 0.2950454 0.4385722 0.5120045 0.5120045 0.5487206
a 2 0.2629841 0.3284435 0.3716761 0.3716761 0.3716761
b 2 0.2710365 0.3778471 0.3778471 0.4145632 0.4145632
> plot(result, lty=1:4, color=1:4)    # 結果は省略
```

また，イベントの種類は1種類だが，1人の患者さんで複数回起こる場合もあり得る．ここで表16.7のデータ MULTI を考える．変数は左から順に，ID（患者さん），GROUP（グループ），EVENT（1：イベント，2：打ち切り），START（観察開始時，単位は年），END（観察終了時，単位は年）となっている．たとえば，ID=1 の患者さんの場合，1年後と2年後にイベントが発生し，4年後に観察打ち切りとなっている．

表 16.7　データフレーム MULTI

ID	GROUP	EVENT	START	END
1	A	1	0	1
1	A	1	1	2
1	A	0	2	4
2	A	1	0	6
2	A	1	6	8
3	B	0	0	3
4	B	1	0	5
4	B	0	5	7
5	B	1	0	9

まず，関数 coxph() で「Andersen and Gill のモデル」を用いた再発事象の解析を行うことができる．結果の解釈は前節と同様にすればよい．

```
> MULTI <- data.frame(ID    =c(1, 1, 1, 2, 2, 3, 4, 4, 5),
+                    GROUP  =c(rep("A", 5), rep("B", 4)),
+                    EVENT  =c(1, 1, 0, 1, 1, 0, 1, 0, 1),
+                    START  =c(0, 1, 2, 0, 6, 0, 0, 5, 0),
+                    END    =c(1, 2, 4, 6, 8, 3, 5, 7, 9))
> MULTI$GROUP <- relevel(MULTI$GROUP, ref="B")   # カテゴリのベースを「B」に
> coxph(Surv(START, END, EVENT) ~ GROUP + cluster(ID), data=MULTI)
Call:
coxph(formula = Surv(START, END, EVENT) ~ GROUP + cluster(ID), data = MULTI)


          coef exp(coef) se(coef) robust se     z     p
GROUPA   1.845     6.328    1.123     0.909  2.03 0.042
Likelihood ratio test=3.51  on 1 df, p=0.0609
n= 9, number of events= 6
```

また，データを「グループ（GROUP）」「イベント数（COUNT）」「総観察期間（TIME）」のみに縮約したデータフレーム MULTI2 を考える（表 16.8）．

表 16.8　データフレーム MULTI2

ID	GROUP	COUNT	TIME
1	A	2	4
2	A	2	8
3	B	0	3

ID	GROUP	COUNT	TIME
4	B	1	7
5	B	1	9

このデータに対してポアソン回帰分析を適用することで，再発事象の解析を行うという選択肢もある．モデル式は次のとおり．

log(イベント数) = log(観察期間) + 切片 + グループ

グループ B に対するグループ A のイベント発生率の比は，exp(1.153) = 3.167 となる．

```
> MULTI2 <- data.frame(ID    =c(1, 2, 3, 4, 5),
+                      GROUP =c(rep("A", 2), rep("B", 3)),
+                      COUNT =c(2, 2, 0, 1, 1),
+                      TIME  =c(4, 8, 3, 7, 9) )
> MULTI2$GROUP <- relevel(MULTI2$GROUP, ref="B")  # カテゴリのベースを「B」に
> glm(COUNT ~ GROUP, offset=log(TIME), family=poisson(log), data=MULTI2)
Call:  glm(formula = COUNT ~ GROUP, family = poisson(log), data = MULTI2,
        offset = log(TIME))
Coefficients:
(Intercept)        GROUPA
     -2.251         1.153
Degrees of Freedom: 4 Total (i.e. Null);  3 Residual
Null Deviance:      3.103
Residual Deviance: 1.19        AIC: 14.42
```

ちなみに，「人年法（イベント発生数 ÷ 総観察期間)」によるイベント発生率を計算すると，

- グループ A のイベント発生率 ＝ (2 ＋ 2) ÷ (4 ＋ 8) ＝ 0.333
- グループ B のイベント発生率 ＝ (0 ＋ 1 ＋ 1) ÷ (3 ＋ 7 ＋ 9) ＝ 0.105
- グループ B に対するグループ A のイベント発生率の比 ＝ 0.333÷0.105 ＝ 3.171

となり，ポアソン回帰によるイベント発生率の比と近い値となる．

16.5　多重比較

「8.4　検定の適用」で紹介したとおり，有意水準を 5% と設定して検定を行った場合，p 値が 5% 未満であれば帰無仮説が間違いと判断し，対立仮説が正しいと結論した．しかし，これは「帰無仮説が

正しいにも関わらず対立仮説が正しいと判断ミスをする」というリスクを負って判断することを意味する．つまり，有意水準を5％と設定して検定を行う際，判断ミスを犯すリスク（第1種の過誤確率，αとも呼ばれる）が5％あることになる．この判断ミスは，検定回数が2回，3回……と増えるにつれて確率が増えることになる（表16.9）．

表 16.9 検定回数と第1種の過誤確率の関係

検定回数	第1種の過誤確率 α
1	5.0％
2	9.8％
3	14.3％
5	22.6％
10	40.1％
20	64.2％
50	92.3％
100	99.4％

本節では，検定を複数回行う（多重比較を行う）場合でも，このαを5％や2.5％に抑える手法をいくつか紹介する．

16.5.1　ボンフェローニの方法とその変法

ボンフェローニの方法は，第1種の過誤確率αを5％に抑えるため，「通常用いる有意水準5％を検定回数で割り算した値」を新たな有意水準として用いる．この方法は，「検定結果の各p値を検定回数で掛け算した値」を新たなp値とする（p値を調整する）ことに等しいので，本節ではp値を調整することで多重性の問題を回避することを考える．

例として，データフレームToothGrowthの「VC 0.5mg」の歯の長さ(len)の平均値と，「VC 1.0mg」「VC 2.0mg」「OJ 0.5mg」「OJ 1.0mg」「OJ 2.0mg」の歯の長さ(len)の平均値の比較を行うことを考える．まず，「サプリの種類(supp)」と「サプリの用量(dose)」から新たなグループ(group)を作成する．

```
> x <- transform(ToothGrowth, group=as.factor(paste(supp, dose, sep="")))
> levels(x$group)
[1] "OJ0.5" "OJ1"   "OJ2"   "VC0.5" "VC1"   "VC2"
```

次に，因子の順番を「VC 0.5mg」「VC 1.0mg」「VC 2.0mg」「OJ 0.5mg」「OJ 1.0mg」「OJ 2.0mg」に変更するため，パッケージcarの関数recode()を用いる．

```
> library(car)
```

```
> x$group <- recode(x$group, "'OJ0.5'=4; 'OJ1'=5; 'OJ2'=6; 'VC0.5'=1; 'VC1'=2; 'VC2'=3")
> levels(x$group) <- c("VC0.5", "VC1", "VC2", "OJ0.5", "OJ1", "OJ2")
> levels(x$group)
[1] "VC0.5" "VC1"   "VC2"   "OJ0.5" "OJ1"   "OJ2"
```

さて，関数 tapply() で各グループの平均値を求めた後，関数 pairwise.t.test() ですべてのグループ間の 2 標本 t 検定を行う．

```
> tapply(x$len, x$group, mean)
 VC0.5   VC1   VC2 OJ0.5   OJ1   OJ2
  7.98 16.77 26.14 13.23 22.70 26.06
> pairwise.t.test(x$len, x$group, p.adjust.method="none")
        Pairwise comparisons using t tests with pooled SD
data:   x$len and x$group

      VC0.5   VC1     VC2     OJ0.5   OJ1
VC1   1.5e-06 -       -       -       -
VC2   1.1e-15 4.0e-07 -       -       -
OJ0.5 0.00209 0.03365 1.2e-10 -       -
OJ1   2.0e-12 0.00059 0.03878 3.2e-07 -
OJ2   1.3e-15 4.8e-07 0.96089 1.4e-10 0.04335
P value adjustment method: none
```

関数 pairwise.t.test() の結果のうち，「VC 0.5mg」と，「VC 1.0mg」「VC 2.0mg」「OJ 0.5mg」「OJ 1.0mg」「OJ 2.0mg」との比較結果（p 値に関する行列の 1 列目）のみ取り出す．

```
> p <- pairwise.t.test(x$len, x$group, p.adjust.method="none")$p.value[,1]
> p
         VC1          VC2        OJ0.5          OJ1          OJ2
1.462931e-06 1.130677e-15 2.092470e-03 1.968718e-12 1.336920e-15
```

ボンフェローニの方法により p 値を調整する場合は，関数 p.adjust() を用いる．次の結果と有意水準 5% を比べることにより，各検定結果が有意かどうかを判定できる．調整後の p 値は，元の p 値の 5 倍（＝検定回数）となっていることがわかる．

```
> p.adjust(p, method="bonferroni")
         VC1          VC2        OJ0.5          OJ1          OJ2
7.314657e-06 5.653384e-15 1.046235e-02 9.843590e-12 6.684601e-15
```

ただし，ボンフェローニの方法は検定回数が増えるとp値がどんどん大きくなるため，少し損な手法である．そこで，この方法を改良したホルムの方法，ホッフバーグの方法，ホメルの方法等を用いた方がよい（ホルムの方法＜ホッフバーグの方法＜ホメルの方法の順で効率的になる）．関数 p.adjust() ではこれらの方法も適用することができる（表16.10）．

表16.10 関数 p.adjust() で使用できる手法

引数 p.adjust.method	手法
"bonferroni"	ボンフェローニの方法
"BH", "BY"	False Discovery Rate（FDR）を調整する方法
"hochberg"	ホッフバーグの方法
"holm"	ホルムの方法
"hommel"	ホメルの方法
"none"	多重性の調整を行わない

関数 pairwise.t.test() のような関数の一覧を表16.11に示す．

表16.11 多重比較のための検定関数

関数	説明
pairwise.prop.test()	多重比較補正を伴った場合の，グループ水準間の比率の比較を行う
pairwise.t.test()	多重比較補正を伴うグループ水準間の，t検定による比較を行う
pairwise.wilcox.test()	グループ水準の組み合わせごとに Wilcoxon の順位和検定を実施し，p値に対する多重比較補正を行う

16.5.2 固定順検定

「VC 0.5mg」と，「VC 1.0mg」「VC 2.0mg」「OJ 0.5mg」「OJ 1.0mg」「OJ 2.0mg」との比較を行う際，あらかじめ順番を決めておけば，1回あたりの有意水準を5％にしたとしても，5回の検定全体の第1種の過誤確率 α を5％に抑えることができる．ルールは次のとおりで，この方法は「1つ前の検定結果のp値と現在の検定結果のp値を比較し，大きい方を調整p値とする」ことに等しくなる．

(1) 「VC 0.5mg」と「VC 1.0mg」の検定を行う（有意水準：5％）．
(2) (1)の結果が有意（p値が5％未満）である場合は，「VC 0.5mg」と「VC 2.0mg」の検定を行う．有意でない（p値が5％以上の）場合は終了する（以降の検定は行わない）．
(3) (1)と(2)と同様の手順により「VC 0.5mg」と「OJ 0.5mg」の比較を行う．
(4) (1)と(2)と同様の手順により「VC 0.5mg」と「OJ 1.0mg」の比較を行う．
(5) (1)と(2)と同様の手順により「VC 0.5mg」と「OJ 2.0mg」の比較を行う．

前節で求めた変数 p は，先述した検定の順番どおりとなっているので，関数 cummax() により固定順検定に基づく p 値の調整を行うことができる．次の結果と有意水準 5% を比べることにより，各検定結果が有意かどうかを判定できる．

```
> cummax(p)
         VC1          VC2        OJ0.5          OJ1          OJ2
1.462931e-06 1.462931e-06 2.092470e-03 2.092470e-03 2.092470e-03
```

お気付きかと思うが，本手法ではいったん有意でない結果が出た場合，以降の検定は実施できないため，有意になりやすい比較から順に順序を決めるのが得策である．

16.5.3 ダネットの方法とテューキーの方法

前項では p 値のみを用いて調整を行ったが，もしデータが正規分布に従っていると仮定できる場合は，次の手法が適用できる．

- ダネットの方法：あるグループ（たとえば「VC 0.5mg」）とその他のすべてのグループとの比較に興味がある場合
- テューキーの方法：すべてのグループ間の比較に興味がある場合

例として，ダネットの方法の適用例を紹介する．次のプログラムのうち，group="Tukey" とすればテューキーの方法となる．ちなみに，関数 confint(result2) で同時信頼区間（多重性を調整した信頼区間）を求めることもできる．

```
> install.packages("multcomp", dep=T)
> library(multcomp)
> result <- lm(len ~ group, data=x)
> result2 <- glht(result, linfct=mcp(group="Dunnett"))
> summary(result2)
         Simultaneous Tests for General Linear Hypotheses
Multiple Comparisons of Means: Dunnett Contrasts
Fit: lm(formula = len ~ group, data = x)

Linear Hypotheses:
                 Estimate Std. Error t value Pr(>|t|)
VC1 - VC0.5 == 0    8.790      1.624   5.413  < 0.001 ***
VC2 - VC0.5 == 0   18.160      1.624  11.182  < 0.001 ***
OJ0.5 - VC0.5 == 0  5.250      1.624   3.233  0.00923 **
OJ1 - VC0.5 == 0   14.720      1.624   9.064  < 0.001 ***
OJ2 - VC0.5 == 0   18.080      1.624  11.133  < 0.001 ***
```

```
---
Signif. codes:  0 '***' 0.001 '**' 0.01 '*' 0.05 '.' 0.1 ' ' 1
(Adjusted p values reported -- single-step method)
```

16.6 時系列解析の概要

時系列解析の例を紹介するため，まず1871年〜1970年のナイル川の年間流水量のデータ「Nile」を紹介する．

```
> Nile
Time Series:
Start = 1871
End = 1970
Frequency = 1
 [1] 1120 1160  963 1210 1160 1160  813 1230 1370 1140  995  935 1110  994 1020  960
1180
[18]  799  958 1140 1100 1210 1150 1250 1260 1220 1030 1100  774  840  874  694  940
 833
[35]  701  916  692 1020 1050  969  831  726  456  824  702 1120 1100  832  764  821
 768
[52]  845  864  862  698  845  744  796 1040  759  781  865  845  944  984  897  822
1010
[69]  771  676  649  846  812  742  801 1040  860  874  848  890  744  749  838 1050
 918
[86]  986  797  923  975  815 1020  906  901 1170  912  746  919  718  714  740
```

時系列解析を行うための関数の一部を表16.12に紹介する．

表16.12 時系列解析用の関数

関数	説明
ts()	ベクトルデータなどを時系列オブジェクトに変換する
ts.union()	時系列オブジェクトを合併する
ts.intersection()	時系列オブジェクトの共通部分を求める
window()	時系列オブジェクトの一部分を切り取る
diff()	要素の差分をとる
diffinv()	要素の差分をどんどん足していく
lag()	時間軸を過去にずらす
ar()	時系列オブジェクトへのARモデルの当てはめを行う

関数	説明
arima()	時系列オブジェクトへの ARIMA モデルの当てはめを行う
acf()	時系列オブジェクトの自己共分散と自己相関係数を求める
Box.test()	時系列オブジェクトについて独立性の検定を行う
ccf()	2つの1次元時系列間の相関係数共分散を求める
pacf()	時系列オブジェクトの偏自己相関係数を求める
PP.test()	時系列オブジェクトが単位根を持つかどうかの検定を行う
spectrum()	スペクトル密度関数を推定する

　まず，関数 start(), end(), frequncy(), cycle() で時系列の開始時点，終了時点，頻度，周期が得られ，関数 tsp() で「時系列の開始時点，終了時点，頻度」が得られる．また，時系列オブジェクトをプロットする場合，関数 plot() でもプロットできるが，関数 ts.plot() を用いてもよい．

```
> tsp(Nile)
[1] 1871 1970    1
> ts.plot(Nile, gpars=list(xlab="year", ylab="annual flow"))
```

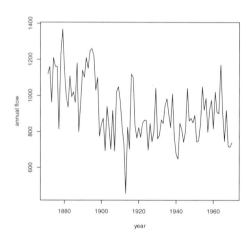

　次に，関数 acf() と関数 pacf() を用いて「標本自己相関係数」と「標本偏自己相関係数」を算出し，過去の記憶の長さや周期性などの基本的なチェックを行うことができる．

```
> acf(Nile)    # 標本自己相関係数
> pacf(Nile)   # 標本偏自己相関係数
```

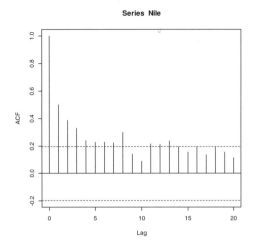
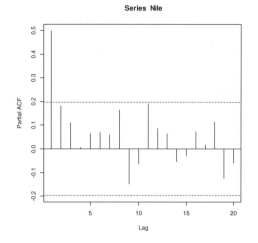

時系列データが「定常過程」であれば分析がしやすいという性質がある．関数 PP.test() で次の仮説に関する単位根検定を行い，データ Nile が「定常過程」か「非定常過程」かをチェックする．

- 帰無仮説 H_0：ブラウン運動（ランダムウォーク，非定常過程）である
- 対立仮説 H_1：ブラウン運動（ランダムウォーク，非定常過程）ではない

```
> PP.test(Nile)
          Phillips-Perron Unit Root Test
data:  Nile
Dickey-Fuller = -6.6901, Truncation lag parameter = 3, p-value = 0.01
```

もし，「非定常過程」であることが示唆された場合，関数 diff() で時系列データの差分をとる，時系列データを対数変換する等の処理を行うことで，「定常過程」に変換する方法がある．各種分析が終わった後は，AR モデルや ARIMA モデルなどの時系列モデルを立てて解析を行うことができる．

```
> ( result <- ar(Nile) )
Call:
ar(x = Nile)
Coefficients:
     1       2
0.4081  0.1812
Order selected 2  sigma^2 estimated as   21247
> pred <- predict(result, n.ahead=20)    # 予測を行う
> plot(pred$pred, lty=3, col="red")      # 出力結果は省略
```

16.7 ベイズ解析の概要

ベイズ解析を行う準備として，まず OpenBUGS というソフトウェアをインストールする．たとえば，Windows 版 R を使っている場合は，http://www.openbugs.net/w/Downloads からセットアップファイル OpenBUGS323setup.exe をダウンロードし，インストールする．

次に，R 上で次の命令によりパッケージ R2OpenBUGS をインストールする．

```
> install.packages("R2OpenBUGS", dep=T)
```

さて，パッケージ R2OpenBUGS を使ってベイズ推定を行う例として，1枚のコインを投げたときに「表」が出る確率 θ（パラメータ）を推定することを考える．データとしては，1枚のコインを投げて「表」か「裏」かを記録する試行を $n=20$ 回繰り返した結果，「表」が $x=11$ 回出たとする．まず，「表」が出る確率を θ，「表」が出る回数を x（データ）と仮定した場合，試行を 20 回繰り返して「表」が出る確率の尤度は二項分布に従う．さて，θ の事前分布をベータ分布 Beta(a, b) とするのだが，一様分布に近い仮定を置くために Beta(1, 1) とする．θ の事後分布を求めるために，次のベイズの定理を用いて計算する．

$$\begin{aligned} p(\theta|x) &= p(x|\theta)/p(x) \times p(\theta) \\ &\propto p(x|\theta) \times p(\theta) \end{aligned}$$

ベイズ解析では関心のあるパラメータの情報（事後分布：$p(\theta|x)$ を得るために，まず事前情報を集めて「事前分布：$p(\theta)$」を設定し，データ（尤度：$p(x|\theta)$）で事前分布を更新することで「事後分布：$p(\theta|x)$」を求める．事前情報がない場合は無情報に近い分布（この例では Beta(1, 1)，下図）を設定する．パッケージ R2OpenBUGS では，マルコフ連鎖モンテカルロ法（MCMC；Markov Chain Monte Carlo）により事後分布の乱数を多数生成し，この要約統計量やグラフをもって「事後分布」とする．

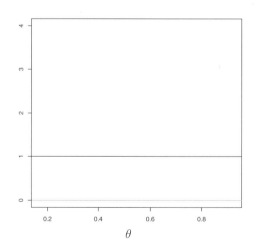

まず，次のモデル式「bugs0.txt」を C:¥data に格納する．モデル式は R の文法ではなく OpenBUGS の文法で記載する必要がある．まず「~」は「特定の確率分布に従う」，「dxxxx」の「d」は「確率分布（distribution）」であることを表し，「xxxx」に確率分布の名前を指定する．たとえば，データ x が二項分布に従う場合は「x ~ dbin(theta, n)」と記述する．今回の例では $n=20$, $x=11$ と，1 つの変数に対してデータが 1 つしかないのでモデル式は単純であるが，1 つの変数に対してデータが複数ある場合は，for 文を用いてもう少し複雑な記述が必要となる（後ほど例を挙げる）．

```
# model
model {
  theta ~ dbeta(1, 1)
  x     ~ dbin(theta, n)
}
```

- 1 行目：「#」はコメント文であることを表す
- 2 行目：モデル式の先頭は「model {」とする
- 3 行目：theta（θ）がベータ分布 Beta(1, 1) に従っていることを表す
- 4 行目：データ x が二項分布 Binomial(θ, n) に従っていることを表す
- 5 行目：モデル式の末尾は「}」とする

表 16.13，表 16.14 に OpenBUGS のモデル式で使用できる関数を紹介する．正規分布 dnorm() の第 2 引数は，分散ではなく分散の逆数である点に注意すること．

表 16.13 確率分布に関する関数

確率分布名	OpenBUGS の関数
ベルヌーイ分布	dbern(p)
二項分布	dbin(p, n)
多項分布（テーブル分布）	dcat(p[])
負の二項分布	dnegbin(p, r)
ポアソン分布	dpois(lambda)
ベータ分布	dbeta(a, b)
χ^2 分布	dchisqr(k)
二重指数分布	ddexp(mu, tau)
指数分布	dexp(lambda)
ガンマ分布	dgamma(a, b)
対数正規分布	dlnorm(mu, tau)
ロジスティック分布	dlogis(a, b)

確率分布名	OpenBUGS の関数
正規分布	dnorm(mu, 1/sigma^2)
t 分布	dt(mu, tau, k)
一様分布	dunif(a, b)
ワイブル分布	dweib(v, mu)

表 16.14 数学関数

機能	OpenBUGS の関数
絶対値	abs(x)
$\cos(x)$	cos(x)
$\exp(x)$	exp(x)
$\log(x)$	log(x)
ロジット関数：$\ln(x/(1-x))$	logit(x)
最大値	max(x, y)
平均値	mean(x[])
最小値	min(x, y)
標準正規分布の累積分布関数	phi(x)
累乗：x^y	pow(x, y)
$\sin(x)$	sin(x)
丸め関数	round(x)
標準偏差	sd(x)
定義関数：x 以上ならば 1，それ以外ならば 0	step(x)
総和	sum(x)

次に，作業ディレクトリ，データ，パラメータの初期値等を設定した後，関数 bugs() でベイズ推定を行う．引数は次のとおり．

- data, init, parameters：データやパラメータの初期値などを指定
- model.file：bugs ファイル（bugs0.txt）の名前を指定
- n.chains：マルコフ連鎖の乱数列の数
- n.burnin：乱数の最初の方は品質が良くないので，1,000 個ほど捨てるのがよい
- n.thin：乱数の相関を減らすために n.thin ＝ 3 個おきに事後分布の乱数を採用する（乱数の品質が上がる）
- n.iter：乱数を生成する繰り返し数
- debug=FALSE：エラーが出たときはここを TRUE にしてデバッグを行う

- 変数 result に θ の事後分布に従う乱数が格納される

```
> library(R2OpenBUGS)
> setwd("C:/data")

> # データを入力＋データの名前を変数dataに格納
> n <- 20
> x <- 11
> data <- list("n", "x")

> # 乱数を生成するパラメータの初期値を入力
> init <- list( list(theta=0.5) )  # listの中にlistで指定する

> # 乱数を生成するパラメータの名前を指定
> parameters <- c("theta")

> # ベイズ解析を実行
> tmp <- bugs(data, init, parameters, model.file="bugs0.txt",
+    n.chains=1, n.thin=3, n.burnin=1000, n.iter=10000,
+    DIC=FALSE, debug=FALSE, codaPkg=TRUE)
> result <- read.bugs(tmp)
Abstracting theta ... 9000 valid values
```

結果の要約は次のとおりであり，θの推定結果（Mean）は0.544，推定の95％信頼区間（95％確信区間）は[0.3399, 0.7399]となっている．

```
> summary(result)
Iterations = 1001:10000
Thinning interval = 1
Number of chains = 1
Sample size per chain = 9000
1. Empirical mean and standard deviation for each variable,
   plus standard error of the mean:
       Mean          SD       Naive SE  Time-series SE
    0.544990    0.102598     0.001081        0.001024
2. Quantiles for each variable:
  2.5%    25%    50%    75%   97.5%
0.3399 0.4746 0.5462 0.6162 0.7399
```

ベイズ解析の結果，θについて無情報に近い事前分布（左下図）に，「20回中11回表が出た」という情報（尤度）が加味され，事後分布（右下図）という形でθの情報量が増えたことになる．結果としては「表」が出る確率θは約55％と推定されたことになる．

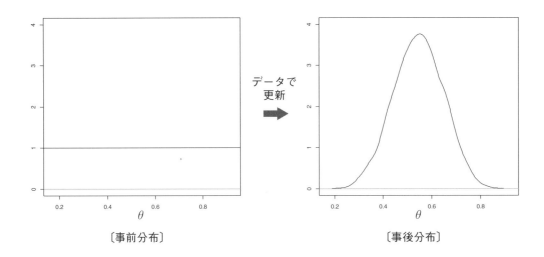

〔事前分布〕　　　　　　　　　　　〔事後分布〕

　関数 plot() により，事後分布のグラフに加えてトレースプロット（乱数列を経時的に図示）が表示される．トレースプロットに何らかの傾向が見られた場合は乱数の品質が悪く，傾向が見られない場合は乱数の品質は悪くないと判断する．また，パッケージ coda の関数を用いることで分析手法を増やすことができる（結果は省略）．

```
> plot(result)
> library(coda)
> densplot(result)              # 事後分布のグラフ
> traceplot(result)             # トレースプロット
> autocorr.plot(result, lag.max=50)  # 自己相関のグラフ（すぐ相関が小さくなればよい）
> geweke.diag(result)           # 帰無仮説：乱数の品質が良いかに関する検定
```

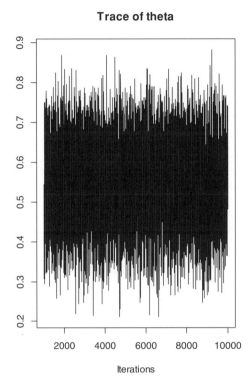
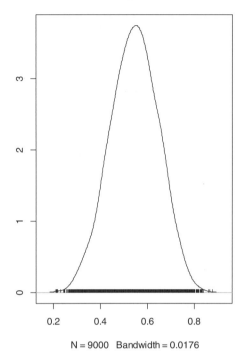

ベイズ解析のもう 1 つの例として,「16.2.4 応用例①:単回帰分析と相関係数」で紹介した単回帰モデル「歯の長さ (len) =切片+用量 (dose)」に関する単回帰分析をベイズ解析にて実行してみる.

- 次の回帰式を考える.
  $\text{len}_i = \beta_1 + \beta_2 \times \text{dose}_i + \varepsilon_i \quad \varepsilon_i \sim N(0, 1/\tau_1) \quad (i = 1, \cdots, 60)$

- 上記モデルから次の関係式を得る.
  $\text{len}_i \sim N(\mu_i, 1/\tau_1) \mu_i = \beta_1 + \beta_2 \times \text{dose}_i \quad (i = 1, \cdots, 60)$

- また,パラメータ τ_1 と β_j $(j = 1, 2)$,および超パラメータ τ_2 について,次の事前分布を仮定する.
  $\beta_j \sim N(0, 1/\tau_2) \quad (j = 1, 2)$
  $\tau_j \sim \text{Gamma}(0.001, 0.001) \quad (j = 1, 2)$
  $\sigma_j = 1/(\tau_j)^{1/2} \quad (j = 1, 2)$

- 各パラメータの事後分布を求めるために,次のベイズの定理を用いる.

$$p(\beta_1, \beta_2, \tau_1, \tau_2 | \text{dose}, \text{len}) \propto p(\text{len} | \beta_1, \beta_2, \tau_1, \tau_2, \text{dose}) \times$$
$$p(\tau_1) \times p(\beta_1 | \tau_2) \times p(\beta_2 | \tau_2) \times p(\tau_2)$$

まず，次のモデル式「bugs1.txt」をC:¥dataに格納する．

```
model {
  for (i in 1:n) {
    len[i]  ~  dnorm(mu[i], tau[1])
    mu[i]   <- beta[1] + beta[2] * dose[i]
  }
  for (i in 1:2) {
    beta[i]  ~  dnorm(0, tau[2])
    tau[i]   ~  dgamma(0.001, 0.001)
    sigma[i] <- sqrt(1 / tau[i])
  }
}
```

次に，作業ディレクトリ，データ，パラメータの初期値等を設定した後，関数 bugs() でベイズ推定を行う．結果は「$\beta_1 = 7.40$」「$\beta_2 = 9.74$」となっており，「16.2.4 応用例①：単回帰分析と相関係数」の推定結果と似たものとなっている．この後，関数 plot(result) で事後分布のプロットが行える．

```
> dose   <- ToothGrowth$dose
> len    <- ToothGrowth$len
> n      <- 60
> data   <- list("dose", "len", "n")
> inits  <- list( list(beta=c(0, 0), tau=c(1, 1)) )   # list中にlistで指定
> parameters <- c("beta", "tau", "sigma")
> tmp    <- bugs(data, inits, parameters, model.file="bugs1.txt",
+                n.chains=1, n.thin=3, n.burnin=1000, n.iter=10000,
+                DIC=FALSE, debug=TRUE, codaPkg=TRUE)
> result <- read.bugs(tmp)
> summary(result)
Iterations = 1001:10000
Thinning interval = 1
Number of chains = 1
Sample size per chain = 9000
1. Empirical mean and standard deviation for each variable,
   plus standard error of the mean:
            Mean       SD  Naive SE Time-series SE
beta[1]  7.40401  1.275384 1.344e-02      2.224e-02
beta[2]  9.74388  0.958714 1.011e-02      1.656e-02
```

```
sigma[1]   4.66596  0.442634 4.666e-03    4.994e-03
sigma[2]  15.00667 25.597537 2.698e-01    2.880e-01
tau[1]     0.04715  0.008767 9.241e-05    9.969e-05
tau[2]     0.01332  0.012962 1.366e-04    1.366e-04
2. Quantiles for each variable:
             2.5%      25%      50%      75%    97.5%
beta[1]   4.8530000 6.56400  7.390500  8.24300  9.95002
beta[2]   7.8409250 9.11000  9.757000 10.39000 11.64025
sigma[1]  3.8899750 4.35900  4.629000  4.93600  5.63605
sigma[2]  4.5599250 7.34975 10.300000 15.81000 51.95125
tau[1]    0.0314795 0.04104  0.046670  0.05262  0.06609
tau[2]    0.0003706 0.00400  0.009434  0.01851  0.04809
```

16.8 落穂ひろい

16.8.1 確率分布の密度，分布関数，クォンタイル関数，乱数

　Rではさまざまな確率分布の密度関数，分布関数，クォンタイル関数，乱数を生成することができる．後で紹介する分布の密度関数，分布関数，クォンタイル関数，乱数を生成する場合は，表16.15の対応表に従って関数を使えばよい．なお，乱数については第17章「乱数とシミュレーション」で詳しく扱う．

表 16.15 分布に関する関数

用途	関数名	機能
確率密度（pdf）	dxxx(q)	q は分位数を表す（正規分布（norm）ならば dnorm(q) となる）
累積分布（cdf）	pxxx(q)	q は分位数を表す（正規分布（norm）ならば pnorm(q) となる）
分位数（quantile）	qxxx(p)	p は確率を表す（正規分布（norm）ならば qnorm(p) となる）
乱数（random）	rxxx(n)	n は生成する乱数の個数を表す（正規分布（norm）ならば rnorm(n) となる）

　表中の分布名が xxx である分布の分位数は「qxxx」で求めることができることを表している（例：t 分布ならば，この累積分布は関数 pt，分位数は関数 qt で求めることができる）．これらの値を利用すれば検定を行うことができ，たとえば自由度4のt分布において有意水準0.05で両側検定を行う場合は関数 qt(0.025, 4)，関数 qt(0.975, 4) として分位数を求めればよいことがわかる．次に関数 pt()，関数 qt()，関数 dt() の違いを表すイメージを示す．

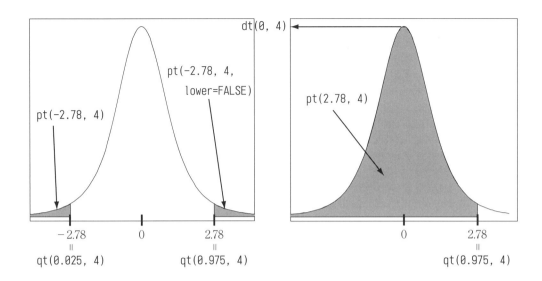

　さて，Rでは表16.16の理論分布が用意されている．ただし，スチューデント化された分布は qtukey（分位数）と ptukey（累積分布）を求める関数のみ，多変量正規分布は関数 dmultinom（確率密度）と関数 rmultinom（乱数）のみしか用意されていない．

表16.16　確率分布一覧

分布名	分布名（英語）	パラメータ
ベータ分布	beta	shape1, shape2, ncp
二項分布	binom	size, prob
コーシー分布	cauchy	location, scale
χ^2分布	chisq	df, ncp
指数分布	exp	rate
F分布	f	df1, df2, ncp
ガンマ分布	gamma	shape, scale
幾何分布	geom	prob
超幾何分布	hyper	n, m, k
対数正規分布	lnorm	meanlog, sdlog
ロジスティック分布	logis	location, scale
多変量正規分布	multinom	n, size, prob
負の二項分布	nbinom	size, prob
正規分布	norm	mean, sd
ポアソン分布	pois	lambda
Wilcoxonの符号付き順位和統計量分布	signrank	m, n

分布名	分布名（英語）	パラメータ
t 分布	t	df, ncp
一様分布	unif	min, max
スチューデント化された分布	tukey	nmeans, df
ワイブル分布	weibull	shape, scale
Wilcoxon の順位和統計量分布	wilcox	m, n

いくつか使用例を紹介する．まず，正規分布 norm について確率密度 $f(0)$，正規分布に従う乱数を求めるには，次のようにすればよい．

```
> dnorm(0)   # 確率密度（離散分布の場合は確率関数）
[1] 0.3989423
> rnorm(5)   # 乱数
[1] -2.0024918 -0.5996763 -0.3108348 1.2590405 0.3661534
```

正規分布（norm）についての書式を挙げる．

```
dnorm(x, mean=0, sd=1, log=FALSE)
pnorm(q, mean=0, sd=1, lower.tail=TRUE, log.p=FALSE)
qnorm(p, mean=0, sd=1, lower.tail=TRUE, log.p=FALSE)
rnorm(n, mean=0, sd=1)
```

引数の説明は表 16.17 のとおり．

表 16.17 正規分布に関する引数

引数	説明
x, q	分位点（quantile）のベクトル
p	確率ベクトル
n	観測の数
mean	正規分布の平均値
sd	正規分布の標準偏差
log, log.p	TRUE ならば対数をとったものが返される
lower.tail	TRUE ならば確率は $P[X \leqq x]$，FALSE ならば $P[X > x]$ を計算する

次に，二項分布（binom）についての書式を挙げる．

```
dbinom(x, size, prob, log=FALSE)
pbinom(q, size, prob, lower.tail=TRUE, log.p=FALSE)
qbinom(p, size, prob, lower.tail=TRUE, log.p=FALSE)
rbinom(n, size, prob)
```

引数の説明は表 16.18 のとおり．

表 16.18　二項分布に関する引数

引数	説明
x, q	分位点（quantile）のベクトル
p	確率ベクトル
n	観測の数
size	試行数
prob	成功の確率
log, log.p	TRUE ならば対数をとったものが返される
lower.tail	TRUE ならば確率は$P[X \leqq x]$，FALSE ならば$P[X > x]$を計算する

また，確率密度のグラフを描くには次のようにする．

```
> curve(dnorm, -4, 4, type="l")              # 正規分布
> plot(0:10, dbinom(0:10, 10, 0.5), type="h", lwd=5) # 二項分布
```

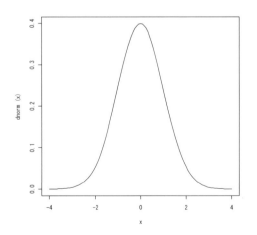
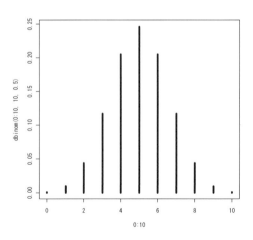

自由度$(p, n-p-1)$の F 分布の上側 $100 \times a$ 点は qf$(1-\alpha, p, n-p-1)$ で求められるので，た

とえば自由度 (2, 3) の F 分布の上側 5%点は次のようにして求めることができる.

```
> qf(0.95, 2, 3)
[1] 9.552094
> qf(0.05, 2, 3, lower=FALSE)
[1] 9.552094
```

ほかにも誕生日問題の分布（近似解）に関する関数が用意されている．

```
> qbirthday(prob=0.5, classes=365, coincident=2)    # 一致確率
[1] 23
> pbirthday(10, classes=365, coincident=2)          # 指定した一致確率に必要な観測数
[1] 0.1169482
```

16.8.2　関数 apply() 系

関数 apply() 系には関数 apply()，関数 sapply()，関数 tapply()，関数 vapply() などが用意されている．1 つの関数を複数のオブジェクトに適用して得られた結果をベクトルや行列，リストとして一括で返す．すなわち，これらの関数を使えば，for 文などの繰り返し文で回さなければいけないような場面で，簡潔な記述で高速に計算できる場面が出てくる．ここではデータフレーム ToothGrowth を題材に，平均値や標準偏差を算出する例を紹介する．表 16.19 内の関数 mean や sd はもちろんほかの関数に変えることができる．

表 16.19　関数 apply() 系

関数	機能
apply(ToothGrowth[,c(1, 3)], MARGIN=2, mean) colMeans(ToothGrowth[,c(1, 3)])	行列と配列に対して，MARGIN=1 ならば行に関して，MARGIN=2 ならば列に関して，MARGIN=c(1, 2) ならば各要素に対して平均値を求める（関数 colMeans()，関数 rowMeans() も同様の関数）．似たような関数として，関数 colSums()，関数 rowSums() で列や行ごとの総和，平均値を求める
lapply(ToothGrowth[,c(1, 3)], MARGIN=2, mean)	関数 apply() と同様の関数だが，結果をリストで返す
sapply(ToothGrowth[,c(1, 3)], MARGIN=2, mean)	関数 apply() と同様の関数だが，結果をベクトルで返す
tapply(ToothGrowth$len, ToothGrowth$supp, mean) tapply(ToothGrowth$len, ToothGrowth[,2:3], mean)	第 1 引数に要約統計量を求める変数，第 2 引数にグループ化を行う引数を指定し，グループごとに関数を適用し，クロス表を返す

関数	機能
mapply(mean, ToothGrowth[,c(1, 3)])	関数 sapply() の多変量版（引数の指定順が逆である点に注意）
f <- function(x) c(mean(x), sd(x)) vapply(ToothGrowth[,c(1, 3)], f, FUN.VALUE=c(Mean=0, "S D"=0))	第2引数に要約統計量を求める関数，第3引数に結果のラベルとデータ型（例：0を指定すると数値型）を指定する
sweep(ToothGrowth[,c(1, 3)], MARGIN=2, STATS=5, FUN="-")	ベクトルや行列，配列の MARGIN で指定した場所から STATS に指定した値を引く（たとえば，FUN="+" とすれば統計量を足す）

注意 ほかにもリストの要素ごとに処理を行う関数 rapply() や，関数 eapply() がある．詳しくはヘルプを参照されたい．

16.8.3 特定の確率分布に従っているかどうかの調査

ある1つの連続データが正規分布に従っているかを調べる関数として，表16.20に挙げるものが用意されている．

表 16.20　正規性を調べるための関数

関数	説明
qqnorm(x)	x に対する期待正規ランクスコアをプロットし，主にデータが正規分布に従っているかどうかを調べるために用いられる（関数 qqnorm() によって描かれた散布図の点がほぼ直線上に並んでいれば，そのデータは正規分布に従っていると考えられる）
qqline(x)	上のプロットにデータの上四分位点と下四分位点を結ぶ直線を描く
qqplot(x, y)	x の確率点に対する y の確率点（Quantile-Quantile Plot：Q-Q プロット）を描く
ecdf()	経験分布関数を描く
shapiro.test()	Shapiro-Wilk 検定を行う（正規分布に従っているかを調べるための検定）
ks.test()	Kolmogorov-Smirnov 検定を行う（正規分布に従っているかを調べるための検定）

例として，自由度10のt分布に従う乱数を50個生成した後，関数 ecdf() にてデータの経験分布関数を描く．

```
> x <- rt(50, df=10)
> ( y <- ecdf(x) )   # データxの経験分布関数
Empirical CDF
Call: ecdf(x)
 x[1:50] = -2.1476, -1.993, -1.9735,  ..., 1.8898, 3.5009
> plot(y, do.point=FALSE, verticals=TRUE)
```

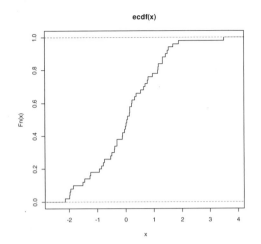

データ x が正規分布に従っているかどうかをグラフを描いて調べてみる．プロット点（標本）が直線（理論分布）に近いほど正規分布に従っていると判断する．

```
> par(pty="s")
> qqnorm(x)    # 標本のプロット
> qqline(x)    # 理論分布の直線を上書き
```

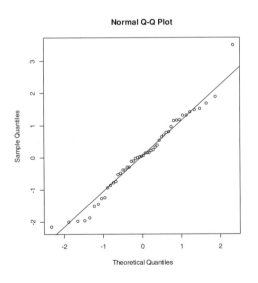

また，関数 shapiro.test() や関数 ks.test() で正規性に関する検定を行うことができる．

```
> shapiro.test(x)
```

```
        Shapiro-Wilk normality test
data:  x
W = 0.97559, p-value = 0.3843
```

データがほかの理論分布，たとえばコーシー分布に従っているかどうかを調べる場合，まずデータ x の経験分布関数を描いた後，関数 lines() でコーシー分布の累積分布関数を（関数 pcauchy() を用いて）上書きすることで視覚的に確認できる．

```
> plot(y, do.point=FALSE, verticals=TRUE)
> z <- -5:5
> lines(z, pcauchy(z, location=0, scale=1))
```

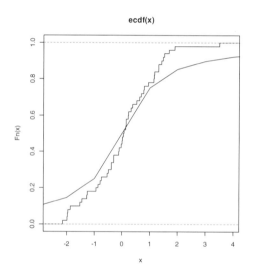

16.8.4 データの当てはめ

回帰分析を適用してデータの当てはめを行う場合は関数 lm() を用いたが，関数 lm() 以外にもデータの当てはめを行う関数が多数ある．ここではその一部を表 16.21 に紹介する．各関数の詳細はヘルプを参照されたい．

表 16.21 当てはめを行う関数

関数	説明
ksmooth()	Nadaraya-Watson 推定量を用いたデータの平滑化
lsfit()	最小二乗法による当てはめ

関数	説明
lowess()	局所重み付け回帰によるデータの平滑化
nls()	非線形回帰分析
smooth.spline()	平滑化スプラインを用いたデータの平滑化
termplot()	各手法で行った当てはめ結果をプロット

16.8.5 その他の検定手法

(1) 「あなたは納豆が好きですか？」という質問に対して，東京では300人中245人が，大阪では250人中157人が好きだと答えた場合に，好きな人の割合に差があるかどうか検定するには関数 prop.test() を使う．このとき，引数 correct に FALSE を指定すると連続修正を行わない．

```
> nattou <- c(245, 157)
> total  <- c(300, 250)
> prop.test(nattou, total)
 2-sample test for equality of proportions with continuity correction
data:  nattou out of total
X-squared = 23.729, df = 1, p-value = 1.109e-06
alternative hypothesis: two.sided
95 percent confidence interval:
 0.1107917 0.2665417
sample estimates:
   prop 1    prop 2
0.8166667 0.6280000
```

(2) ある納豆の製造会社が，大阪の人10人に「新製品『なっとうさん』を食べる前の納豆に対する評価」と「『なっとうさん』を1週間食べ続けてもらった後の納豆に対する評価」をアンケートで調査した．5段階（5：良い～1：悪い）で評価してもらった結果は次のとおりになった．

表 16.22 納豆に対する評価

5：良い～ 1：悪い	A	B	C	D	E	F	G	H	I	J
食べる前	3	1	1	2	4	2	4	5	3	2
食べた後	2	1	2	1	5	1	5	5	3	1
前－後	−	0	＋	−	＋	−	＋	0	0	−

1週間で納豆の好き嫌いに差があったかどうかを検定するには，符号検定を用いる[注5]．

```
> x <- c(3, 1, 1, 2, 4, 2, 4, 5, 3, 2)
> y <- c(2, 1, 2, 1, 5, 1, 5, 5, 3, 1)
> binom.test(c(length(x[x > y]), length(x[x < y])))
        Exact binomial test
data:  c(length(x[x > y]), length(x[x < y]))
number of successes = 4, number of trials = 7, p-value = 1
alternative hypothesis: true probability of success is not equal to 0.5
95 percent confidence interval:
 0.1840516 0.9010117
sample estimates:
probability of success
             0.5714286
```

(3) アンケートなどで2つのものや項目を5段階評価することを考える．たとえば2つの製品A，Bについて，街頭でアンケートをしたとする．

表 16.23 アンケート結果

5：良い ～ 1：悪い	5	4	3	2	1	合計
製品 A	8	11	9	2	3	33
製品 B	4	6	10	8	4	32

この2群の中央値の差を検定するには，Wilcoxonの順位和検定を適用する．これはマン・ホイットニーのU検定とも呼ばれる．このとき，引数correctにFALSEを指定すると連続修正を行わない．ちなみに，同じデータ（タイ）がある場合は，正確なp値を計算することはできない．

```
> A <- c(rep(5, 8), rep(4, 11), rep(3, 9),  rep(2, 2), rep(1, 3))
> B <- c(rep(5, 4), rep(4, 6),  rep(3, 10), rep(2, 8), rep(1, 4))
> wilcox.test(A, B, exact=F, correct=F)
        Wilcoxon rank sum test
data:  A and B
W = 690, p-value = 0.02887
alternative hypothesis: true location shift is not equal to 0
```

注5 コインを多数回投げた結果について，表が出る確率が0.5になっているかを検定する場合は，比率の同一性検定 prop.test(表が出た回数，裏が出た回数，p=0.5) 行う．ただし，これは近似による検定なので，正確な検定を行う場合は二項検定 binom.test(表が出た回数，裏が出た回数，p=0.5)を行えばよい．また，比率に関する傾向性検定を行う場合は関数 prop.trend.test() を用いればよい．

第17章 乱数とシミュレーション

▶この章の目的

- Rで簡単なシミュレーションができるようになることが目的である．
- Rでは簡単にプログラムを記述することができるので，シミュレーションの状況さえ設定できれば，後は容易にシミュレーション実験を行うことができる．ここでは次のような話の流れで「モンテカルロ・シミュレーション」の紹介をする．
  - シミュレーションとは何か？
  - 乱数について
  - シミュレーションを1回だけ行う方法
  - モンテカルロ・シミュレーションのやり方

17.1 シミュレーションとは

シミュレーションを日本語でいうと「模擬実験（まね）」である．簡単に実験を行うことができる場合は，実際に実験を行うのが一番手っ取り早い．「実際に実験を行うには時間やお金がかかりすぎる」「実験を行う環境を設定するのが難しい」場合でも，結果の予測ができるなら実際に実験を行う必要はないが，「問題が複雑で結果の予測が困難」な場合はシミュレーション（模擬実験）を行うという選択肢がある．本節では「コンピュータ・シミュレーション」について解説し，これを「シミュレーション」と呼ぶことにする．

まず，シミュレーションを行う手順の一例を次に挙げる．

(1) シミュレーションを行う目的を確認して場面設定を行う．
(2) シミュレーションを行うためにはどのようなことをすればよいか，実際の手順（アルゴリズム）を決める．Rならば手順が決まった後に関数を定義する．
(3) シミュレーションを実行して結果を出力する．
(4) 結果を整理し，どのようなことがわかったのかを検討する．
(5) シミュレーションの結果を解釈するために，必要に応じて統計的な処理を行う．

Rでは，実験を行う作業手順を順番にプログラムすることになる．たとえば，1枚のコインを10回

投げたときに，表が何回出るかを見る場合は，次の手順になる．

(1) 場面は「1枚のコインを10回投げる」．このとき，コインを1回投げたときに表が1/2の確率で出ると仮定する．
(2) 手順は「コインを1回投げる」「結果を記録する」をパソコン上で10回繰り返す．Rでは次の手順を行うことになる．

   - 「コインを投げる」＝「乱数を発生する」
   - 結果が表ならば「表が出た」回数をカウントするような関数を作成する
   - コインを10回投げ終わった後に「表が出た回数」を出力する

(3) 「シミュレーションの実行」＝「Rの関数の実行」．
(4) 関数の実行結果を吟味（「表が出た回数」を確認）する．

さて，いきなりコインを10回投げるのは難しいので，まずは「コインを1回投げる」というシミュレーションを行うにはどうすればよいか，を考えてみることにする．

17.2 乱数とは

ゆがんでいないコインを繰り返して投げ，結果を記録することを考える．このとき，結果を一列に並べた数の列は次の2つの性質を持っている．

- 等確率性：コインの投げる回数が1,000回，10,000回と大きくなるにつれて，表と裏の出る割合はどれも1/2に近づいていく．
- 無規則性：結果の列に規則性はない．何回目にサイコロを投げる場合でも，表と裏が出る確率はすべて同じであり，たとえば表が出た直後にコインを投げると表は出にくくなる，ということは起こらない．

注意 たとえば，「表，裏，表，裏，表，裏，表，裏，表，裏……」だと等確率性は満たしているが，無規則性は満たしていないことになる．

上記の2つの性質を満たすものを乱数列と呼ぶ．たとえば，コイン投げの結果から得られた乱数列は表と裏がまんべんなく散りばめられており，「表が比較的多い」「裏はまとまって出がちである」ということは起こらない．これを「一様」という．乱数の例としては次のようなものが挙げられる．

- コイン投げの「表」「裏」

- サイコロの「1」「2」「3」「4」「5」「6」
- 宝くじ「ナンバーズ」の当選番号「12」「38」「7」……

この乱数列の1つ1つの値を「乱数」と呼び，この場合はコイン投げの結果（表・裏）が乱数となっている．次項では「乱数」のうち「一様乱数」について解説する．

17.2.1 一様乱数

Rで作ることができる乱数は，等確率性と無規則性をほぼ完全に満たしている．どうやって乱数を作っているのかを正確に説明するのは難しいので，ここでは「Rがパソコンの中でサイコロを振っている」と考えることにする．Rは内部で乱数を発生させる際にサイコロを1回振っている．ただし普通の6面サイコロではなく，20億面サイコロ[注1]を振って乱数を発生させている．この20億面サイコロの目は

0, 1/20億, 2/20億, ……, 1999999998/20億, 1999999999/20億, 1

となっており，いずれかの目が等確率で出る．このサイコロを振って，その目を出目（乱数）としているのである．Rでは関数runif()で乱数を生成することができる．

```
> runif(1)    # 乱数を1個生成
[1] 0.03259882
> runif(5)    # 乱数を5個生成
[1] 0.9244421 0.5498150 0.5056324 0.3324349 0.6424247
```

0, 1/20億, 2/20億, ……, 1から等確率で値を選ぶわけだから，関数runif()は「0から1の間の実数をランダムに生成する」と考えてよいだろう．また，runif()の引数に整数値を与えることで，複数個の乱数列を一気に生成することもできる（結果はベクトルとなる）．

17.2.2 コイン投げの乱数の作り方

野球などのゲームで，どちらのチームが先攻をとるかをコイン投げで決めることがよくある．では，コイン投げの代わりにサイコロで決める場合はどのような方法で決めればよいだろうか？ 1つの方法として，1回のサイコロ投げの結果を次のように置き換える方法が考えられる．

- 1, 2, 3が出たら「コイン投げの表」とする
- 4, 5, 6が出たら「コイン投げの裏」とする

注1　たとえば32ビットマシンであれば，正確には 2^{31} ＝ 2147483648面サイコロとなる．ところで，Rの一様乱数はメルセンヌ・ツイスター法で生成している．

これは，サイコロでは「1, 2, 3のどれか」が出る確率と「4, 5, 6のどれか」が出る確率が等しいことを利用しており，この方法で十分コイン投げの代わりが務まっている．では，コイン投げの代わりに「0から1の間の実数をランダムに生成する」関数runif()を使う場合はどうすればよいだろう？答えは次のとおりだ．

- runif(1)の結果が0〜1/2ならば「コイン投げの表」とする
- runif(1)の結果が1/2〜1ならば「コイン投げの裏」とする

これはrunif(1)で「0〜1/2の中の実数」が出る確率と「1/2〜1の中の実数」が出る確率が等しいことを利用しており，この方法で十分コイン投げの代わりが務まっている．

```
> runif(1)       # 乱数を1個生成
[1] 0.2215244    # コイン投げの「表」とする
```

ここで，「ちょうど1/2が出た場合はどうするの？」という疑問を持つ方がおられるかもしれない．結論から言えば「気にしない」．というのも，ちょうど1/2というのは20億面サイコロのうちの1つの目にすぎず，そのような目が出る確率はほぼ0と考えてよいからである．

17.2.3　種々の乱数の作り方

関数runif()を使って「コイン投げの乱数を作る関数」を定義するには，

- runif(1)の結果が0〜1/2ならば「表」とする
- runif(1)の結果が1/2〜1ならば「裏」とする

という基準になるだろう．コイン投げの乱数の生成方法は次のとおりだ．ちなみに，乱数がちょうど1/2となった場合は「表」としているが，前項で説明したとおり「表」としても「裏」としても結果にはほとんど影響しない．

```
> coin <- function() {
+   x <- runif(1)
+   if   (x <= 1/2) men <- 1   # 1：表
+   else            men <- 0   # 0：裏
+   return(men)
+ }
> coin()                       # コインを1回投げる
[1] 1                          # 表が出た
```

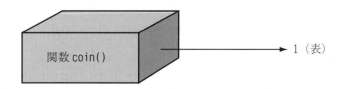

また,「じゃんけんのグー・チー・パーの乱数を作る関数」を定義する場合は

- runif(1) の結果が 0 ～ 1/3 ならば「グー」とする
- runif(1) の結果が 1/3 ～ 2/3 ならば「チー」とする
- runif(1) の結果が 2/3 ～ 1 ならば「パー」とする

という基準になるだろう.じゃんけんの乱数の生成方法は次のとおりだ.

```
> zyanken <- function() {
+   x <- runif(1)
+   if      (x <= 1/3) te <- 1   # 1:グー
+   else if (x <= 2/3) te <- 2   # 2:チー
+   else               te <- 3   # 3:パー
+   return(te)
+ }
> zyanken()                      # じゃんけんの手を出す
[1] 2                            # チーが出た
```

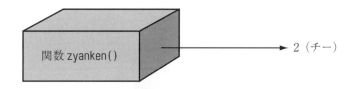

17.3　1回のシミュレーション

　乱数を生成することができれば,シミュレーションを行うことができる.シミュレーションを1回行うプログラムの雛形は次のとおりである.

```
> mysimulation <- function() {
+   count <- 0     #  カウンタを0に戻す
+                  ###
+                  ### シミュレーション手順を記述する
```

```
+                        ###
+   return(count)   #   結果（カウンタの値）を出力
+ }
```

この章の冒頭で紹介した「1 枚のコインを 10 回投げたときに表が何回出るか」をシミュレーションする関数 mycointoss() は次のようになる．

```
> mycointoss <- function(n) {
+   count <- 0
+   for (i in 1:n) {
+     x <- runif(1)
+     # コイン投げの結果を判定（表：1，裏：0）
+     if (x <= 1/2) coin <- 1
+     else          coin <- 0
+     # コイン投げの結果が1ならばカウント
+     if (coin == 1) count <- count + 1
+   }
+   return(count)
+ }
```

実行するには次のようにする．関数に 10 を入力することで，10 回のコイン投げをシミュレートしている．

```
> mycointoss(10)   # コインを10回投げると……
[1] 5              # 表が5回出た
```

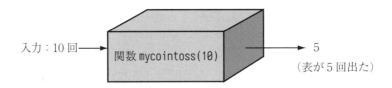

また，前節で定義した「コイン投げの乱数を作る関数 coin()」を用いて，シミュレーションを行う関数 mycointoss() を定義すると次のようになる．

```
> mycointoss <- function(n) {
+   count <- 0
+   for (i in 1:n) {
+     x <- coin()                      # コインを投げて
+     if (x == 1) count <- count + 1   # 表ならばカウントする
```

```
+   }
+   return(count)
+ }
```

前記のプログラム中の「コインを投げて表ならばカウントする」手順は，表（1）ならば変数 count に 1 を足し，裏（0）ならば足さないという作業なので，次のように if 文を省略することもできる．

```
> mycointoss <- function(n) {
+   count <- 0
+   for (i in 1:n) {
+     count <- count + coin()   # 表（1）か裏（0）をカウントする
+   }
+   return(count)
+ }
```

最後に定義した関数 mycointoss() を見ると，最初に定義した mycointoss() に比べてかなりシンプルになっている．このように，いったん定義した関数を読みやすくする・計算回数を減らすことは重要である．これをプログラムの「最適化」という．

17.4　モンテカルロ・シミュレーション

「乱数の生成方法」と「1 回のシミュレーション方法」を紹介したのは，この節で紹介するモンテカルロ・シミュレーションを行うためであった．モンテカルロ・シミュレーションとは，乱数を用いたシミュレーションを何度も行うことにより，考えている問題の近似解を得る計算方法のことである．これにより，手計算や理論的に解くことができない問題でも，多数回のシミュレーションを繰り返すことで近似的に解を求めることができるのである．

まず，モンテカルロ・シミュレーションを行う関数定義の雛形を紹介する．

```
> mymontecarlo <- function(n) {
+   count <- 0           #   カウンタを0に戻す
+   for (i in 1:n) {
+                        ### シミュレーション手順を記述し，
+                        ### （シミュレーションをn回行う）
+                        ### 結果をcountに足し算する
+   }
+   return(count / n)    #   結果を出力
+ }
```

先述した関数定義中にある「シミュレーション手順」は，前節での「1回のシミュレーション」を行う関数を指定してもよい．たとえば，前に定義した1回のコイン投げを行う関数 coin() を指定する場合は，次のようになる．

```
> mymontecarlo <- function(n) {
+   count <- 0                # カウンタを0に戻す
+   for (i in 1:n) {
+     count <- count + coin() # コイン投げをn回繰り返し
+   }
+   return(count / n)         # 結果を出力
+ }
```

このプログラムではコイン投げをn回行って，n回の結果をすべて足し合わせたものを最後にnで割り算している．この計算は，次のような性質を利用するために行っているのである．

$$\frac{(1\text{回目の実験結果}) + \cdots + (n\text{回目の実験結果})}{n} \to (\text{実験結果の正確な平均値})$$

つまりこの場合は，「1回のコイン投げ」を多数回繰り返し，結果をすべて足し合わせたものをnで割り算したものが「1回のコイン投げで表が出る割合・表が出る確率」となる．nは大きければ大きいほど，より正確な「1回のコイン投げで表が出る確率」となるのである．

- **イメージ1**
  「1回のコイン投げで表が出る確率」を調べることを考える．とりあえずコインを1回投げて表が出た．そのとき「1回のコイン投げで表が出る確率は100%だ！」としてもよいだろうか？ さすがに1回のコイン投げの結果をそのまま「1回のコイン投げで表が出る確率」とするのは無理がある……．では，コインを5回投げて表が2回出たので「1回のコイン投げで表が出る確率は40%だ！」としてもよいだろうか？ 5回ではまだ心許ないのではないだろうか？ この感覚から「nが大きければ大きいほど，より正確な平均値が得られる」イメージがつかめる．

- **イメージ2**
  日本の小学5年生の平均身長を調べることを考える．そこらの道を歩いている小学5年生を1人見つけて身長を聞き，その身長で「日本の小学5年生の平均身長がわかった！」としてもよいだろうか？ さすがに1人の身長をそのまま「日本の小学5年生の平均身長」とするのは無理がある……．では，ある学校の小学5年生クラス20人の身長を足し算して20で割り，「日本の小学5年生の平均身長がわかった！」としてもよいだろうか？ 20人ではまだ心許ないのではないだろうか？ この感覚から「nが大きければ大きいほど，より正確な平均値が得られる」イメージがつかめる．

試しに，先ほど定義した関数 mymontecarlo() に 10000（コイン投げのシミュレーションを 10,000 回行う）を入れて実行してみる．

```
> mymontecarlo(10000)
[1] 0.5023
```

結果は 0.5023 で，表（1）と裏（0）がほぼ均等に出ている．「1 回のコイン投げで表が出る確率」の正確な値が 0.5 であることはすでに知っているのだが，シミュレーションで求めた結果 0.5023 は正確な確率に非常に近い値となっていることが見てとれる．

何となくモンテカルロ・シミュレーションのイメージをつかむことはできただろうか？ 次項からは，解く問題を「確率的な問題」か「非確率的な問題」かで場合分けしてシミュレーションを行ってみる．結果的には，どちらの場合も同じ手法で問題が解けることがわかるはずである．

17.4.1 確率的な問題に対するシミュレーション

確率的な問題の場合は，前節で紹介した式

$$\frac{(1\text{回目の実験結果}) + \cdots + (n\text{回目の実験結果})}{n} \to (\text{実験結果の正確な平均値})$$

が成り立ち，n が 1000, 10000, 100000 と大きくなるにつれて，より正確な値に近づくことがわかっている[注2]．例として，「10 回のコイン投げ（関数は前に定義した mycointoss(10) を用いる）」を繰り返し行う関数 coin.montecarlo() を定義する．この結果は「10 回のコイン投げを行って表が出る回数の平均値」となることに注意する．

```
> coin.montecarlo <- function(n) {
+   count <- 0                          # カウンタを0に戻す
+   for (i in 1:n) {
+     count <- count + mycointoss(10)   # 10回のコイン投げ
+   }
+   return(count / n)                   # 結果を出力
+ }
```

次に，「10 回のコイン投げ」を 1,000 回，10,000 回，100,000 回行ってみる．

```
> coin.montecarlo(1000)      #「10回のコイン投げ」を1,000回
[1] 4.948
```

注2 これを「大数（たいすう）の法則」という．

```
> coin.montecarlo(10000)    # 「10回のコイン投げ」を10,000回
[1] 5.0237
> coin.montecarlo(100000)   # 「10回のコイン投げ」を100,000回
[1] 5.00893
```

我々は「10回のコイン投げを行って表が出る回数の平均値は5である」ことは知っているのだが，繰り返し回数が大きくなるにつれて，シミュレーション結果が正確な平均値である5に近づいていることが見てとれる．

17.4.2 非確率的な問題に対するシミュレーション

モンテカルロ・シミュレーションは，確率的な問題だけに使える方法ではなく，非確率的な（数学や物理の）問題の近似解を求める方法としても使える．たとえば，次の図に示す平面図形の面積S_1を求めることを考える．

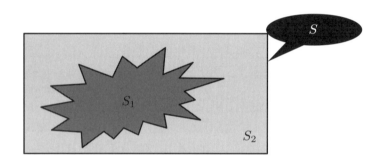

この平面にまず小さな砂粒を敷き詰める．ある部分だけ砂粒を多めに敷き詰めたり，隙間ができたりということがないように敷き詰め，次に「領域$S = S_1 + S_2$の上に乗っている砂粒の数」と「領域Sの上に乗っている砂粒の数」を数える．すると，次のような比の関係：

面積S：面積S_1＝砂粒の合計数：領域S_1の上に乗っている砂粒の数

が成り立つ．ここで面積Sがわかっていれば，上の式から領域S_1の面積を求めることができ，

$$\text{面積 } S_1 = \frac{\text{領域 } S_1 \text{の上に乗っている砂粒の数}}{\text{砂粒の合計数}} \times \text{面積 } S$$

となる．この作業をパソコン上で行う場合，砂粒をまんべんなく敷き詰めることは「領域S上に乱数

を多数発生させる」ことに相当し[注3],領域S_1の上に乗っている砂粒の数は,条件文(if文など)で簡単に判定できる.ここで,モンテカルロ・シミュレーションを行う関数定義の雛形を紹介する.

```
> mymontecarlo <- function(n) {
+   count <- 0           #  カウンタを0に戻す
+   for (i in 1:n) {
+                        ### 砂粒をn個敷き詰め,
+                        ### ある領域に含まれる砂粒の
+                        ### 数をcountに足し算する
+   }
+   return(count / n)    #  結果を出力
+ }
```

雛形をよく見ると,確率的な問題に対するモンテカルロ・シミュレーションを行う雛形とまったく同じである.これより,確率的な問題であろうが,非確率的な問題であろうが,同じモンテカルロ・シミュレーションで問題を解決することができることがわかる.

例として,円周率πを求めることを考える.半径1の円を1/4だけ切り取った面積は$\pi \times 1^2 \times \frac{1}{4} = \frac{\pi}{4}$である.

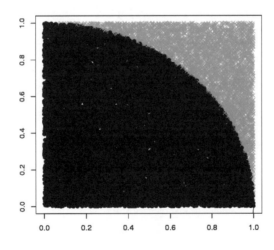

よって,上記の1/4円の面積を4倍したものが円周率となる.次にシミュレーション手順を紹介する.

注3 乱数の「無規則性」により,ある部分だけ砂粒を多めに敷き詰めたり,隙間ができたりしないように敷き詰めることができる.

(1) x-y 平面上で (0, 0), (1, 0), (1, 1), (0, 1) を頂点とする正方形の中の 1 点を，区間 [0, 1] の 2 つの一様乱数 runif(2)=(x 座標の点，y 座標の点) によりランダムに生成する．

(2) この点が原点から距離 1 以内にあるかどうかを調べ，点が距離 1 以内にあればカウントし，距離 1 以内になければカウントしない．

(3) 多数の点に関してこの作業を行い，距離 1 以内にある割合（カウント数 / 点の総数）を調べる．この結果は（1/4 円の面積）/（正方形の面積）となっている．

(4) この割合は，面積が 1 の正方形に対する 1/4 円の面積の割合に等しいので，この割合を 4 倍すれば円周率を推定することができる．

```
> pi.montecarlo <- function(n) {
+   count <- 0                              # カウントを0に
+   for (i in 1:n) {
+     suna <- runif(2)                      # 変数sunaは
+     if (sqrt(suna[1]^2 + suna[2]^2) < 1) { # (x座標, y座標)
+       count <- count + 1                  # のベクトルと
+     }                                      # なっている
+   }
+   return(4 * count / n)                   # πを求める
+ }
```

関数 pi.montecarlo() を 10,000 回実行すると次のようになる．

```
> pi.montecarlo(10000)
[1] 3.1428
```

半径 1 の円を 1/4 だけ切り取った面積を求めるのではなく，次のような円の面積を求めることもできる．

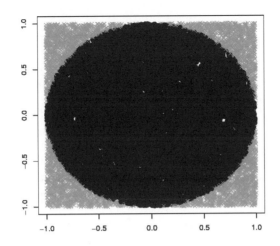

次にシミュレーション手順を紹介する.

(1) x-y 平面上で (1, 1), (1, -1), (-1, 1), (-1, -1) を頂点とする正方形の中の 1 点を,区間 [-1, 1] の2 つの一様乱数 runif(2, min=-1, max=1)=(x 座標の点,y 座標の点) によりランダムに生成する.
(2) この点が原点から距離 1 以内にあるかどうかを調べ,点が距離 1 以内にあればカウントし,距離 1 以内になければカウントしない.
(3) 多数の点に関してこの作業を行い,距離 1 以内にある割合(カウント数 / 点の総数)を調べる.この結果は(円の面積 / 正方形の面積)となっている.
(4) この割合は,面積が 4 の正方形に対する円の面積の割合に等しいので,割合(円の面積 / 正方形の面積)を 4 倍すれば円周率を推定することができる.

```
> pi.montecarlo2 <- function(n) {
+   count <- 0                              # カウントを0に
+   for (i in 1:n) {
+     suna <- runif(2, min=-1, max=1)       # 変数sunaは
+     if (sqrt(suna[1]^2 + suna[2]^2) < 1) { # (x座標, y座標)
+       count <- count + 1                  # のベクトルと
+     }                                     # なっている
+   }
+   return(4 * count / n)                   # πを求める
+ }
```

関数 pi.montecarlo2() を 10,000 回実行すると次のようになる.

```
> pi.montecarlo2(10000)
```

```
[1] 3.1244
```

　実行回数は同じだが，多少精度が悪くなっている．砂の数は同じであるが，敷き詰める領域が大きくなってしまったため，十分な数の砂を敷き詰めきれていないことで精度が悪くなっている．これは，繰り返し回数を増やすことで精度を向上できる．

17.5　いくつかの事例

(1)　モンテカルロ・シミュレーションを行うための，汎用性のある関数定義を紹介する．

```
> mymontecarlo2 <- function(n, k, fun) {
+   count <- 0
+   for (i in 1:n) {
+     count <- count + fun(k)
+   }
+   return(count / n)
+ }
```

　使用する際は，引数に「シミュレーション回数」「1回のシミュレーションを行う関数」「1回のシミュレーションを行う関数」の引数を指定すればよい．

```
> mymontecarlo2(シミュレーション回数，関数の引数，関数)
```

(2)　「晴れの確率が70%，曇りの確率が20%，雨の確率が10%」という場面を想定する．1週間ずっと雨が降らなかった場合は1，そうでなければ0を出力する関数 weather.week() を定義する．
　　（ⅰ）まず「天気を1週間（7日間）観測する」場面を想定する．このとき1/10の確率で雨が降るものとする．
　　（ⅱ）手順は「1日の天気を観測する」「雨が降ったかどうかを記録する」をパソコン上で7回繰り返す．
　　（ⅲ）天気を1週間（7日）観測し終わった後に，1週間ずっと雨が降らなかった場合は1，そうでなければ0を出力する．

```
> weather.week <- function() {
+   count <- 0
+   for (i in 1:7) {
+     # 天気が雨ならばカウント
+     if (runif(1) <= 1/10) count <- count + 1
```

```
+   }
+   if (count == 0) return(1)    # 1週間ずっと雨が降らなかった
+   else            return(0)    # 1週間のうちどこかで雨が降った
+ }
> weather.week()
[1] 1
```

次に,「晴れの確率が 70%,曇りの確率が 20%,雨の確率が 10%」という場面を想定する.1年(52週)のうち,雨が降らなかった週が何週間あるかをシミュレーションする関数 weather.montecarlo() を定義し,実行する.

(ⅰ) まず「天気を 1 週間(7 日間)観測する」場面を想定する.このとき 1/10 の確率で雨が降るものとする.

(ⅱ) 前問(1)で作成した関数 weather.week() を使って,「1 週間(7 日間)の天気を観測する」「雨が降ったかどうかを記録する」をパソコン上で 52 回繰り返す.このとき,「1 週間雨が降らなかった」場合は回数にカウントする.

(ⅲ) 天気を 1 年(52 週)観測し終わった後にカウント結果を出力する.

```
> weather.montecarlo <- function(n) {
+   count <- 0                          # カウンタを0に戻す
+   for (i in 1:n) {
+     count <- count + weather.week()   # n週間の天気
+   }
+   return( count )                     # 雨が降らなかった週を出力
+ }
> weather.montecarlo(52)                # 52週間のうち雨が降らなかった週
[1] 21
```

先ほど定義した関数 mymontecarlo2() を用いて,「1 年のうち『1 週間ずっと雨が降らなかった週』は平均何週間か」をシミュレーションする.結果は約 25 週間となった.

```
> mymontecarlo2(10000, 52, weather.montecarlo)
[1] 24.8912
```

(3) 長さ 1 の正方形の中に「中心が (0.3, 0.3) で半径が 0.3 の円」「中心が (0.6, 0.6) で半径が 0.4 の円」がくっついた図形の面積を求める関数を定義し,実行する.結果は約 0.68 となった.

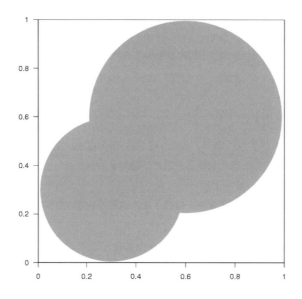

```
> circle.montecarlo <- function(n) {
+   count <- 0
+   for (i in 1:n) {
+     suna <- runif(2)   # suna = (x座標, y座標, z座標)
+     pt <- sqrt((suna[1] - 0.3)^2 + (suna[2] - 0.3)^2)
+     if (pt < 0.3) count <- count + 1
+     else {
+       pt <- sqrt((suna[1] - 0.6)^2 + (suna[2] - 0.6)^2)
+       if (pt < 0.4) count <- count + 1
+     }
+   }
+   return(count / n)
+ }
> circle.montecarlo(10000)
[1] 0.6847
```

(4)　$f(x) = \exp(-x^2)$ を -1 から 1 まで積分する関数を定義し，実行する．結果は約 1.49 となった．

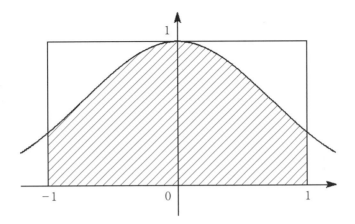

```
> exp.montecarlo <- function(n) {
+   count <- 0                        # カウントを0に
+   for (i in 1:n) {
+     sunax <- runif(1, min=-1, max=1) # sunaのx座標
+     sunay <- runif(1)                # sunaのy座標
+     fx <- exp(-sunax^2)              # f(x)の値
+     if (sunay < fx) {                # sunaのy座標 < f(x)
+       count <- count + 1             # ならばカウントする
+     }
+   }                                  # 正方形の面積2に対する
+   return(2 * count / n)              # f(x) = exp(-x^2)の面積
+ }
> exp.montecarlo(10000)
[1] 1.4932
```

17.6　確率分布に従う乱数

　本章では関数 runif() を用いた乱数を使ってシミュレーションを行ってきたが，「特定の確率分布に従う乱数」を用いてもシミュレーションができ，適用範囲が格段に広がる．たとえば，「コインを1回投げて表（1）か裏（0）かを生成する」「コインを10回投げたときの表が出た回数の和」は，関数 rbinom() で簡単に生成できる．

```
> rbinom(1, 1, 0.5)        # 1回のコイン投げ
[1] 1
> sum(rbinom(10, 1, 0.5))  # 10回のコイン投げ
[1] 4
```

また，前節で定義した関数 mymontecarlo2() を用いて「[0, 1]の一様分布」「平均1の指数分布」「平均0の正規分布」に従う乱数を 100,000 個生成し，それらの値の平均を求める．大数の法則により，乱数の個数を増やせば増やすほど，それぞれの分布の平均値に近づくことが見てとれる．

```
> mymontecarlo2(100000, 1, runif)
[1] 0.4999587
> mymontecarlo2(100000, 1, rexp)
[1] 1.004042
> mymontecarlo2(100000, 1, rnorm)
[1] -0.006196953
```

「特定の確率分布に従う乱数」を生成する関数の一覧を表 17.1 に挙げる．

表 17.1 特定の確率分布に従う乱数

関数	機能
rbeta(10, shape1=2, shape2=3)	パラメータが (2, 3) であるベータ分布に従う乱数を 10 個生成する
rbinom(10, size=5, prob=0.3)	成功確率 0.3，試行回数 5 回である二項分布に従う乱数を 10 個生成する
rcauchy(10, location=2, scale=3)	パラメータが (2, 3) であるコーシー分布に従う乱数を 10 個生成する
rchisq(10, df=5, ncp=2)	自由度が 5，非心度が 2 である χ^2 分布に従う乱数を 10 個生成する
rexp(10, rate=1)	パラメータが 1 である指数分布に従う乱数を 10 個生成する
rlogis(10, location=2, scale=3)	パラメータが (2, 3) であるロジスティック分布に従う乱数を 10 個生成する
rmultinom(10, size=15, prob=c(0.1, 0.3, 0.6))	各確率が (0.1, 0.3, 0.6) である多項分布に従う乱数を 10 個生成する
rnbinom(10, size=5, prob=0.2)	「成功確率が 0.2，5 回の成功が起こるまでの失敗の回数」である負の二項分布に従う乱数を 10 個生成する
rnorm(10, mean=0, sd=1)	平均が 0，標準偏差が 1 である正規分布に従う乱数を 10 個生成する
rpois(10, lambda=2)	パラメータが 2 であるポアソン分布に従う乱数を 10 個生成する
rf(10, df1=2, df2=3)	自由度が (2, 3) である F 分布に従う乱数を 10 個生成する
rgamma(10, shape=2, rate=3)	パラメータが (2, 3) であるガンマ分布に従う乱数を 10 個生成する
rgeom(10, prob=0.4)	成功確率が 0.4 である幾何分布に従う乱数を 10 個生成する
rhyper(10, m=6, n=3, k=2)	「白玉が 6 個，黒玉が 3 個入っている箱から玉を 2 個取り出したときの白玉の数」を 10 個生成する（超幾何分布）

関数	機能
rlnorm(10, meanlog=0, sdlog=1)	ログスケールで平均が0，標準偏差が1である対数正規分布に従う乱数を10個生成する
rsignrank(10, n=10)	観測数が10であるWilcoxonの符号付き順位和統計量の分布に従う乱数を10個生成する
rt(10, df=8)	自由度が8であるt分布に従う乱数を10個生成する
runif(10, min=0, max=1)	(0, 1) 区間の一様分布に従う乱数を10個生成する
rweibull(10, shape=2, scale=1)	パラメータが (2, 1) であるワイブル分布に従う乱数を10個生成する
rwilcox(50, m=5, n=3)	観測数がそれぞれ (5, 3) であるWilcoxonの順位和統計量の分布に従う乱数を10個生成する

ほかにも，多項分布に従う乱数ベクトルを発生する関数 rmultinom() がある．また，パッケージ MASS には多変量正規乱数生成関数 mvrnorm()，パッケージ mvtnorm には多変量正規乱数生成関数 rmvt() が用意されている．パッケージ mvtnorm にはさらに多変量正規分布に関する関数 dmvnorm()，関数 pmvnorm()，関数 rmvnorm() も用意されている．

```
> rmultinom(9, size=10, prob=c(0.1, 0.2, 0.3, 0.4))   # 多項分布に従う乱数
     [,1] [,2] [,3] [,4] [,5] [,6] [,7] [,8] [,9]
[1,]    1    2    1    1    3    0    2    2    0
[2,]    1    1    0    0    1    3    2    2    3
[3,]    6    5    4    4    5    0    2    4    2
[4,]    2    2    5    5    1    7    4    2    5
```

17.7 検出力の算出と例数設計

特定の確率分布に従う乱数を用いたシミュレーションの例として，うつ病を患っている患者さんに薬剤Aまたは薬剤Bを投与し，薬剤間のQOLの平均値を比較することを考える．「薬剤AのQOLの平均値は6，薬剤BのQOLの平均値は3（群間差=3），標準偏差は両薬剤とも同じ4.0，例数は各薬剤20例，$α = 5\%$」と設定し，「帰無仮説：平均値の差が0である」という帰無仮説に関する2標本t検定を行ったときに，薬剤Aが薬剤Bに勝る確率（有意差を検出する確率：検出力と呼ぶ）を算出する．プログラムを作成する手順とプログラムは次のとおりである．

(1) for 文により (2) ～ (4) を 10,000 回繰り返す
(2) 関数 rnorm() で各薬剤20例分の各患者さんのQOLのデータを生成
(3) 上記の結果について，繰り返し回数ごとに2標本t検定を実行
(4) 上記の結果について，群間差が正（薬剤Aの方が勝っている）かつp値が0.05未満であれば，

変数 count に 1 を，そうでなければ変数 count に 0 を代入
(5) 有意差があるかどうかを表す変数 count が 1 である割合（＝検出力）を算出

結果は約 64% となった．

```
> mypower <- function(n) {                          # 2標本t検定
+   count <- 0
+   for (i in 1:n) {
+     MYDATA <- data.frame(
+       GROUP = c( rep("A", 20), rep("B", 20) ),    # 各薬剤20例ずつ
+       QOL   = c( rnorm(20, mean=6, sd=4.0),       # 薬剤AのQOLの乱数
+                  rnorm(20, mean=3, sd=4.0))       # 薬剤BのQOLの乱数
+     )
+     result <- t.test(QOL ~ GROUP, var=T, data=MYDATA)
+     if ((result$estimate[1] - result$estimate[2] > 0) &&   # 群間差が正
+         (result$p.value < 0.05) ) count <- count + 1       # 有意差あり
+   }
+   return(count / n)
+ }
> mypower(10000)
[1] 0.6407
```

ちなみに，R には表 17.2 に挙げる検出力を計算するための関数が用意されている．

表 17.2 検出力を求める関数

関数	説明
power.anova.test()	一元配置分散分析検定の検出力を計算する
power.prop.test()	比率の検定に対する検出力を計算する
power.t.test()	t検定の検出力を計算する

例として，先ほどの例の検出力（power）計算を行う．このとき，α（sig.level）やデータの種類（type=c("two.sample", "one.sample", "paired")），両側か片側か（alternative=c("two.sided", "one.sided")）を指定することもできる．

```
> power.t.test(n=20, delta=3, sd=4.0)

     Two-sample t test power calculation
              n = 20
          delta = 3
             sd = 4
```

```
        sig.level = 0.05
            power = 0.6373921
      alternative = two.sided
NOTE: n is number in *each* group
```

逆に，検出力（power）を指定すると，指定した検出力を満たすための1群あたりの必要例数が算出される．

```
> power.t.test(power=0.8, delta=3, sd=4.0)

     Two-sample t test power calculation
              n = 28.89962
          delta = 3
             sd = 4
      sig.level = 0.05
          power = 0.8
    alternative = two.sided
NOTE: n is number in *each* group
```

17.8 落穂ひろい

(1) 疑似乱数はR起動時に初期化され，毎回異なった乱数が発生する（ちなみにRはメルセンヌ・ツイスター法により一様乱数を生成している）．乱数を再現したい場合は，乱数の種を関数set.seed()で指定すればよい．

```
> runif(5)                    # 一様乱数を5個生成すると
[1] 0.8039566 0.6593698 0.8120159 0.1279622 0.1115031
> runif(5)                    # 当然毎回違った乱数が得られる
[1] 0.5694816 0.4504077 0.1823374 0.4573758 0.9061499
> set.seed(101); runif(5)     # 乱数の種（seed）を指定
[1] 0.37219838 0.04382482 0.70968402 0.65769040 0.24985572
> set.seed(101); runif(5)     # 乱数の種を同じにすれば乱数を再現できる
[1] 0.37219838 0.04382482 0.70968402 0.65769040 0.24985572
```

(2) 長さnの与えられたベクトルの要素からm個の要素をランダム抽出する場合は，関数sample()を用いればよい．デフォルトではreplace=FALSE（非復元抽出）となっている．

```
> n <- 20;  m <- 5
> x <- 1:n                                # 単にnとしてもよい
```

```
> sample(x, m, replace=TRUE)         # 同じ要素が選ばれてもよい
[1]  5 18 20 18  5
> sample(x)                          # m=nでランダムな置換
[1]  6 11  9  2  1 14  4  7 15 20 16 12  3  5 18 17 13 10  8 19
> sample(c(0, 1), 100, replace=TRUE) # 100個のベルヌーイ試行
[1] 1 0 0 1 1 1 0 1 0 0 0 1 1 0 1 1 1 1 1 0 1 0 1 0 0 1 1 1 0
……
```

オプションで確率ベクトルを与えると，各要素が選ばれる確率を指定できる（既定値は等確率 $1/n$）．

```
> p <- runif(n);  p <- p/sum(p)
> sample(x, m, replace=TRUE, prob=p)
```

(3) ある標本からブートストラップ抽出を行う場合も関数 sample() を用いればよい．まず，平均 3，標準偏差 1 の正規分布に従った標本 x を 10 個生成する．この標本 x から 1,000 組のブートストラップ標本を抽出し，各標本の中央値を算出した後，変数 result に格納する．この変数 result について平均や標準偏差等を算出することで，中央値に関するブートストラップ推定値やブートストラップ標準誤差，ブートストラップ 95% 信頼区間を求めることができる．

```
> x <- 3 + rnorm(10)
> result <- c()
> for (i in 1:1000) {
+   y <- sample(x, replace=T)
+   result <- c(result, median(y))
+ }
> mean(result)                       # 中央値のブートストラップ推定値
[1] 2.961679
> sd(result)                         # ブートストラップ標準誤差
[1] 0.3297253
> quantile(result, p=c(0.025, 0.975)) # ブートストラップ95%信頼区間の推定
     2.5%     97.5%
2.395897 3.487023
```

パッケージ simpleboot の関数 one.boot() とパッケージ boot の関数 boot.ci() を用いることで，各種のブートストラップ信頼区間を求めることができる．

```
> install.packages("simpleboot", dep=T)
> library(boot)
> library(simpleboot)
```

```
> result2 <- one.boot(x, median, 1000)   # ブートストラップ結果
> boot.ci(result2)                        # ブートストラップ信頼区間
BOOTSTRAP CONFIDENCE INTERVAL CALCULATIONS
Based on 1000 bootstrap replicates
CALL :
boot.ci(boot.out = result2)

Intervals :
Level      Normal              Basic
95%   ( 2.269,  3.592 )   ( 2.336,  3.561 )

Level    Percentile            BCa
95%   ( 2.318,  3.542 )   ( 2.318,  3.486 )
Calculations and Intervals on Original Scale
```

(4) 周辺和を与えて m×n 分割表を作成する場合は，関数 r2dtable(生成する分割表の数，行和に関するベクトル，列和に関するベクトル) を用いる．たとえば，「各行の和が 10，各列の和は 15 と 5 である 2×2 分割表」をランダムに 2 個生成するには次のようにする．

```
> ( X <- r2dtable(2, c(10, 10), c(15, 5)) )
[[1]]
     [,1] [,2]
[1,]   9    1
[2,]   6    4

[[2]]
     [,1] [,2]
[1,]   8    2
[2,]   7    3
```

(5) プログラムの世界では「やっていることは同じでも計算時間が異なる」ということがある．たとえば，R では for などの明示的な繰り返し文は計算が遅くなりがちで，繰り返し文をベクトル同士の演算などに帰着させることができれば計算は速くなるというルールがある．試しに要素が 1,000,000 個あるベクトル同士の積を求めることを考える[注4]．

```
> n <- 1000000
> x <- runif(n)
> y <- runif(n)
```

注 4 関数 system.time(計算処理) は，引数に与えた計算処理にかかる時間（5 種類）を結果として返し，実際の計算処理にかかった時間は system.time(計算処理)[3] で得られる．

```
> system.time( x * y )[3]
[1] 0.02
> system.time( for (i in 1:n) x[i] * y[i] )[3]
[1] 2.38
```

やっていることは同じであるが，for 文でベクトルの各要素を指定して掛け算するよりも，単にベクトルとベクトルの掛け算をする方が計算が速い」ことがわかる．この現象は，行列演算になるとさらに顕著に表れる．

```
> n <- 1000000
> m <- sqrt(n)
> x <- matrix(runif(n), m)
> y <- matrix(runif(n), m)
> task1 <- function() { x * y }
> task2 <- function() for (i in 1:m) for (j in 1:m) x[i, j] * y[i, j]
> system.time(task1())[3]
[1] 0.02
> system.time(task2())[3]
[1] 5.04
```

「17.6 確率分布に従う乱数」では，for 文と関数 rnorm(1) で 100,000 個の乱数の平均を求めているが，関数 rnorm(100000) を関数 mean() で平均をとる方が計算速度が速い．このことから，for 文で繰り返すよりも，ベクトル演算で処理する方が計算が速いことがわかる．

```
> system.time( mymontecarlo2(100000, 1, rnorm) )[3]
[1] 0.96
> system.time( mean(rnorm(100000)) )[3]
[1] 0.07
```

また，if 文などの条件分岐も計算時間を食う．「17.2.3 種々の乱数の作り方」で定義した関数 coin() を用いて「n 回のコイン投げを行い，表が出た数を返す関数」を定義して実行する．

```
> n <- 10000000
> mycointoss1 <- function(n) {
+   count <- 0
+   for (i in 1:n) if (coin() == 1) count <- count + 1
+   return(count)
+ }
> mycointoss2 <- function(n) {
+   count <- 0
```

```
+   for (i in 1:n) count <- count + coin()
+   return(count)
+ }
> system.time(mycointoss1(n))[3]
[1] 132.36
> system.time(mycointoss2(n))[3]
[1] 128.43
```

mycointoss1() よりも mycointoss2() の方が条件分岐の分だけ時間が短縮されている.さらに,条件分岐も if 文ではなくてベクトル演算の形にすれば,for 文を使わなくても済む場合がある.

```
> mycointoss3 <- function(n) {
+   count <- runif(n)
+   return( length(count[count <= 0.5]) )
+ }
> system.time(mycointoss3(n))[3]
[1] 2.8
```

以上の内容をまとめる.

- **基本**
  「1 つずつたくさんに」ではなく「たくさんを一度に」を心がける(「RjpWiki」より引用).

- **繰り返し**
  計算はなるだけベクトルや行列の演算に持ち込み,for 文などの明示的な繰り返しは避けること.

- **条件分岐**
  要素を 1 つずつ条件分岐するよりも,ベクトルについて一度にまとめて条件分岐をした方がよい.

> **注意** 大量のデータを生成して削除した後は,関数 gc() を実行することでガーベジコレクション(garbage collection; GC)を行うのが望ましい[注5].ガーベジコレクションを実行することで,R などのプログラムが使用しなくなった「メモリ領域」や「プログラム間の隙間のメモリ領域」を集めてつなぎ,利用可能なメモリ領域を増やすことができる.

注5 ガーベジコレクションはユーザーの介在なしで自動的に起こるのだが,関数 gc() を実行することで「オペレーティングシステムにメモリを返しなさい」と R に促すかもしれないという意味で有用である.

第18章

グラフィックス

▶ この章の目的
- 高水準作図関数と低水準作図関数を網羅的に解説する．
- グラフィックスパラメータと作図デバイス（グラフィックスデバイス）の種々の領域（プロット領域，作図領域，デバイス領域）に関する解説を行う．

18.1 高水準作図関数

18.1.1 散布図：plot()

plot()の詳しい説明は「7.2.1 関数plot()」をご覧いただきたいが，たとえばデータが入っているベクトルx，yを点の座標として，表18.1のように入力すると散布図の出力が得られるし，数学関数を与えてそのグラフを出力することもできる．以降では，関数plot()の引数の与え方による出力の違いを順に見ていく．

表 18.1　関数plot()

関数	機能
plot(実数ベクトル)	x は時系列データとみなされ，横軸を自然数，縦軸をデータとする時系列プロットが描かれる
plot(複素数ベクトル)	横軸を実数，縦軸を虚部とするプロットが描かれる
plot(2列の行列)	横軸を1列目，縦軸を2列目とするプロットが描かれる
plot(2次元リスト)	リストの要素を横軸，縦軸としてプロットが描かれる（関数 names() を使ってどちらが x なのか y なのかラベルを付ける必要がある）
plot(x, y)	ベクトル x，y やリスト x，y を点の座標とした散布図を描く
plot(y ~ x)	回帰式のモデルを指定することもでき，y を縦軸，x を横軸としたプロットを描く
plot(因子ベクトル)	棒グラフを描く
plot(因子ベクトル，実数ベクトル)	因子の各水準に対する箱ひげ図を描くときに使う

関数	機能
plot(データフレーム)	データフレームの形式に応じたプロットが得られる
plot(~ 式), plot(任意のオブジェクト ~ 式)	式の指定方法に応じたプロットが得られる

関数 plot() の使用例を挙げる.

```
> head(ToothGrowth, n=3)              # データフレームToothGrowth
   len supp dose
1  4.2   VC  0.5
2 11.5   VC  0.5
3  7.3   VC  0.5
> plot(ToothGrowth$supp)              # 因子ベクトルを指定
> plot(ToothGrowth$dose,
+      ToothGrowth$len)               # plot(x, y)の形式
> plot(len ~ dose, data=ToothGrowth)  # plot(y ~ x)の形式（上とほぼ同じ）
```

```
> plot(ToothGrowth$supp,
+      ToothGrowth$len)   # plot(因子ベクトル, 実数ベクトル)
> plot(ToothGrowth)       # plot(データフレーム)
```

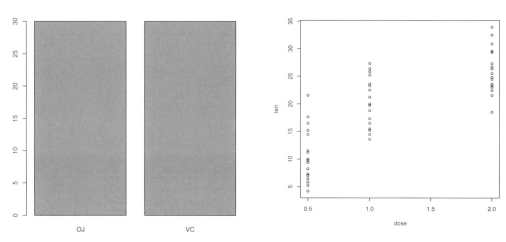

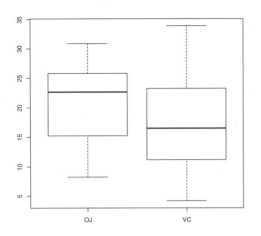
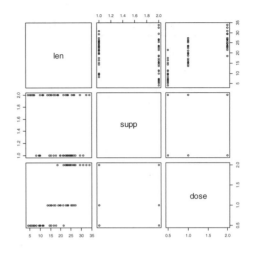

18.1.2 ヒマワリ図：sunflowerplot()

関数 sunflowerplot(データ) でヒマワリ図を描く．ヒマワリ図は，散布図において1点の周りに複数データが対応する際に，点の周りに重なった分だけ花弁を描く．関数 sunflowerplot() の引数 digits に小数点以下何桁で丸めるかを指定することもできる．また，関数 plot() でも使用できるいくつかの引数（xlab, ylab, xlim, ylim, col 等）を使うこともできる．

```
> x <- rnorm(50)
> z <- data.frame(round(x, d=1), round(x, d=1))
> sunflowerplot(z)
```

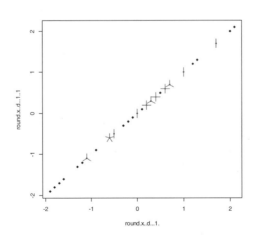

18.1.3 関数のグラフ：curve()

関数 curve(関数, 下限, 上限) を用いれば，関数を直接指定してグラフを出力することもできる．引数 n でポイントの数を指定することができる．また，関数 plot() でも使用できるいくつかの引数（xlab, ylab, xlim, ylim, col 等）を使うこともできる．

```
> curve(sin(x^2) * exp(-x^2), -pi, pi)
> curve(sin(x^2) * exp(-x^2), -pi, pi, n=20)   # nが小さいので線が角ばる
```

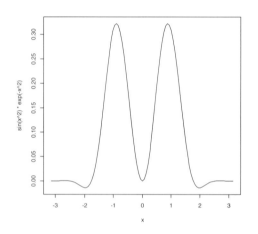
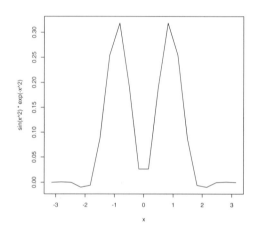

18.1.4 重ね合わせ図：matplot()

関数 matplot(データベクトル) で複数のデータを重ね合わせたグラフを描く．この関数の便利なところは，座標設定や列ごとにマーカーの色や形を自動的に変えてくれて，見た目に区別がつくようにする点である．また，上書き用の関数 matpoints(), matlines() が用意されている．さらに，関数 plot() でも使用できるいくつかの引数（xlab, ylab, xlim, ylim, col 等）を使うこともできる．

```
> sines <- outer(1:20, 1:4, function(x, y) sin(x + y * pi / 4))
> matplot(sines, lty=1:4, type="l", col=rainbow(ncol(sines)))
> matpoints(sines, pch=1:4)
```

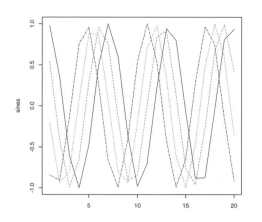
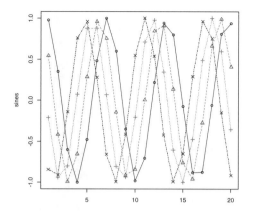

18.1.5　1次元データの図示（1）：棒グラフ barplot()

　関数 barplot(データベクトル) で棒グラフを描くことができる．barplot() は各棒の中心位置の x 座標を返す．この値と text などの低水準作図関数を使えば，さらに細かい装飾ができる．表 18.2 に取り得る引数を紹介する．

表 18.2　関数 barplot() の引数

引数	機能
angle, density, col	棒を塗り分ける線の角度，塗り分ける際の線の本数，塗り分けの色を指定する
legend	凡例に表示する文字列ベクトルを指定する
names	各棒のラベルを文字列ベクトルで指定する
width	各棒の幅をベクトルで指定する
space	棒の間の間隔を指定する
beside	TRUE を指定すると，行列の列ごとに横並びの棒を描く
horiz	TRUE にすると棒を水平にする

　関数 batplot() の使用例を挙げる．

```
> x <- matrix(c(0.3, 0.7, 0.8, 0.2), 2, 2)
> barplot(x, beside=T, names=1:2)    # 横に並べる
> barplot(x, horiz=T,  names=1:2)    # 横棒にする
```

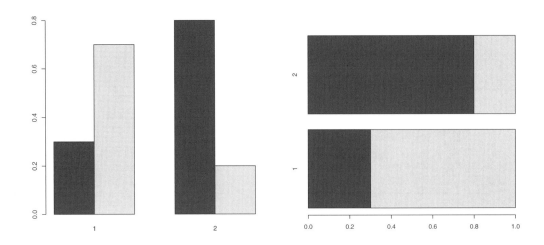

18.1.6　1次元データの図示（2）：ドットチャート dotchart()

関数 dotchart(データベクトル) でドットチャートを描く．これは棒グラフの棒の代わりに点でプロットする．表 18.3 に取り得る引数を紹介する．

表 18.3 関数 dotchart() の引数

引数	機能
labels	データのラベルを文字列ベクトルで指定する
groups	因子ベクトルを指定すると，データをグループ分けして表示する
gdata	「グループごとの平均」などの要約値を指定することで，要約値を追加することができる（引数 gpch や gcolor で点や色を調整する）

関数 batplot() の使用例を挙げる．

```
> x <- 1:10
> y <- as.factor( c( rep("Male", 5), rep("Female", 5) ) )
> dotchart(x, labels=paste("sample", 1:10), groups=y)
> m <- c(mean(x[1:5]), mean(x[6:10]))
> dotchart(x, labels=paste("sample", 1:10), groups=y, gdata=m, gpch="M")
```

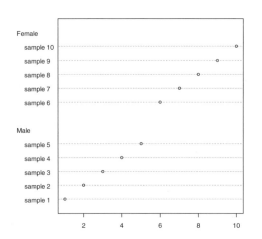
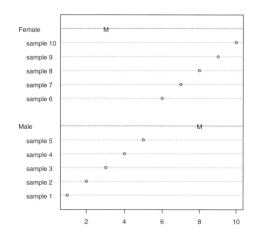

18.1.7　1次元データの図示（3）：ヒストグラム hist()

関数 hist(データベクトル，breaks= 区切り幅) でヒストグラムを描くことができる．異なる区切り幅のヒストグラムを描くこともできる．関数 plot() でも使用できるいくつかの引数（main, xlab, ylab, xlim, ylim, col 等）を使うこともできる．表 18.4 に取り得る引数を紹介する．

表 18.4　関数 hist() の引数

引数	機能
angle, density, col	棒を塗り分ける線の角度，塗り分ける際の線の本数，塗り分けの色を指定する
breaks	数値ベクトルを指定して各棒の区間を指定するか，自動で区間を決める手法（"Sturges", "scott", "FD"）を指定する
freq	縦軸を頻度表示にする（TRUE）か密度表示とする（FALSE）かを指定する
include.lowest	TRUE を指定すると，指定した左端の値を棒に含める
right	TRUE を指定すると，各区間の右端の値を棒に含める

関数 hist() の使用例を挙げる．

```
> x <- rnorm(50)
> hist(x, breaks = seq(-3, 3, 1) )         # -3から3まで幅1で描く
> hist(x, breaks = c(-3, -1, 0, 0.5, 3) )  # 異なる区切り幅
```

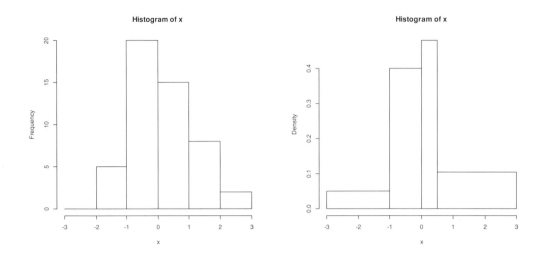

18.1.8 1次元データの図示（4）：円グラフ pie()

関数 pie(データベクトル) で円グラフを描くことができる．表 18.5 に取り得る引数を紹介する．

表 18.5 関数 pie() の引数

引数	機能
angle, density, col	扇形を塗り分ける線の角度，塗り分ける際の線の本数，塗り分けの色を指定する
labels	各扇形のラベルを定める文字列ベクトルを指定する
radius	円の大きさを指定する
clockwise	時計回りにする（TRUE）か反時計回り（FALSE）かを指定する
init.angle	始点を角度で指定する（デフォルトは 90）

関数 batplot() の使用例を挙げる．

```
> x <- 1:10
> pie(x, labels=LETTERS[1:10], clockwise=T)
> pie(x, labels=LETTERS[1:10], init.angle=45)
```

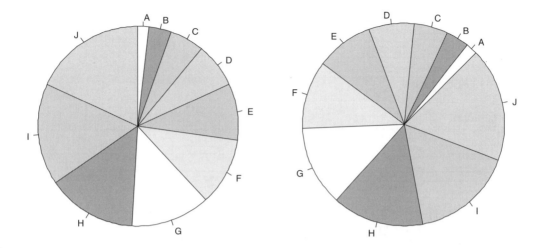

18.1.9　1次元データの図示（5）：箱ひげ図 boxplot()

　関数 boxplot(データ1, データ2, ……) で箱ひげ図を描く．プロット結果の解説は「8.2　データのプロット」を参照されたい．表 18.6 に取り得る引数を紹介する．

表 18.6　関数 boxplot() の引数

引数	機能
col	箱を塗る色を指定する
names	各棒のラベルを定める文字型ベクトルを指定することができる
range	箱の端からひげまでの幅を指定する（デフォルトは 1.5）
width	箱の幅を指定する
notch	TRUE にすると箱のウエストを細くする
pars = list(boxwex=0.8, staplewex=0.5, outwex=0.5)	boxwex, staplewex, outwex の値を変更することで，それぞれ「箱の大きさ」「ひげの長さ」「外れ値までの距離」を指定する
horizontal	TRUE にすると箱を水平にする（この場合，データは下から順に並ぶ）

　関数 boxplot() の使用例を挙げる．要約統計量の箱ひげ図を描く場合は関数 bxp() を用いる．また，boxplot() で計算された統計量を出力する場合は，関数 boxplot.stats() を用いる．

```
> boxplot(len ~ supp, data=ToothGrowth, col="lightgray")
> bp <- boxplot(len ~ supp, data=ToothGrowth, horizontal=T)
> bxp(bp, xaxt="n")   # 図は省略
> x <- subset(ToothGrowth, supp=="VC")$len
> boxplot.stats(x, coef=1.5, do.conf=TRUE, do.out=TRUE)
$stats
```

```
[1]  4.2 11.2 16.5 23.3 33.9
$n
[1] 30
$conf
[1] 13.00955 19.99045
$out
numeric(0)
```

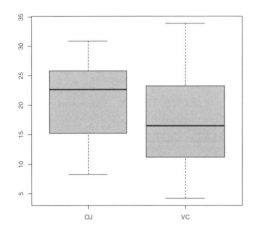
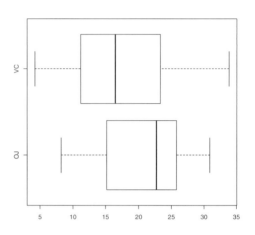

18.1.10　1次元データの図示（6）：rug()

　関数rug(データベクトル)でラグ（絨毯のように縦線を入れる）プロットを行う．次の例では，関数jitter(eruptions, amount=.01)でベクトルデータにノイズ（amount=0.01）を入れている．表18.7に取り得る引数を紹介する．

表 18.7　関数rug()の引数

引数	機能
col	目盛の色を指定する
ticksize	目盛の大きさを指定する
side	目盛を描く場所（1：下，2：左，3：上，4：右）を指定する

　関数rug()の使用例を挙げる．

```
> x <- (rnorm(50) - 1) + 3 * (runif(50) > 0.6)
> plot(density(x), main="Title")
> rug(x, side=3)
> rug(jitter(x, amount=0.01), col="blue")
```

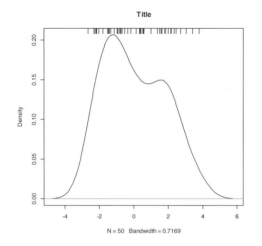
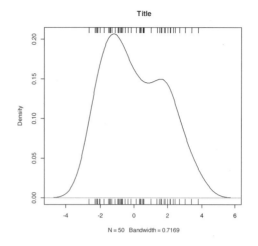

18.1.11　1次元データの図示（7）：stripchart()

　関数 stripchart(データベクトル) で1次元散布図を描く．また，stripchart(データベクトル, 因子ベクトル) とすることで，因子レベル別に1次元散布図を描くこともできる．関数 stripchart() では，関数 plot() のうちのいくつかの引数 (xlab, ylab, xlim, ylim, col 等) を使うこともできる．表 18.8 に取り得る引数を紹介する．

表 18.8 関数 stripchart() の引数

引数	機能
col	プロット点の色を指定する
method	プロットの方法（"overplot"：デフォルト，"jitter"：プロット点をずらす，"stack"：データが非常に細かい場合に有用）を指定する
jitter, offset	プロットの方法を "jitter" や "stack" とした場合にプロット点の散らばり具合や余白を調整する
vertical	TRUE にすると垂直にプロットする（軸ラベルの修正が必要になる場合がある）
group.names	（因子ベクトルの）各グループのラベルを定める文字型ベクトルを指定することができる

　関数 stripchart() の使用例を挙げる．

```
> x <- factor(rep(1:5, 10))
> y <- rnorm(50)
> stripchart(y ~ x, xlab="data", ylab="factor")
```

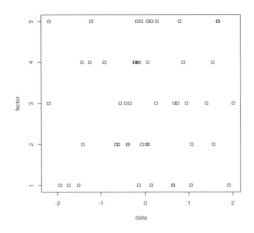

18.1.12　分割表データの図示（1）: fourfoldplot()

関数 fourfoldplot(配列や行列) で1個以上の層について，2変数間の関係を考慮に入れた 2×2 のグラフを生成する．

```
> data(UCBAdmissions)
> x <- aperm(UCBAdmissions, c(2, 1, 3))
> dimnames(x)[[2]] <- c("Yes", "No")
> names(dimnames(x)) <- c("Sex", "Admit?", "Department")
> fourfoldplot(margin.table(x, c(1, 2)))
```

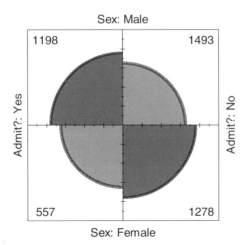

18.1.13 分割表データの図示（2）：mosaicplot()

関数 mosaicplot(配列や行列，リスト)で分割表データの解析結果をグラフに示す．引数 type に "pearson","deviance","FT"(Freeman-Tukey residuals)を指定することで残差の計算方法が選択でき，引数 dir=c("h", "v")で分割方向が変わる．関数 mosaicplot()では，関数 plot()のうちのいくつかの引数（xlab, ylab, col 等）を使うこともできる．

```
> data(Titanic)
> mosaicplot(Titanic, main="Survival on the Titanic", col=TRUE)
> mosaicplot(~ Sex + Age + Survived, data=Titanic, color=TRUE)
```

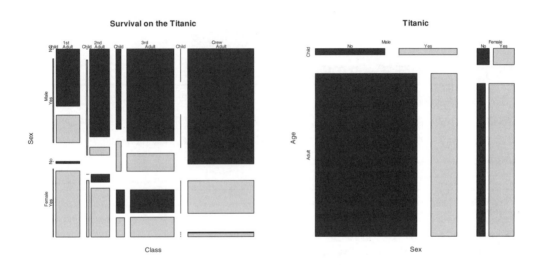

18.1.14 分割表データの図示（3）：assocplot()

関数 assocplot(行列)で分割表のデータについて，Cohen-Friendly の連関プロット（Association Plots）を行う．関数 assocplot()では，関数 plot()のうちのいくつかの引数（xlab, ylab, col 等）を使うこともできる．

```
> data(HairEyeColor)
> x <- margin.table(HairEyeColor, c(1, 2))
> assocplot(x, main="Relation between hair and eye color")
```

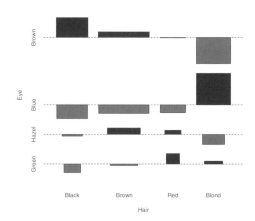

18.1.15 3次元データの図示(1): image()

3次元データを図示する場合は関数 image(x軸データ, y軸データ, z軸データ) で描く.この関数は数値ベクトル x, y, z を引数としてとり, z の値を表すために矩形の格子を描く.関数 image() では,関数 plot() のうちのいくつかの引数 (main, sub, xlab, ylab, cex, lwd, lty, xpd 等) を使うこともできる.

```
> x <- y <- seq(-4 * pi, 4 * pi, len=27)
> r <- sqrt(outer(x^2, y^2, "+"))
> image(z=z <- cos(r^2) * exp(-r / 6), col=gray((0:32) / 32))
> image(z, axes=FALSE, main="Math can be beautiful ...",
+       xlab=expression(cos(r^2) * e^{-r / 6}))
```

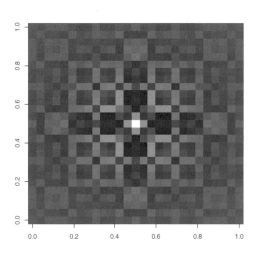
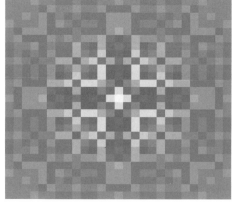

18.1.16 3次元データの図示（2）：persp()

関数 persp(x軸データ，y軸データ，z軸データ) で3次元データの立体図を描く．persp() は引数として x-y 平面の格子点上の z の値を要求する．表 18.9 に取り得る引数を紹介する．

表 18.9　関数 persp() の引数

引数	機能
col	グラフの色を指定する
xlim, ylim, zlim	それぞれ x 軸の範囲，y 軸の範囲，z 軸の範囲を指定する
xlab, ylab, zlab	それぞれ x 軸のラベル，y 軸のラベル，z 軸のラベルを指定する
theta	視点の横の角度を指定する
phi	視点の縦の角度を指定する
expand	z 軸の幅の比率を [0, 1] の範囲で指定する
border	境界線の色を指定する
scale	FALSE にすると，x 軸，y 軸，z 軸のデータのそのままの大きさでグラフが描かれる（自動調整されなくなる）
shade	数値を指定して影の濃さを指定する
ltheta	shade を指定したとき，光を当てる横の角度を指定する
lphi	shade を指定したとき，光を当てる縦の角度を指定する
box	TRUE にするとグラフを箱で囲み，FALSE にするとグラフを箱で囲まない
axes	FALSE にすると軸の線が描かれなくなる

ここではトリッキーな例を挙げているので，まともな例は「7.5.4　3次元プロット」の例を参照されたい．

```
> x <- seq(-10, 10, lengt=50)     # x軸の刻み幅
> y <- x                          # y軸の刻み幅
> f <- function(x, y) { r <- sqrt(x^2 + y^2); 10 * sin(r) / r }
> z <- outer(x, y, f)             # z軸の値
> persp(x, y, z, theta=30, phi=30,
+       expand=0.5, col=rainbow(50), border=NA)
```

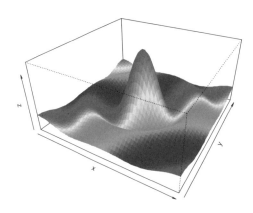

18.1.17　3次元データの図示（3）：contour()

3次元データを等高線図で図示する場合は関数 contour(x軸データ，y軸データ，z軸データ) で描く．引数 methods には "simple"（数値ラベルを境界線に重ねて描く），"edge"（数値ラベルを境界線に重ならないように描く），"flattest"（数値ラベルを境界線に埋め込んで描く）を指定することができる．

```
> x <- -6:16
> contour(outer(x, x), method="edge", vfont=c("sans serif", "plain"))
```

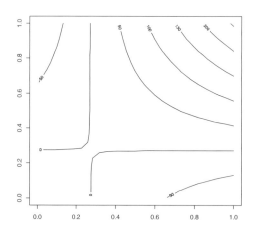

18.1.18　3次元データの図示（4）：filled.contour()，heatmap()

関数 contour() だけでなく，関数 filled.contour(x軸データ，y軸データ，z軸データ) でも等高線プロットを行うことができる．

```
> x <- y <- seq(-4 * pi, 4 * pi, len=27)
> r <- sqrt(outer(x^2, y^2, "+"))
> filled.contour(cos(r^2) * exp(-r / (2 * pi)), frame.plot=FALSE,
+                color.palette=heat.colors, plot.axes={})
```

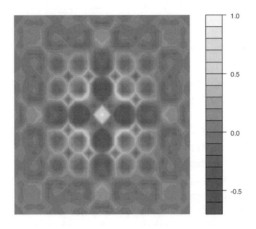

似たような出力として，関数 heatmap() でヒートマップを描くことができる．

```
> heatmap(cos(r^2) * exp(-r / (2 * pi)), col=heat.colors(256))
```

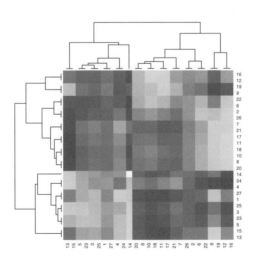

18.1.19　3次元データの図示（5）：scatterplot3d()

パッケージ scatterplot3d の関数 scatterplot3d(x軸データ, y軸データ, z軸データ) には3次元的に表示する散布図を描く機能が用意されている．関数 scatterplot3d() では，関数 plot() や関数

persp()のうちのいくつかの引数（xlim, ylim, zlim, xlab, ylab, zlab等）を使うこともできる．まず，パッケージscatterplot3dをインストールし，関数library()でパッケージ呼び出した後，例として曲線と3次元散布図を描いてみる．

```
> install.packages("scatterplot3d")
> library(scatterplot3d)
> z <- seq(-10, 10, 0.01)
> x <- cos(z)
> y <- sin(z)
> scatterplot3d(x, y, z, highlight.3d=TRUE, col.axis="blue",
+               col.grid="lightblue", main="Title", pch=20)

> temp <- seq(-pi, 0, length=50)
> x <- c(rep(1, 50) %*% t(cos(temp)))
> y <- c(cos(temp) %*% t(sin(temp)))
> z <- c(sin(temp) %*% t(sin(temp)))
> scatterplot3d(x, y, z, highlight.3d=TRUE, col.axis="blue",
+               col.grid="lightblue", main="Title", pch=20)
```

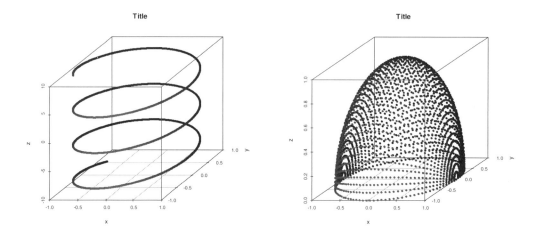

18.1.20　パッケージ lattice

パッケージlatticeには，S用に開発されたグラフィックスパラダイムTrellisのRへの移植関数が入っている．パッケージlatticeの関数では，次のモデル式によりグラフ（特に層別グラフ）を作成する．

- ~ x：変数xに関するグラフを描く
- y ~ x：変数xとyのグラフを描く
- y ~ x | a：変数aの水準ごとに，変数xとyのグラフを描く

- y ~ x | a * b, y ~ x | a + b：変数 a と b の水準ごとに，変数 x と y の散布図を描く

まず，パッケージ lattice を呼び出した後，例として通常の散布図と，条件付き散布図を描く．

```
> library(lattice)
> xyplot(len ~ dose, data=ToothGrowth)
> xyplot(len ~ dose | supp, data=ToothGrowth)
```

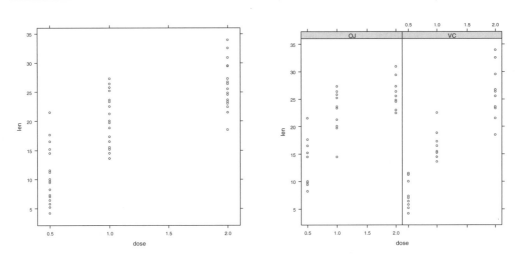

また，デフォルトで用意されている関数の代替関数も用意されている．たとえばパッケージ lattice 版のヒストグラムは，関数 histogram() で描くことができる．

```
> data(singer)
> histogram( ~ height | voice.part, data=singer,
+          xlab="Height (inches)", type="density",
+          panel=function(x, ...) {
+            panel.histogram(x, ...)
+            panel.mathdensity(dmath=dnorm, col="black",
+              args=list(mean=mean(x), sd=sd(x)))
+          } )
```

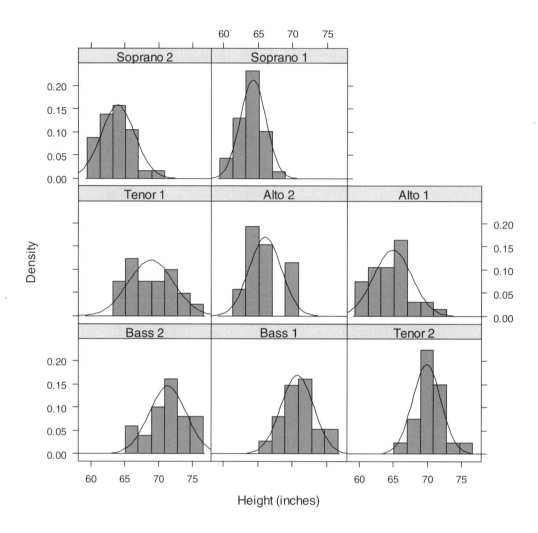

ほかにも表 18.10 のような関数が用意されている．同様にパッケージ LatticeExtra や plotrix にもグラフ作成用の有用な関数が用意されている．詳しくは各パッケージおよび関数のヘルプを参照されたい．

表 18.10 パッケージ lattice 中の関数

種類	関数	機能
1次元プロット	barchart()	棒グラフ
	bwplot()	箱ひげ図
	densityplot()	密度関数の推定
	dotplot()	ドットプロット
	histogram()	ヒストグラム
	qqmath()	分布関数のプロット
	stripplot()	1次元散布図
2次元プロット	qq()	2次元 q-q プロット
	xyplot()	trellis 版 plot()
等高線プロット	levelplot()	等高線プロット
	contourplot()	等高線プロット
3次元散布図	cloud()	3次元散布図(点)
	wireframe()	3次元散布図(面)
高次元プロット	splom()	行列の散布図
	parallel()	パラレルプロット
モデルへの当てはめ	rfs()	残差・当てはめのプロット

18.2 低水準作図関数

　高水準作図関数のみでは自分が望む図を描けない場合がある．たとえば，高水準関数で作図した図に追加要素を加えるには低水準作図関数を用いる．なお，これらの関数は後述するグラフィックスパラメータも引数として受け入れることができる．

18.2.1 点と折れ線の追記：points(), lines()

　関数 points(x 座標ベクトル，y 座標ベクトル) で点を追記し，関数 lines(x 座標ベクトル，y 座標ベクトル) で折れ線を追記する．これらの関数では，関数 plot() のうちのいくつかの引数（pch, col, cex, lty, lwd 等）を使うこともできる．

```
> x <- rnorm(200)
> y <- rnorm(200)
> plot(-4:4, -4:4, type="n")
> points(x, y, pch="+", col="red")

> x <- seq(0, 10, by=0.1)
```

```
> y <- seq(0, 1, by=0.01)
> plot(x, y, ylab="", type="n")
> for(i in 1:5) lines(x, beta(x,i), lty=i)
```

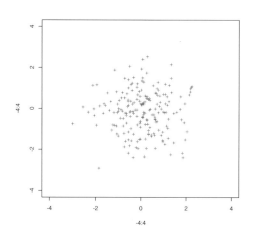
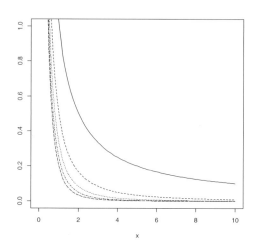

18.2.2　直線の追記：abline()，grid()

関数 abline() や関数 grid() で直線を追記する．これらの関数では，関数 plot() のうちのいくつかの引数（col，lty，lwd 等）を使うこともできる．

```
> plot(1:10)
> abline(a=0, b=1)    # 切片0，傾き1の直線

> plot(1:10)
> grid(3, 4)          # 3×4の格子を入れる
```

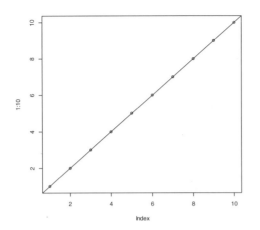
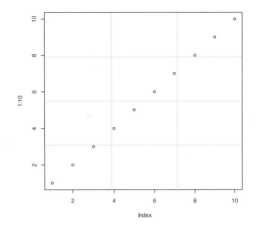

表 18.11 に取り得る引数を紹介する．

表 18.11 abline(), grid() の書式例

関数	機能
abline(a, b), abline(c(a, b))	a, b は切片と傾きを表し，直線 y = a + bx を描く
abline(h=a)	y = a の横線を引く
abline(v=a)	x = a の縦線を引く
abline(lm オブジェクト), abline(coef=coef(lm オブジェクト))	関数 lm の結果に関する回帰直線を描く
grid(a, b)	a×b 本の格子（長方形のグリッド）を追加する

18.2.3　線分と矢印，矩形の追記：segments()，arrows()，rect()

関数 segments()，関数 arrows()，関数 rect() でそれぞれ線分，矢印，矩形を追記する．これらの関数では，関数 plot() のうちのいくつかの引数（col，lty，lwd 等）を使うこともできる．

```
> plot(1:10)
> segments(2, 2, 3, 3)    # 点(2, 2)と点(3, 3)を通る線分を描く
> arrows(5, 5, 7, 7)      # 点(5, 5)と点(7, 7)を通る矢印を描く
```

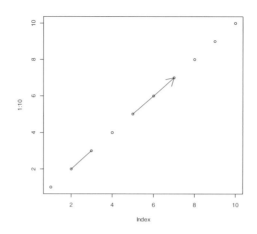

表 18.12 に取り得る引数を紹介する．

表 18.12 segments(), arrows(), rect() の書式例

関数	機能
segments(x0, y0, x1, y1)	始点の座標 (x1, y1) と，終点の座標 (x2, y2) を通る線分を描く
arrows(x0, y0, x1, y1)	始点の座標 (x1, y1) と，終点の座標 (x2, y2) を通る矢印を描く（矢じりは終点に付く）
arrows(x0, y0, x1, y1, code=1)	始点の座標 (x1, y1) と，終点の座標 (x2, y2) を通る矢印を描く（矢じりは始点に付く）
rect(xleft, ybottom, xright, ytop)	始点の座標 (x1, y1) と，終点の座標 (x2, y2) を通る長方形を描く
rect(xleft, ybottom, xright, ytop, col="green", border="blue")	始点の座標 (x1, y1) と，終点の座標 (x2, y2) を通る長方形を描き，辺を緑，中身を青で塗りつぶす
rect(xleft, ybottom, xright, ytop, density=数値, angle=角度)	始点の座標 (x1, y1) と，終点の座標 (x2, y2) を通る長方形を描き，中身を斜線で塗りつぶす

18.2.4 文字列の追記：text(), mtext()

関数 text() や関数 mtext() で文字列を追記する．これらの関数では，関数 plot() のうちのいくつかの引数（col, cex, font 等）を使うこともできる．また，text の引数に srt= 回転角（負の値でもよい）を入れることで，プロットの x 軸ラベルを回転させることもできる．

```
> par(mar=c(5, 4, 4, 7))
> plot(1:10, ann=F)
> text(2, 8, "文字列A", srt=45)
> axis(side=4)   # 右端にy軸追記
```

```
> mtext("文字列C", side=4, line=3)

> plot(1:10, xaxt="n")
> axis(1, labels=FALSE)
> pr <- pretty(x)
> par(xpd=TRUE)
> text(pr, par("usr")[3] - 0.5, pr, srt=-45)
```

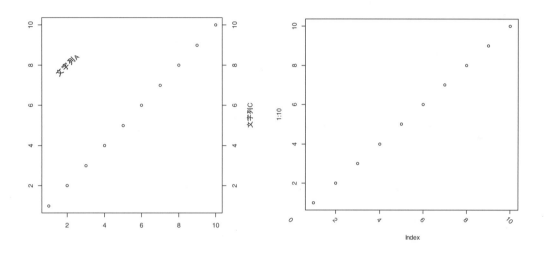

表 18.13 に取り得る引数を紹介する．

表 18.13 text(), mtext() の書式例

関数	機能
text(x, y, labels)	座標 (x, y) に文字列を描画する
text(x, y, labels, adj=数値, srt=角度)	座標 (x, y) に文字列を描画するが，引数 adj で文字の位置を調節し，引数 srt に角度を指定することで文字を回転する
text(locator(1), labels="文字列")	マウスでクリックして座標を指定し，そこに文字列を描く
mtext(text)	枠の外に文字列を書き込む
mtext(text, side=数値, line=数値, adj=数値, at=NA)	文字列を引数 text で指定し，side に文字列を描く余白位置を表す番号（下：1，左：2，上：3，右：4）を指定する．ここで line には図形領域から何行離すかを指定し，at には文字列を描く座標を指定することもできる

18.2.5 枠と座標軸の追記：box()，axis()

関数 box() で枠を追記し，関数 axis() で座標軸を追記する．これらの関数では，関数 plot() のうちのいくつかの引数（col, lty, lwd 等）を使うこともできる．関数 axis() の引数 adj や las につい

ては次節を参照されたい．

```
> plot(rnorm(50), rnorm(50), xlim=c(-3, 3),
+      ylim=c(-3, 3), axes=F, ann=F)
> axis(1, pos=0, at=-3:3, adj=0, col=2)   # x軸
> axis(2, pos=0, at=-3:3, adj=1, las=2)   # y軸
> box(lty=2, col="red")

> plot(1:10, xaxt="n", yaxt="n")
> axis(1, xaxp=c(2, 9, 7))
> axis(2, yaxp=c(3, 8, 5))
```

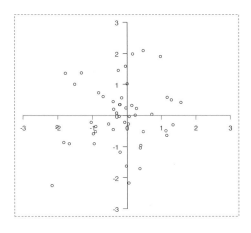
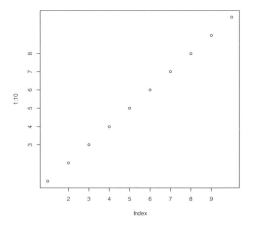

表 18.14 に関数 axis() の取り得る引数を紹介する．

表 18.14 axis() の書式例

関数	機能
axis(side=4, labels=F)	座標を描く（1：下，2：左，3：上，4：右）．引数 labels に FALSE を指定すると目盛のラベルは描かれなくなる
axis(side=2, at=1:10)	目盛のラベルを指定する
axis(1, xaxp=c(始点 , 終点 , 数))	x 軸の目盛のラベルを指定する
axis(2, yaxp=c(始点 , 終点 , 数))	y 軸の目盛のラベルを指定する
axis(side=1, pos=0)	引数 pos によって軸を描く位置を指定する．上（side=3）か下（side=1）に軸を描く場合は y 座標を，右（side=4）か左（side=2）に軸を描く場合は x 座標を，pos に与える．たとえば pos=0 とすれば，原点を通る座標軸を描くことができる

18.2.6 タイトルと凡例の追記：title(), legend()

関数 title(main=" タイトル ", sub=" サブタイトル ") でタイトルを追記し，関数 legend() で凡例を追記する．これらの関数では，関数 plot() のうちのいくつかの引数 (main, sub, xlab, ylab, col, lty, lwd, pch, cex 等) を使うこともできる．さらに，関数 legend() の引数 legend に文字列ベクトルを指定したり，引数 ncol に列数を指定したりすることにより，複数列にわたる凡例を作ることもできる．

```
> plot(1:10)
> title(main="Main Title", sub="Sub")
> x <- paste("example", c(1:2))
> legend(6, 4, x, col=c(1:2), lwd=1, bg='gray')

> plot(1:10)
> legend(3, 9, paste("sin(", 6:9, "pi * x)"),
+        col=6:9, pch=3, ncol=2, cex=0.9)
```

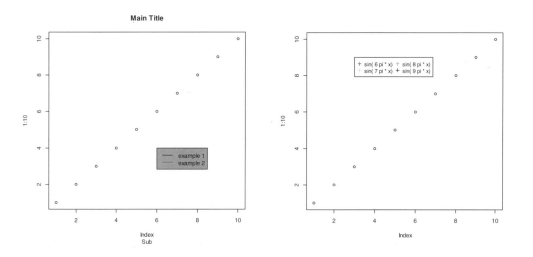

表 18.15 に関数 legend() の取り得る引数を紹介する．

表 18.15 legend() の書式例

関数	機能
legend(x, y, legend= 文字列ベクトル)	座標 (x, y) に凡例を付ける
legend(locator(1), legend, ……)	locator() により凡例位置を指定する
legend(x, y, legend, fill=" 色 ")	箱を塗りつぶす色を指定する
legend(x, y, legend, col=" 色 ", pch= 値)	点や線を描く色や点の種類を指定する

関数	機能
legend(x, y, legend, lty=値, lwd=値)	線の種類や線の幅を指定する
legend(x, y, legend, bty="o", bg="色")	bty="n"を指定すると，凡例の箱を描かない．bty="o"を指定して箱を描く場合，bg, box.lty, box.lwd, box.colで背景色や線種などを指定する
legend(x, y, legend, pt.bg="色", pt.cex, pt.lwd)	凡例中のプロット点の背景色や大きさを指定する
legend(x, y, legend, cex, text.width, text.col, text.font)	凡例の文字の大きさ等の指定を行う
legend(x, y, legend, title="文字", title.col, title.adj)	凡例にタイトルを付ける

18.2.7 多角形の追記：polygon()

関数polygon()で多角形を追記する．関数polygon()では，関数plot()のうちのいくつかの引数（border, col, lty, lwd等）を使うこともできる．また，グラフの一部に影を付けることもできる．

```
> plot(c(1, 9), 1:2, type="n")
> polygon(1:9, c(2, 1, 2, 1, NA, 2, 1, 2, 1),
+        density=c(10, 20), angle=c(-45, 45))
```

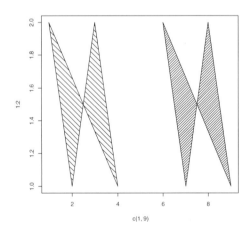

次の例では，まず標準正規分布の密度関数のグラフを$-4 \leqq x \leqq 4$の範囲でプロットする．続いて$-2 \leqq x \leqq 2$の範囲に灰色の影を付けるには，多数の多角形に分割して関数polygon()で塗りつぶしを行う．具体的にはxvals, rep(0, 50)の組み合わせでx軸上の辺を結び，rev(xvals)とrev(dvals)の組み合わせでグラフに沿った辺を結べば，塗りつぶしができる．

```
> plot(dnorm, -4, 4)
> xvals <- seq(-2, 2, length=50)
> dvals <- dnorm(xvals)
> polygon(c(xvals, rev(xvals)),
+     c(rep(0,50), rev(dvals)), col="gray")
```

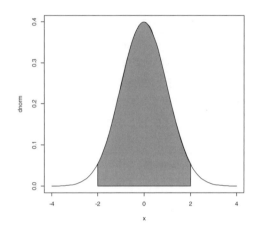

表 18.16 に取り得る引数を紹介する．

表 18.16 polygon() の書式例

関数	機能
polygon(x, y)	引数 x, y に多角形の頂点の座標ベクトルを指定し多角形を描いて中を塗りつぶすか，中に斜線を入れる．要素に NA があると多角形の生成は終了する
polygon(x, y, density=c(10, 20), angle=c(-45, 45))	多角形の内部に影を入れることができる．このとき，引数 angle で角度（左回り）を与えて線の傾斜を指定できる

18.3 グラフィックスパラメータ

　R は作図を行うと自動的に最適な出力をするので，こまごまとした設定を行う必要がない．しかし，場合によっては得られた出力が自分の思いどおりになっていないこともある．たとえば「横軸の範囲は 0 〜 1 ではなく − 2 〜 2 にしたいなぁ」「もう少しグラフの線を太くしたいなぁ」など，R の作図に慣れてくればグラフィックスのカスタマイズをしたくなるものである．

　高水準作図関数や低水準作図関数で作図する場合，作図関数固有のパラメータ以外にもグラフィックスパラメータと呼ばれるパラメータを指定できる．これにより，作図結果の微妙なカスタマイズを行うことができ，自分好みの出力結果を得ることができる．

18.3.1　グラフィックスパラメータ事始め

グラフィックスパラメータを設定する方法は次の 2 通りがある．

(1)　関数 par() を使って設定する方法：永続的にパラメータ値が変更される．

```
> par(パラメータ名=値)
```

たとえば par(col="red") と命令すれば，以降の作図線はすべて赤になる．線の色を赤以外の色に設定する場合は，再び par() を用いて設定する．また，par(col="red", lwd=2) と，複数のパラメータを一度に変更することもできる（この場合，線の色が赤に，線の太さが 2 倍になる）．

(2)　作図関数の引数にパラメータを与える方法：一時的にパラメータ値が変更される．

```
> 作図関数(作図関数の設定, パラメータ名=値)
```

たとえば curve(log) とすれば $y = \log(x)$ のグラフが描かれるが，curve(log, col="red") とすれば作図線が赤になる．ただし，次からの作図命令には「作図線を赤にする」という設定は反映されない．これが「一時的にパラメータ値が変更される」ということである．また，curve(log, col="red", lwd=2) と，複数のパラメータを一度に変更することもできる．この場合，線の色が赤に，線の太さが 2 倍になる．

1 つだけややこしいこと（けれども大事なこと）を述べておこう．R のグラフィックスパラメータは，すべてが上記の 2 通りの方法で変更できるわけではなく，一部のグラフィックスパラメータは関数 par() でしかパラメータ値を変更することができない．このことを理解すれば，後は次に紹介するグラフィックスパラメータの一覧を見ながらパラメータ値を変更できるようになる[注1]．

18.3.2　グラフィックスパラメータの永続的変更

まず，関数 par() を使わなければ変更できないグラフィックスパラメータを紹介する．この種のパラメータは領域，余白，座標系などを設定する機能であるものがほとんどで，いったん変更すると，改めて変更するまでは元に戻らない[注2]．

注1　一部のグラフィックスパラメータには読み取り専用・変更不可なもの（例：テキスト関係のパラメータ cin, cra, csi 等）があるが，ここでは値の変更方法などは扱わないことにする．ただ，これらのほとんどが文字の幅と高さや解像度などに関するものなので，これらのパラメータを変更することはないと思われる．

注2　パラメータ new を事前に TRUE にしておくと，高水準作図関数は「画面はすでに消去されている」と解釈して，画面を消去せずに図を描く．また，パラメータ ask を事前に TRUE にしておくと，help の example を閲覧する際に作図例が一瞬で流れてしまうのを防ぐことができる．

```
> par(new=T)       # 現在の作図に次の作図を上書きする
> par(ask=TRUE)    # 作図する前に確認を求める
> help(par)        # すべてのグラフィックスパラメータのヘルプを表示
```

関数 par() の使い方は表 18.17 のとおりである．

表 18.17 関数 par() の書式

関数	機能
par()	すべてのグラフィックスパラメータの現在値を出力
par(" 文字列 ")	パラメータ名を文字列で指定し，そのグラフィックスパラメータの現在値を出力（パラメータの値を変更する際は，まずこの命令でパラメータ値を確認する）
par(" 文字列 "," 文字列 "), par(c(" 文字列 "," 文字列 "))	パラメータ名を複数指定することもできる
par(col=2)	パラメータ名 = 値の形で設定することにより，パラメータの値を変更する
par(col=2, lty=3), par(list(col=2, lty=3))	複数のグラフィックスパラメータを一度に変更することもできる

①グラフィックスパラメータ値の一時退避と復帰

　関数 par() を使ってグラフィックスパラメータを変更すると，改めて変更するまでは元に戻らない．すると，いろいろパラメータを変更しているうちに，元の設定がどのような設定であったかがわからなくなることがある．そこで，関数 par() を使わなければ変更できないパラメータの値を変更する場合は，適当な変数（次の例では oldpar という変数名を使っているが，好きな名前で構わない）に現在のパラメータの値を保存しておくのが得策である．R では便利なことに，グラフィックスパラメータの値を 1 つの命令ですべて保存することができる．

```
> oldpar <- par(no.readonly=TRUE)   # 現在のパラメータ値を退避
> oldpar <- par(col=2, lty=3)       # 一部だけ保存する
> par(oldpar)                       # 作業前のパラメータ値に戻す
```

次に実行例を示す．

```
> oldpar <- par(no.readonly=TRUE)   # 現在のパラメータ値を退避
> par(col=2)                         # 色を赤に変更
> plot(1:10)                         # プロットを行う
> par(col=1, lty=3)                  # 線の形式をドットに変更
> curve(sin)                         # sin(x)のグラフを描く
```

```
> par(oldpar)                    # 作業前のパラメータ値に戻す
```

関数定義内で関数 par() を使ってグラフィックスパラメータを変更する場合も，元のグラフィックスパラメータの値をすべて保存したうえで作業をして，関数の最後に元に戻すことをお勧めする．

②プロット領域，作図領域，余白について

R の作図デバイスは次の領域（region）で構成されている．ちなみに，関数 par() を使わなければ変更できないグラフィックスパラメータは，たいていが作図領域，プロット領域，余白に関するパラメータとなっている．

- プロット領域（plot region）：実際にグラフが描かれる部分
- 作図領域（figure region）：プロット領域＋余白（margin）
- デバイス領域（device region）：作図デバイス全体．作図領域＋余白（margin）

まず，1ページに1枚のグラフを描いた場合の，作図領域，プロット領域，余白の概念図を示す．プロット領域の外の余白の大きさは，mar や mai などのグラフィックスパラメータで変更できる．ちなみに，1ページに1枚のグラフを描いた場合は，「作図領域≒デバイス領域」となっている．

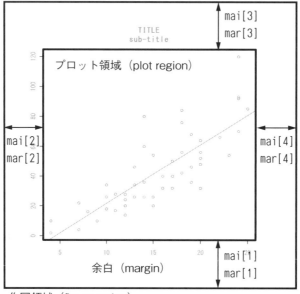

次に，1ページに複数枚のグラフを描いた場合の，デバイス領域，作図領域，余白の概念図を示す．

作図領域の外の余白の大きさは，omaやomiなどのグラフィックスパラメータで変更することができる．

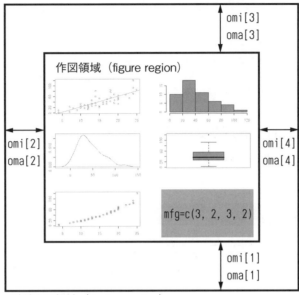

③デバイス領域について

　デバイス領域の大きさは，各作図デバイスの大きさに依存するため，グラフィックスパラメータで指定するのではなく，作図デバイスを指定する際に大きさ等を指定することになる．たとえば，jpegデバイスの大きさを指定する場合は次のようにする．詳しくは「7.4.2　作図デバイスとグラフの保存」および各作図デバイスのヘルプを参照されたい．

```
> jpeg("mygraph.jpg", 200, 200)   # 200×200のJPEG画像を作成
> plot(1:10)
> dev.off()
```

④作図領域に関するパラメータ

　作図領域（figure region）の大きさや位置は，fig, finで設定できる（表18.18）.

表 18.18 作図領域に関するパラメータ

引数	機能
fig=c(x1, x2, y1, y2)	作図領域のx, y軸方向の両端の位置の比率を指定する．初期値はc(0, 1, 0, 1)で，これは作図領域をフルに使用していることを示しており，c(0, 0.5, 0.5, 1)と変更すれば左上の方に作図されることになる．このパラメータを設定するとパラメータnewがTRUEになる
fin=c(5, 5)	作図領域の幅と高さをインチで指定する．たとえばpar("fin")で調べた結果が[6.8 6.8]であった場合にc(5, 5)を指定すれば，描画結果は少し小さめの出力となる

⑤プロット領域に関するパラメータ

プロット領域の大きさや位置はplt，pinで設定できる（表18.19）．

表 18.19 プロット領域に関するパラメータ

引数	機能
pin=c(6, 6)	プロット領域の幅と高さをインチ単位で指定する
plt=c(0.1, 0.9, 0.1, 0.9)	プロット領域のx, y軸方向の両端の位置の比率を指定する．c(0, 1, 0, 1)と変更すれば余白がまったくない出力が得られる
ps=12	文字とシンボルの大きさを整数値で指定する
pty="m"	"s"は正方形のプロット領域，"m"は最大のプロット領域を生成する．"m"を設定した場合，プロット領域でも余白でもない空白部分ができる場合もある

⑥余白に関するパラメータ

余白をあまり小さくしてしてしまうと軸のラベルなどが描けなくなってしまうので，注意が必要である（表18.20）．

表 18.20 余白に関するパラメータ

引数	機能
mai=c(0.85, 0.68, 0.68, 0.35)	底辺，左側，上側，右側の順に余白の大きさをインチ単位で指定する．mar, maiで余白サイズを変えると，plt, pinが追随して変化する
mex=1	プロットの余白の座標を指定するのに使われる文字サイズの拡大率を指定する．このパラメータを変更すると，余白の大きさもそれに応じて変化する．複数図表を使う場合は，このパラメータ値が自動的に0.5に変更されることがあるので注意

18.3 グラフィックスパラメータ

引数	機能
mar=c(5, 4, 4, 2)	底辺，左側，上側，右側の順に余白の大きさを行の高さ（mex）で指定する．デフォルトでは高水準作図関数は軸のラベルを3行分離して描くので，底辺と左部には最低でも4行分（4 mex分）の余白が必要となる．mar, mai で余白サイズを変えると，plt, pin が追随して変化する
omi=c(0, 0, 0.8, 0)	底辺，左側，上側，右側の順に外周の大きさをインチ単位で表した（outer margins in inches）もので指定する
oma=c(2, 0, 3, 0)	外周の底辺，左側，上側，右側の順に外側余白（outer margin）を行の高さ（mex）で指定する
omd=c(0, 1, 0, 1)	ウインドウ全体を0から1の範囲として，外周を除いた複数図表の両端の位置 (x1, x2, y1, y2) を指定する（この場合，外周は存在しないことになる）
xpd=F	論理値かNAを指定する．FALSEならばプロット領域内に収まる部分だけ図が描かれ，TRUEならば作図領域内に収まる部分だけ図が描かれる．NAならばデバイス領域全体に図が描かれる

xpd の使用例を次に示す．

```
> plot(iris$Sepal.Length, iris$Sepal.Width)  # xの範囲は4.0〜8.0
> par(fig = c(0.3, 0.7, 0.2, 0.8))
> par(xpd=F)   # プロット領域内に収まる部分だけ図が描かれる
> plot(iris$Sepal.Length, iris$Sepal.Width, xlim=c(5.5, 6.5))
> par(xpd=T)   # 作図領域内に収まる部分だけ図が描かれる
> plot(iris$Sepal.Length, iris$Sepal.Width, xlim=c(5.5, 6.5))
> par(xpd=NA)  # デバイス領域全体に図が描かれる
> plot(iris$Sepal.Length, iris$Sepal.Width, xlim=c(5.5, 6.5))
```

次の例は通常のプロット（左）と，プロット領域内に収まる部分だけ描いたグラフ（右）である．

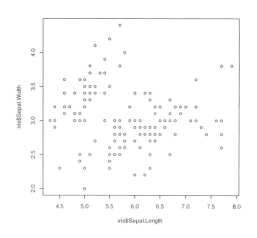
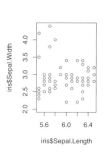

また，次の例は作図領域内に収まる部分だけ描いたグラフ（左）と，デバイス領域全体に描いたグラフ（右）である．

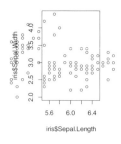
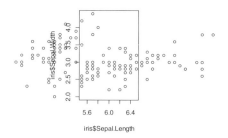

⑦ その他のパラメータ

作図領域の座標は絶対的なものではなく，出力の見栄えが良くなるように逐一自動的に変更される．たとえば次のようなプロットを行えば，座標系は縦横ともに1から10までに設定される．

```
> plot(1:10)
```

これをユーザーの好きなように変えるには，パラメータ usr の値を変更すれば実現できる．パラメータ usr は出力の見栄えが良くなるように逐一自動的に変更される．

```
> par(usr=c(1, 10, 1, 10))      # x座標：x1〜x2，y座標：y1〜y2
> par("usr")                    # 確認
[1]  1 10  1 10
> plot(1:5, xlim=par("usr")[1:2])  # 指定した座標系のままプロット
> par("usr")[1:2]                   # する場合は xlim で指定する
```

```
[1] 0.64 10.36                  # 座標系が変わっていないことに注意
> plot(1:5)                     # 普通にプロットすると
> par("usr")[1:2]               # (usrを明示的に変更しなくても)
[1] 0.84 5.16                   # 値は自動的に変更される
```

18.3.3 グラフィックスパラメータの一時的変更

この項で紹介するグラフィックスパラメータは，関数 par() で設定することもできるし，関数 plot() や多くの高水準作図関数の引数として設定することもできる．たとえばプロット点の形を指定するパラメータ pch に関しては，次の2通りの設定方法を用いることができる．

```
> plot(1:10, pch="+")   # 一時的にプロット点の形を"+"に変更する
> par(pch="+")          # これ以後プロット点の形をずっと"+"に変更
> plot(1:10)            # プロット点の形は"+"となる
> plot(1:20)            # これもプロット点の形は"+"となる
```

ただし，関数 par() で設定した場合は設定した後にもう一度パラメータ値を変更するまでそのままの設定値が使われるが，作図関数の引数としてグラフィックスパラメータを設定した場合はそのときの作図時のみ設定値が使われる（それ以後は直前までの設定値が使われる）．次にグラフィックスパラメータの一覧を示す．

①プロットに用いられる色

表 18.21 に示す命令以外にも，虹色で12段階を指定するなど，引数に rainbow(n), heat.colors(n), terrain.colors(n), topo.colors(n), cm.colors(n) などで色を決めることもできる．また，同様の命令で col.axis, col.lab, col.main, col.sub でそれぞれ軸，ラベル，タイトル，サブタイトルの色を指定できる．

表 18.21 プロットに用いられる色

引数	機能
col=1, col="blue"	作図に用いる色（color）を引数 col= 番号または色名で指定する（初期値は1）．色名はほぼすべての種類の色があるので，番号よりも (yellow, blue, cyan, black などの) 色名で指定するのがよいだろう
col=rgb(1, 0, 0)	名前で色を決めることもできるが，引数 col=rgb(赤，緑，青) で指定して色を決めることもできる
col=hsv(.5, .5, .5)	hsv 形式で色を決める
col=gray(0.8)	グレースケールで色を決める
gamma=1.0	ガンマ補正を行う

Rで使える色の名前は関数colors()で知ることができる.

```
> colors()
  [1] "white"            "aliceblue"        "antiquewhite"
  [4] "antiquewhite1"    "antiquewhite2"    "antiquewhite3"
  [7] "antiquewhite4"    "aquamarine"       "aquamarine1"
 [10] "aquamarine2"      "aquamarine3"      "aquamarine4"
 ......
[655] "yellow3"          "yellow4"          "yellowgreen"
```

②プロットのマーカー,プロットのタイプ

pchで指定できるマーカーの種類は表7.7を参照されたい.ちなみに,pchに33〜126の整数を指定すると,ASCIIコードの同番号と対応した文字が表示される.

表18.22 プロットのマーカー,プロットのタイプ

引数	機能
pch=値,pch="文字"	プロット点の種類や文字を指定する(表7.7を参照)
type="p"	プロットの形式を指定する(この場合は点プロット.表7.4を参照)

③テキスト・フォントに関するパラメータ

文字列に関するグラフィックスパラメータや文字列を操作する関数には表18.23のようなものがある.これらの引数で文字の大きさや描画方向などを設定できる.

表18.23 テキスト・フォントに関するパラメータ

引数	機能
ann=F	プロットに軸の注釈や全体タイトルを付ける(TRUE)か付けない(FALSE)かを指定する(既定値は注釈を付ける)
adj=0	テキスト文字列の調節(0:左揃え,0.5:中心揃え,1:右揃え)を行う.また,adj=c(x, y)でx軸およびy軸方向を別々に揃えることもできる
par("cin"), par("cra"), par("csi"), par("cxy"), par("din")	それぞれ,インチ単位の既定文字サイズ(幅と高さ),ピクセル単位の既定文字サイズ(幅と高さ),インチ単位で与えた既定サイズの文字の高さ,既定文字のサイズ(幅と高さ:par("cin")/par("pin")),インチ単位のデバイスの大きさ(幅と高さ)を確認できる
cex=1	標準の大きさを1として,文字の拡大率を指定する.csiを変更すると,このグラフィックスパラメータもその値に応じて自動的に変化する.同様の命令でcex.axis, cex.lab, cex.main, cex.subでそれぞれ軸,ラベル,タイトル,サブタイトルの拡大率を指定する

引数	機能
ps=20	テキストと記号の大きさをポイント単位で指定する
text(x, y, labels=" 文字列 ", srt=90)	座標 (x, y) に labels で指定した文字列を表示する際に，引数 srt で文字の回転角（単位は度）を指定する（x 軸が基準）
col=1, col="blue"	色を指定する．同様の命令で col.axis, col.lab, col.main, col.sub でそれぞれ軸，ラベル，タイトル，サブタイトルの色を指定する
font=1	フォント番号を指定する（1：プレイン，2：ボールド，3：イタリック，4：ボールドイタリック）．同様の命令で font.axis, font.lab, font.main, font.sub でそれぞれ軸，ラベル，タイトル，サブタイトルのフォント番号を指定する
lheight	行間のスペースを倍数で指定する

④線分の太さと形式

線分の太さと形式に関するグラフィックスパラメータには表 18.24 のようなものがある．

表 18.24 線分の太さと形式に関するパラメータ

引数	機能
lwd=1	線分の幅（line width）を番号で指定する．値が大きいほど太い線になる
lty=1, lty="solid"	線分の形式を指定する（この場合は実線．表 7.5 を参照）

⑤枠に関するパラメータ

枠に関するグラフィックスパラメータには表 18.25 のようなものがある．

表 18.25 枠に関するパラメータ

引数	機能
bg="blue"	背景の色を指定する．fg で前景の色も指定できる
bty="o"	箱型．四方が囲まれている形になる
bty="l"	L 字型．左と下部だけに枠の線が引かれる
bty="7"	枠が 7 型．上部と右だけに枠の線が引かれる
bty="c"	枠が C 字型．右部を除き枠の線が引かれる
bty="u"	枠が U 字型．上部を除き枠の線が引かれる
bty="]"	枠がコ字型．左部を除き枠の線が引かれる
bty="n"	枠を描かない（箱を描く）

⑥軸に関するパラメータ

軸に関するグラフィックスパラメータには表 18.26 のようなものがある．

表 18.26 軸に関するパラメータ

引数	機能
las=0	ラベルの書式：各軸に並行して描く
las=1	ラベルの書式：すべて水平に描く
las=2	ラベルの書式：軸に対して垂直に描く
las=3	ラベルの書式：すべて垂直に描く
lab=c(5, 5, 7)	長さ 3 の数値ベクトルの最初の 2 つで x，y 軸に付ける目盛の数を指定する．最後の 1 つはラベルのサイズを指定するはずだが，今のところは（S から）移植されていない様子
mgp=c(3, 1, 0)	長さ 3 の数値ベクトルでそれぞれ軸タイトル，軸ラベル，軸線が描かれる位置を，枠から何行分（mex 単位）外側にするかを指定する
tck=NA	軸の目盛線の長さを枠の大きさに対する割合で指定し，値が正ならば線が図の内側に，値が負ならば図の外側に目盛線が描かれる．ここで tck=1 とすれば，図に格子を入れることができる．初期値は NA だが，これは tcl=-0.5 を用いるという意味である
tcl=-0.5	軸の目盛線の長さをテキスト行の高さ（mex）の割合で指定する．正の値を指定すれば目盛を内側に向かって描き，負の値なら外側に描く．tcl=NA とすれば，tck に －0.01 がセットされる
xaxt="s", yaxt="s"	それぞれ x 軸，y 軸として通常の軸を使う
xaxt="n", yaxt="n"	それぞれ x 軸，y 軸を描かない．元に戻すには "s" と指定すればよい．xaxt="n" と yaxt="n" を同時に指定すると axes=F と同じになる
xaxt="l", yaxt="l"	"s" と同じ
xaxt="t", yaxt="t"	"s" と同じ
xaxs="r", yaxs="r"	x 軸，y 軸のスタイル：まずデータ範囲を両側 4％広げ，次に範囲内でラベルがきれいに表示できる軸を見つける
xaxs="i", yaxs="i"	x 軸，y 軸のスタイル：データ範囲内できれいに表示できる軸を見つける
xaxs="s", yaxs="s"	x 軸，y 軸のスタイル：ラベルがきれいに表示できる軸で目盛内に収まるようなものを見つける（移植待ち）
xaxs="e", yaxs="e"	x 軸，y 軸のスタイル：軸を目盛内に収まるよう設定する．両端の目盛上にデータがある場合は 1 文字分軸を広げる（移植待ち）．"s" を指定した場合に似ているが，bounding-box 内に記号をプロットする分の余裕を確保する点が異なる
xaxs="d", yaxs="d"	x 軸，y 軸のスタイル：現在の軸を次の作図時にも用いるようにする．ユーザーの直接指定を表す（移植待ち）．移植されれば，まずこれを指定し，次に xaxp，yaxp で目盛の区切りを設定することができる

引数	機能
xaxp=c(0, 1, 5), yaxp=c(0, 1, 5)	x, y 軸の目盛の区切りを参照する．最初の2つが両端の目盛の座標，最後の値がその内側の区切りの個数を表す．ただ，値自体を変更してもあまり意味はない様子
xlog=F, ylog=F	それぞれ対数 x 軸，対数 y 軸の使用を論理値で指定する．TRUE ならば対数軸が使われ，新しいデバイスに対しては既定値は FALSE に設定される

18.4 複数のグラフを1ページに描く

本節で出てくるパラメータの説明は，前節でも扱っているので，そちらも参照されたい．まず，準備として画面（デバイス）の外周の空白を指定するパラメータを再度紹介する．

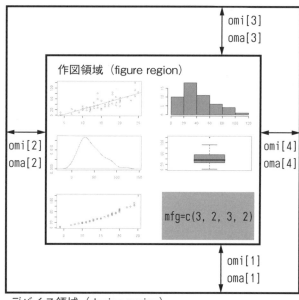

タイトルや注釈テキストを入れる場合で，空白を指定するには par() の引数に次のパラメータを入れて上部に 4 mex 分（4 行分）のスペースをとっておく（タイトルや注釈テキストを入れないなら指定する必要はない）．

```
> par(oma=c(0, 0, 4, 0))   # 下・左・上・右の順で余白を設定
```

18.4.1　グラフィックスパラメータによる画面分割

画面を分割するパラメータは表 18.27 のようなものがある．

表 18.27　画面分割に関するパラメータ

引数	機能
mfrow=c(m, n), mfcol=c(m, n)	画面が m 行 n 列の複数図表に分割される．mfrow で指定した場合は行順に，mfcol で指定した場合は列順にグラフが描かれる．複数図表をやめるには mfrow=c(1, 1) とする．また，c() の代わりに関数 n2mfrow() を指定することもできる
mfg=c(i, j, m, n)	m 行 n 列に複数図表を指定している場合において，i 行 j 列の場所に次のグラフを描く（順番に図を描きたくない場合に使う）
fig=c(4, 9, 1, 4)/10	そのページにおける現在の図表の位置を指定するパラメータで，ページ内の任意の位置に図表を置くためのものである．値は左下から測ったページの百分率としての左側・右側・底辺・上側の位置で，例の値はページの右下に図を置くためのものである

次の例では画面を 3×2 に分割している．

```
> par(mfrow=c(3, 2))
```

画面を分割できたら，それぞれのグラフを画面分割をしていないときと同様に，逐次図を描くことで，4 枚のグラフが（行順に）一度に表示される出力が得られる．

```
> plot(sin)
> plot(cos)
> plot(tan)
> plot(asin)
> plot(acos)
```

これらを描き終えてから outer=T と指定して関数 mtext() を使うことで，全体のタイトルを外周に書き込むことができる．

```
> mtext(side=3, line=1, outer=T, text="Title", cex=2.5)
```

すると次の左図のようになる．ここで最初の余白（oma）を設定していなければ右図のように画面（デバイス）からタイトルがはみ出すことになる．

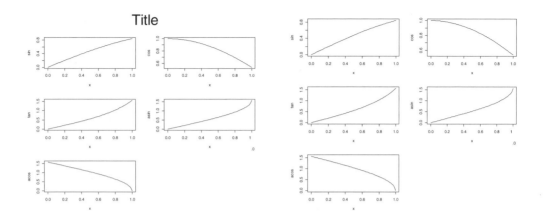

関数 frame() で図を消去したときに図表番号の順番も1つ後ろに進んでいることに注意されたい．また，関数 stars() や pairs() など，内部で複数図表を用いている高水準作図関数は，複数図表と同時に使うことはできない．

18.4.2 関数 layout() を用いた画面分割

前項で紹介したグラフィックスパラメータ mfrow や mfcol を用いることで画面を複数に分割することができたが，次に紹介する関数を用いることで，規則的な画面分割に限らず，自由に画面を分割できるようになる．

まず，関数 layout() を用いると，行列で行数と列数を指定して画面を分割できる．このとき画面は「行列の行数 × 行列の列数」に分割され，行列の成分が作図の順番となる．

```
> X <- matrix(c(1, 0, 2, 2), 2, 2, byrow=TRUE)
> X
     [,1] [,2]
[1,]    1    0
[2,]    2    2
> layout(X)
> plot(sin)
> plot(cos)
```

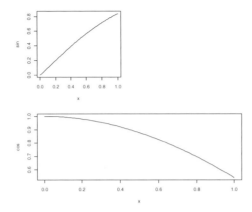

関数 layout.show(n) でデバイス番号を確認することができ，また関数 lcm(x) で長さを指定することもできる．

```
> layout(matrix(c(1, 3, 2, 2), 2, 2, byrow=TRUE), respect=T,
+        widths=lcm(5), heights=lcm(5))
> plot(sin)
> plot(cos)
> plot(acos)
```

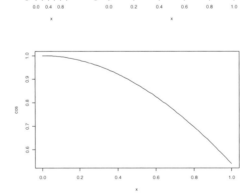

18.4.3 　関数 split.screen() を用いた画面分割

関数 split.screen(c(m, n)) で，縦 m 個，横 n 個に画面を分割することができる．

```
> plot.new()
```

```
> split.screen(c(2, 1))   # 上下2つに画面を分割
[1] 1 2
```

この例では上側が画面番号1，下側が画面番号2になる．ここで引数 screen に分割する画面番号を指定することによって，その画面をさらに分割することもできる．たとえば上記の例でできた画面2をさらに3つに分割してプロットすると，次のようになる．通常の1画面形式に戻る場合は，関数 close.screen(all=TRUE) を実行する．

```
> split.screen(c(1, 3), screen = 2)   # 画面2をさらに3つに分割
[1] 3 4 5
> screen(1);    plot(10:1)            # 画面1にプロット
> screen(4);    plot(10:1)            # 画面4にプロット
> close.screen(all=TRUE)              # 画面分割モードから脱出
```

次の出力結果で括弧付きの番号は画面番号を表す（実際の出力には表示されない）．

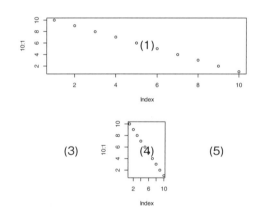

18.5 落穂ひろい

(1) グラフ中のフォントの指定について，Windows 版 R であれば windowsFont()，Mac OS X 版 R であれば quartzFont()，Linux 版 R であればパッケージ Cairo の関数 CairoFonts() が利用できる．次に Windows 版 R の例を挙げるが，たとえば Mac OS X 版 R をお使いの方は，windowsFont() を quartzFonts() に読み替えていただきたい．

```
> windows()                # Windowsデバイスを開く
> windowsFonts()           # 現在使用できるフォントを確認
$serif
```

```
[1] "TT Times New Roman"
$sans
[1] "TT Arial"
$mono
[1] "TT Courier New"
> windowsFonts("mono")   # "mono"のフォントを確認
$mono
[1] "TT Courier New"
> windowsFonts(JP1=windowsFont("MS Mincho"),
+              JP2=windowsFont("MS Gothic"),
+              JP3=windowsFont("Arial Unicode MS"))   # 新しいフォントを作成
> plot(1:5, type="n")
> text(1.5, 1, "あああ", family="JP1", cex=2)
> text(2.0, 2, "いいい", family="JP1", cex=2, font=2)
> text(3.0, 3, "エうう", family="JP2", cex=2)
> par(family="JP3")
> text(4.0, 4, "えええ", cex=2)
```

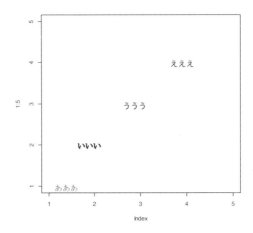

PDFやPSファイルのフォントについては「7.4.2 作図デバイスとグラフの保存」を参照されたい.

(2) 低水準作図関数 text() でプロット図に文字を追加することができるが, text(), mtext(), axis(), title() の引数に,文字列の代わりに expression() と paste() を指定することで,プロット図に数式を追加できる. ちなみに, 関数 expression() だけならば, 次の y 軸ラベルのように第 1 引数しか数式と認識されず, 表示が変になる場合があることに注意されたい.

```
> plot(1:4, type="n")
> text(2, 3, cex=3, expression(paste(
+       @<b>{"sqrt(" * alpha, ") log" * alpha)))
```

```
> plot(1:4, type="n")}
> text(2, 3, cex=3, expression(
+      "sqrt(" * alpha, ") log" * alpha))
```

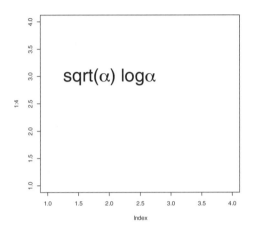
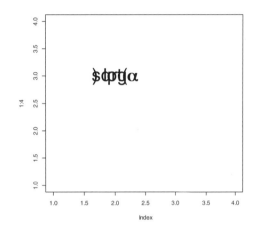

数式と数値変数の結合を行う場合は次のようにする．

```
> plot(1:10, type="n", xlab="", ylab="")
> x <- 1.23 ; title(substitute(hat(theta) == that, list(that=x)))
```

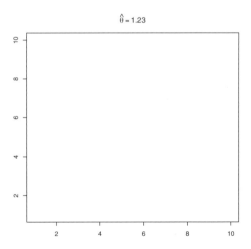

使える主な数式を表 18.28 〜表 18.37 にまとめる．

表 18.28 算術演算子

出力	命令	出力	命令
$x+y$	x + y	$x-y$	x - y
xy	x * y	x/y	x / y
$x\pm y$	x %+-% y	$x\div y$	x %/% y
$x\times y$	x %*% y	$x\cdot y$	x %.% y
$-x$	-x	$+x$	+y

表 18.29 上付き文字，下付き文字，平方根

出力	命令	出力	命令
x_i	x[i]	x^2	x^2
$\sqrt{x}$	sqrt(x)	$\sqrt[y]{x}$	sqrt(x, y)

表 18.30 関係演算子

出力	命令	出力	命令
$x=y$	x == y	$x\neq y$	x != y
$x<y$	x < y	$x\leq y$	x <= y
$x>y$	x > y	$x\geq y$	x >= y
$x\approx y$	x %~~% y	$x\cong y$	x %=~% y
$x\equiv y$	x %==% y	$x\propto y$	x %prop% y
$x\subset y$	x %subset% y	$x\subseteq y$	x %subseteq% y
$x\supset y$	x %supset% y	$x\supseteq y$	x %supseteq% y
$x\not\subset y$	x %notsubset% y	$x\in y$	x %in% y
$x\notin y$	x %notin% y		

表 18.31 フォント

出力	命令	出力	命令
x	plain(x)	x	italic(x)
$\mathbf{x}$	bold(x)	$\boldsymbol{x}$	bolditalic(x)
x	displaystyle(x)	x	textstyle(x)
x	scriptstyle(x)	x	scriptscriptstyle(x)

出力	命令	出力	命令
$\underline{x}$	underline(x)		

表 18.32 リスト，省略記号

出力	命令	出力	命令
x, y, z	list(x, y, z)	$x_1, \ldots, x_n$	list(x[1], ..., x[n])
$x_1, \ldots, x_n$	x[1], ..., x[n]	$x_1 + \cdots + x_n$	list(x[1], cdots, x[n])
$x_1 + \cdots + x_n$	x[1], ldots ,x[n]		

表 18.33 アクセント記号

出力	命令	出力	命令
$\hat{x}$	hat(x)	$\tilde{x}$	tilde(x)
$\mathring{x}$	ring(x)	$\overline{xy}$	bar(x)
$\widehat{xy}$	widehat(x)	$\widetilde{xy}$	widetilde(x)

表 18.34 矢印記号

出力	命令	出力	命令
$x \leftrightarrow y$	x %<->% y	$x \rightarrow y$	x %->% y
$x \leftarrow y$	x %<-% y	$x \uparrow y$	x %up% y
$x \downarrow y$	x %down% y	$x \Leftrightarrow y$	x %<=>% y
$x \Rightarrow y$	x %=>% y	$x \Leftarrow y$	x %<=% y
$x \Uparrow y$	x %dblup% y	$x \Downarrow y$	x %dbldown% y

表 18.35 シンボル，空白

出力	命令	出力	命令
$A - \Omega$	Alpha - Omega	$\alpha - \omega$	alpha - omega
$\varphi + \varsigma$	phi1 + sigma1	Υ	Upsilon1
∞	infinity	$32°$	32 * degree
$60'$	60 * minute	$30''$	30 * second
$x\ y$	x ~ ~ y	$x+\ +y$	x + phantom(0) + y

表 18.36 分数，和，積，積分記号

出力	命令	出力	命令
$\frac{x}{y}$	frac(x, y)	$\frac{x}{y}$	over(x, y)
$x \atop y$	atop(x, y)	$x + \frac{1}{y}$	x + over(1, phantom(0))
$\sum_1^n x_i$	sum(x[i], i=1, n)	$\prod_x P(X=x)$	prod(plain(P)(X == x), x)
$\int_a^b f(x)dx$	integral(f(x) * dx, a, b)	$\bigcup_{i=1}^n A_i$	union(A[i], i==1, n)
$\bigcap_{i=1}^n A_i$	intersect(A[i], i==1, n)	$\lim_{x \to 0} f(x)$	lim(f(x), x %->% 0)
$\min_{x \geq 0} g(x)$	min(g(x), x >= 0)	$\inf S$	inf(S)
$\sup S$	sup(S)		

表 18.37 グループ化

出力	命令	出力	命令
$(x+y)z$	(x + y) * z	$x^y + z$	x^y + z
$x^{(y+z)}$	x^(y + z)	x^{y+z}	x^{y + z}
$(a, b]$	group("(", list(a, b), "]")	$\binom{x}{y}$	bgroup("(", atop(x, y), ")")
$\lceil x \rceil$	group(lceil, x, rceil)	$\lfloor x \rfloor$	group(lfloor, x, rfloor)
$\lvert x \rvert$	group("|", x, "|")		

第19章

データ解析（多変量解析編）

> ▶ この章の目的
>
> - 本章では，R. A. Fisher が判別分析を行うために用いたデータ「iris」を用いて，「主成分分析」「因子分析」の概要，「判別分析」「CART」「サポートベクターマシン」「ニューラルネットワーク」を用いた予測を行う例を紹介する．
> - 多変量データに対するその他の解析手法をいくつか紹介する．

19.1 データ「iris」の読み込み

最初に，R. A. Fisher が判別分析を行うために用いたデータ「iris」[注1]を紹介する．このデータにはアヤメの種類（変数：Species）が3種類含まれており，Setosa, Versicolor, Virginicaについて各50本，計150本分のデータがある．各データには次の4種類のデータがあり，Fisherはこの4つのデータを説明変数としてアヤメの種類を判別しようとした．

- Sepal.Length：アヤメのがくの長さ（x_1，単位：cm）
- Sepal.Width：アヤメのがくの幅（x_2，単位：cm）
- Petal.Length：アヤメの花弁の長さ（x_3，単位：cm）
- Petal.Width：アヤメの花弁の幅（x_4，単位：cm）

データの中身は次のとおりである（150行5列のデータ）．

Sepal.Length	Sepal.Width	Petal.Length	Petal.Width	Species
5.1	3.5	1.4	0.2	setosa
4.9	3.0	1.4	0.2	setosa
4.7	3.2	1.3	0.2	setosa
4.6	3.1	1.5	0.2	setosa
5.0	3.6	1.4	0.2	setosa
5.4	3.9	1.7	0.4	setosa

注1 出典：R. A. FISHER (1936) "The use of multiple measurements in taxonomic problems", Annals of Eugenics, Volume 7, Issue 2, pages 179-188.

Sepal.Length	Sepal.Width	Petal.Length	Petal.Width	Species
4.6	3.4	1.4	0.3	setosa
5.0	3.4	1.5	0.2	setosa
4.4	2.9	1.4	0.2	setosa
4.9	3.1	1.5	0.1	setosa
5.4	3.7	1.5	0.2	setosa
4.8	3.4	1.6	0.2	setosa
4.8	3.0	1.4	0.1	setosa
4.3	3.0	1.1	0.1	setosa
5.8	4.0	1.2	0.2	setosa
5.7	4.4	1.5	0.4	setosa
5.4	3.9	1.3	0.4	setosa
5.1	3.5	1.4	0.3	setosa
5.7	3.8	1.7	0.3	setosa
5.1	3.8	1.5	0.3	setosa
5.4	3.4	1.7	0.2	setosa
5.1	3.7	1.5	0.4	setosa
4.6	3.6	1.0	0.2	setosa
5.1	3.3	1.7	0.5	setosa
4.8	3.4	1.9	0.2	setosa
5.0	3.0	1.6	0.2	setosa
5.0	3.4	1.6	0.4	setosa
5.2	3.5	1.5	0.2	setosa
5.2	3.4	1.4	0.2	setosa
4.7	3.2	1.6	0.2	setosa
4.8	3.1	1.6	0.2	setosa
5.4	3.4	1.5	0.4	setosa
5.2	4.1	1.5	0.1	setosa
5.5	4.2	1.4	0.2	setosa
4.9	3.1	1.5	0.2	setosa
5.0	3.2	1.2	0.2	setosa
5.5	3.5	1.3	0.2	setosa
4.9	3.6	1.4	0.1	setosa
4.4	3.0	1.3	0.2	setosa
5.1	3.4	1.5	0.2	setosa

Sepal.Length	Sepal.Width	Petal.Length	Petal.Width	Species
5.0	3.5	1.3	0.3	setosa
4.5	2.3	1.3	0.3	setosa
4.4	3.2	1.3	0.2	setosa
5.0	3.5	1.6	0.6	setosa
5.1	3.8	1.9	0.4	setosa
4.8	3.0	1.4	0.3	setosa
5.1	3.8	1.6	0.2	setosa
4.6	3.2	1.4	0.2	setosa
5.3	3.7	1.5	0.2	setosa
5.0	3.3	1.4	0.2	setosa
7.0	3.2	4.7	1.4	versicolor
6.4	3.2	4.5	1.5	versicolor
6.9	3.1	4.9	1.5	versicolor
5.5	2.3	4.0	1.3	versicolor
6.5	2.8	4.6	1.5	versicolor
5.7	2.8	4.5	1.3	versicolor
6.3	3.3	4.7	1.6	versicolor
4.9	2.4	3.3	1.0	versicolor
6.6	2.9	4.6	1.3	versicolor
5.2	2.7	3.9	1.4	versicolor
5.0	2.0	3.5	1.0	versicolor
5.9	3.0	4.2	1.5	versicolor
6.0	2.2	4.0	1.0	versicolor
6.1	2.9	4.7	1.4	versicolor
5.6	2.9	3.6	1.3	versicolor
6.7	3.1	4.4	1.4	versicolor
5.6	3.0	4.5	1.5	versicolor
5.8	2.7	4.1	1.0	versicolor
6.2	2.2	4.5	1.5	versicolor
5.6	2.5	3.9	1.1	versicolor
5.9	3.2	4.8	1.8	versicolor
6.1	2.8	4.0	1.3	versicolor
6.3	2.5	4.9	1.5	versicolor
6.1	2.8	4.7	1.2	versicolor

Sepal.Length	Sepal.Width	Petal.Length	Petal.Width	Species
6.4	2.9	4.3	1.3	versicolor
6.6	3.0	4.4	1.4	versicolor
6.8	2.8	4.8	1.4	versicolor
6.7	3.0	5.0	1.7	versicolor
6.0	2.9	4.5	1.5	versicolor
5.7	2.6	3.5	1.0	versicolor
5.5	2.4	3.8	1.1	versicolor
5.5	2.4	3.7	1.0	versicolor
5.8	2.7	3.9	1.2	versicolor
6.0	2.7	5.1	1.6	versicolor
5.4	3.0	4.5	1.5	versicolor
6.0	3.4	4.5	1.6	versicolor
6.7	3.1	4.7	1.5	versicolor
6.3	2.3	4.4	1.3	versicolor
5.6	3.0	4.1	1.3	versicolor
5.5	2.5	4.0	1.3	versicolor
5.5	2.6	4.4	1.2	versicolor
6.1	3.0	4.6	1.4	versicolor
5.8	2.6	4.0	1.2	versicolor
5.0	2.3	3.3	1.0	versicolor
5.6	2.7	4.2	1.3	versicolor
5.7	3.0	4.2	1.2	versicolor
5.7	2.9	4.2	1.3	versicolor
6.2	2.9	4.3	1.3	versicolor
5.1	2.5	3.0	1.1	versicolor
5.7	2.8	4.1	1.3	versicolor
6.3	3.3	6.0	2.5	virginica
5.8	2.7	5.1	1.9	virginica
7.1	3.0	5.9	2.1	virginica
6.3	2.9	5.6	1.8	virginica
6.5	3.0	5.8	2.2	virginica
7.6	3.0	6.6	2.1	virginica
4.9	2.5	4.5	1.7	virginica
7.3	2.9	6.3	1.8	virginica

19.1 データ「iris」の読み込み

Sepal.Length	Sepal.Width	Petal.Length	Petal.Width	Species
6.7	2.5	5.8	1.8	virginica
7.2	3.6	6.1	2.5	virginica
6.5	3.2	5.1	2.0	virginica
6.4	2.7	5.3	1.9	virginica
6.8	3.0	5.5	2.1	virginica
5.7	2.5	5.0	2.0	virginica
5.8	2.8	5.1	2.4	virginica
6.4	3.2	5.3	2.3	virginica
6.5	3.0	5.5	1.8	virginica
7.7	3.8	6.7	2.2	virginica
7.7	2.6	6.9	2.3	virginica
6.0	2.2	5.0	1.5	virginica
6.9	3.2	5.7	2.3	virginica
5.6	2.8	4.9	2.0	virginica
7.7	2.8	6.7	2.0	virginica
6.3	2.7	4.9	1.8	virginica
6.7	3.3	5.7	2.1	virginica
7.2	3.2	6.0	1.8	virginica
6.2	2.8	4.8	1.8	virginica
6.1	3.0	4.9	1.8	virginica
6.4	2.8	5.6	2.1	virginica
7.2	3.0	5.8	1.6	virginica
7.4	2.8	6.1	1.9	virginica
7.9	3.8	6.4	2.0	virginica
6.4	2.8	5.6	2.2	virginica
6.3	2.8	5.1	1.5	virginica
6.1	2.6	5.6	1.4	virginica
7.7	3.0	6.1	2.3	virginica
6.3	3.4	5.6	2.4	virginica
6.4	3.1	5.5	1.8	virginica
6.0	3.0	4.8	1.8	virginica
6.9	3.1	5.4	2.1	virginica
6.7	3.1	5.6	2.4	virginica
6.9	3.1	5.1	2.3	virginica

Sepal.Length	Sepal.Width	Petal.Length	Petal.Width	Species
5.8	2.7	5.1	1.9	virginica
6.8	3.2	5.9	2.3	virginica
6.7	3.3	5.7	2.5	virginica
6.7	3.0	5.2	2.3	virginica
6.3	2.5	5.0	1.9	virginica
6.5	3.0	5.2	2.0	virginica
6.2	3.4	5.4	2.3	virginica
5.9	3.0	5.1	1.8	virginica

データ iris の先頭の 3 行を表示してみる．

```
> head(iris, n=3)   # 先頭の3行を表示
  Sepal.Length Sepal.Width Petal.Length Petal.Width Species
1          5.1         3.5          1.4         0.2  setosa
2          4.9         3.0          1.4         0.2  setosa
3          4.7         3.2          1.3         0.2  setosa
```

まず，アヤメの品種（変数：Species）ごとに 4 つのデータ（アヤメのがくの長さと幅，花弁の長さと幅）の散布図行列を描いてみる．

```
> pairs(iris[1:4], col=as.integer(iris$Species), pch=as.integer(iris$Species))
```

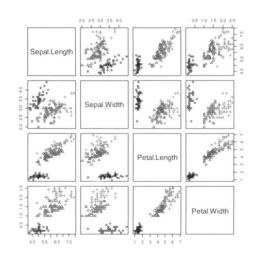

次に，4 つのデータの平均値と標準偏差をアヤメの品種（変数：Species）ごとに算出する．

```
> aggregate(iris[,1:4], list(iris[,5]), mean)   # 平均値
     Group.1 Sepal.Length Sepal.Width Petal.Length Petal.Width
1     setosa       5.006       3.428        1.462       0.246
2 versicolor       5.936       2.770        4.260       1.326
3  virginica       6.588       2.974        5.552       2.026
> aggregate(iris[,1:4], list(iris[,5]), sd)     # 標準偏差
     Group.1 Sepal.Length Sepal.Width Petal.Length Petal.Width
1     setosa    0.3524897   0.3790644    0.1736640   0.1053856
2 versicolor    0.5161711   0.3137983    0.4699110   0.1977527
3  virginica    0.6358796   0.3224966    0.5518947   0.2746501
```

さらに，4つのデータの相関係数を算出してみる．

```
> cor(iris[,1:4])
             Sepal.Length Sepal.Width Petal.Length Petal.Width
Sepal.Length    1.0000000  -0.1175698    0.8717538   0.8179411
Sepal.Width    -0.1175698   1.0000000   -0.4284401  -0.3661259
Petal.Length    0.8717538  -0.4284401    1.0000000   0.9628654
Petal.Width     0.8179411  -0.3661259    0.9628654   1.0000000
```

ちなみに，偏相関係数を算出する場合は次のようにする．

```
> my.cor <- function(x) {
+   tmpcor <- cor(x)
+   if (det(tmpcor) != 0)  sol <- solve(tmpcor)
+   else { library(MASS);  sol <- ginv(tmpcor) }
+   d <- diag(sol)
+   sol <- -sol / sqrt(outer(d, d))
+   rownames(sol) <- paste("Var", 1:ncol(x))
+   colnames(sol) <- paste("Var", 1:ncol(x))
+   return(sol)
+ }
> my.cor(iris[,1:4])
            Var 1      Var 2      Var 3      Var 4
Var 1  -1.0000000  0.6285707  0.7190656 -0.3396174
Var 2   0.6285707 -1.0000000 -0.6152919  0.3526260
Var 3   0.7190656 -0.6152919 -1.0000000  0.8707698
Var 4  -0.3396174  0.3526260  0.8707698 -1.0000000
```

19.2 主成分分析

主成分分析は，観測されたデータを線形結合により組み合わせることで，より少ない数の変数を作成することを目的とする．データ iris の場合は，4つのデータ（アヤメのがくの長さと幅，花弁の長さと幅）から情報をなるべく落とさずに新しい変数に凝縮することを考える．

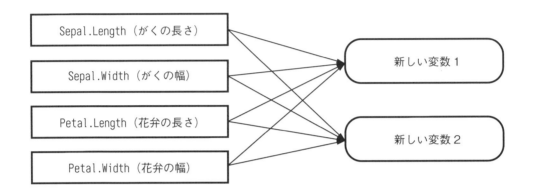

さて，関数 prcomp() を用いて主成分分析を行うのだが，分析方法としてはデータの分散共分散行列を用いる方法（引数 scale=F）と相関行列（引数 scale=T）を用いる方法がある．前者は各データの単位に依存する欠点があるため，ここではデータの単位に依存しない後者の方法を用いる．次の結果より，たとえば第1成分（新しい変数1）は

$$PC1 = 0.521 \times \text{Sepal.Length} - 0.269 \times \text{Sepal.Width} + 0.580 \times \text{Petal.Length} + 0.564 \times \text{Petal.Width}$$

となる．

```
> # prcomp(対象とするデータ, scale)
> ( result <- prcomp(iris[,1:4], scale=T) )
Standard deviations:
[1] 1.7083611 0.9560494 0.3830886 0.1439265

Rotation:
                    PC1         PC2         PC3         PC4
Sepal.Length  0.5210659 -0.37741762  0.7195664  0.2612863
Sepal.Width  -0.2693474 -0.92329566 -0.2443818 -0.1235096
Petal.Length  0.5804131 -0.02449161 -0.1421264 -0.8014492
Petal.Width   0.5648565 -0.06694199 -0.6342727  0.5235971
> screeplot(result)
```

結果の解釈だが，成分を左から順に並べたものを横軸，固有値を縦軸にとったスクリープロットにて大体1より大きい成分（今回は第2成分，すなわちPC1とPC2まで）だけを残す基準を適用する．

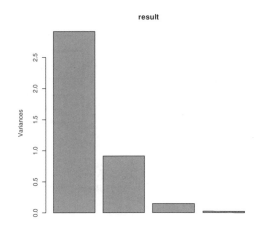

また，関数 summary() を適用し，「Cumulative Proportion」の行を見ることで，情報がどこまで凝縮されているかを確認できる．今回の場合，第2成分（PC2）までで95.81％の情報が含まれることがわかる．

```
> summary(result)
Importance of components:
                          PC1    PC2     PC3     PC4
Standard deviation     1.7084 0.9560 0.38309 0.14393
Proportion of Variance 0.7296 0.2285 0.03669 0.00518
Cumulative Proportion  0.7296 0.9581 0.99482 1.00000
```

19.3　因子分析

主成分分析と似て非なる手法として，因子分析がある．まず，少数の潜在的な因子が存在し，手元のデータはこの因子の影響が相まって生成されたものと考える．因子分析では，この潜在的な因子がどの変数にどれだけ影響を与えているかを分析する手法となる．

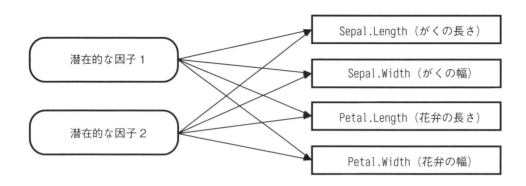

Rでは関数factanal()で因子分析が実行できる．引数factorsで因子の数を設定する（変数が4つと少ないので，因子は1つと設定）．結果のうち「Loadings: Factor1（因子1）」の結果が，各変数への影響を示している．

```
> factanal(iris[,1:4], factors=1)
Call:
factanal(x = x, factors = 1)
Uniquenesses:
Sepal.Length  Sepal.Width Petal.Length  Petal.Width
       0.240        0.822        0.005        0.069

Loadings:
             Factor1
Sepal.Length  0.872
Sepal.Width  -0.422
Petal.Length  0.998
Petal.Width   0.965

               Factor1
SS loadings     2.864
Proportion Var  0.716
Test of the hypothesis that 1 factor is sufficient.
The chi square statistic is 85.51 on 2 degrees of freedom.
The p-value is 2.7e-19
```

19.4 判別分析（2群の場合）

本章の冒頭で，Fisherはこの4つのデータ（アヤメのがくの長さと幅，花弁の長さと幅：$x_1 \sim x_4$とする）を説明変数としてアヤメの種類を判別したことを紹介したが，そのときにFisherが使用した手

19.4 判別分析（2群の場合）

法が判別分析である．ここでは，Setosa と Versicolor の計 100 本のデータを用いて，4 つのデータ x_1 〜 x_4 の線形判別関数

$$z = w_1 x_1 + w_2 x_2 + w_3 x_3 + w_4 x_4$$

を使って，z の値が負ならばアヤメの種類は Setosa，正ならばアヤメの種類は Versicolor である，という形でアヤメの種類を判別することを考える．まず，データ iris のうち，Setosa と Versicolor の計 100 本のデータのみ抽出する．

```
> x          <- iris[1:100,]              # 抽出
> x$Species <- droplevels(x$Species)      # 因子のレベルを調整
```

R ではパッケージ MASS の関数 lda() で因子分析を実行できる．結果のうち「Coefficients of linear discriminants: LD1」の結果が，線形判別関数の推定結果を示している．ちなみに，2 次の判別関数を用いたい場合は関数 qda() を用いればよい．

```
> library(MASS)
> # lda(分類する目的変数 ~ 説明変数, data=データフレーム)
> lda(Species ~ ., data=x)
Call:
lda(Species ~ ., data = x)
Prior probabilities of groups:
    setosa versicolor
       0.5        0.5
Group means:
           Sepal.Length Sepal.Width Petal.Length Petal.Width
setosa            5.006       3.428        1.462       0.246
versicolor        5.936       2.770        4.260       1.326

Coefficients of linear discriminants:
                   LD1
Sepal.Length -0.300458
Sepal.Width  -1.773845
Petal.Length  2.142260
Petal.Width   3.035726
```

この判別関数より，アヤメの種類をうまく推定できていることがわかる．

```
> x$z <- -0.300458 * x[,1] - 1.773845 * x[,2] + 2.142260 * x[,3] + 3.035726 * x[,4]
> x[c(1:3, 97:99),]   # 一部を抜き出し
```

```
  Sepal.Length Sepal.Width Petal.Length Petal.Width    Species         z
1          5.1         3.5          1.4         0.2     setosa -4.134484
2          4.9         3.0          1.4         0.2     setosa -3.187470
3          4.7         3.2          1.3         0.2     setosa -3.696373
97         5.7         2.9          4.2         1.3 versicolor  6.087175
98         6.2         2.9          4.3         1.3 versicolor  6.151172
99         5.1         2.5          3.0         1.1 versicolor  3.799130
```

19.5 アヤメの種類の予測（準備）

さて，ここからは前節で紹介した判別分析も含め，アヤメの4つのデータ（アヤメのがくの長さと幅，花弁の長さと幅）からアヤメの種類（Setosa, Versicolor, Virginica）を予測する手法をいくつか紹介する．手順は次のとおりだ．

(1) アヤメの150本のデータのうち無作為に75本抽出し，「予測ルールを作成するためのデータ x」とする
(2) 残りの75本のデータを「テスト用のデータ y」とする
(3) 関数 predict() などを用いて，(1) で作成した予測ルールを「テスト用データ y の4つのデータ（アヤメのがくの長さと幅，花弁の長さと幅）」に適用してアヤメの種類を予測し，予測がどれだけ当たっているかを調べる

アヤメのデータを無作為抽出する際は関数 sample() を用いればよい．

```
> set.seed(777)           # 乱数のシード
> tmp <- sample(1:150, 75) # 分類用として選ぶデータの番号
> x   <- iris[ tmp,]       # 分類ルール作成用データ75本
> y   <- iris[-tmp,]       # 予測をするためのデータ75本
```

「予測ルールを作成するためのデータ x」と「テスト用のデータ y」の内訳は次のとおりだ．

```
> table(x$Species)  # 予測ルール作成用データxの内訳
    setosa versicolor  virginica
        24         26         25
> table(y$Species)  # テストデータyの内訳
    setosa versicolor  virginica
        26         24         25
```

19.6 判別分析(3群以上の場合)

　判別分析はアヤメの種類が3種類以上の場合でも適用することができ，3群以上の判別を行う場合の手法は，正式には「正準判別分析 (Canonical Discriminant Analysis)」と呼ばれる．
　まず，「19.4　判別分析(2群の場合)」と同様，パッケージ MASS の関数 lda() で因子分析を実行することで，「予測ルールを作成するためのデータ x」を使って予測ルールを作成し，結果を変数 res_lda に代入する．次に，関数 predict の第1引数に変数 res_lda，第2引数に「テスト用のデータ y」を指定すると，作成した予測ルールを使って，テスト用のデータ y の4つのデータ(アヤメのがくの長さと幅，花弁の長さと幅)からアヤメの種類の予測が行われる．

```
> res_lda    <- lda(Species ~ ., data=x)
> ( res_pred <- predict(res_lda, y)$class )
 [1] setosa     setosa     setosa     setosa     setosa     setosa
 [7] setosa     setosa     setosa     setosa     setosa     setosa
[13] setosa     setosa     setosa     setosa     setosa     setosa
[19] setosa     setosa     setosa     setosa     setosa     setosa
[25] setosa     setosa     versicolor versicolor versicolor versicolor
[31] versicolor versicolor versicolor versicolor versicolor versicolor
[37] versicolor versicolor virginica  versicolor versicolor versicolor
[43] virginica  versicolor versicolor versicolor versicolor versicolor
[49] versicolor versicolor virginica  virginica  virginica  virginica
[55] virginica  virginica  virginica  virginica  virginica  virginica
[61] virginica  virginica  virginica  virginica  virginica  virginica
[67] versicolor virginica  virginica  virginica  virginica  virginica
[73] virginica  virginica  virginica
Levels: setosa versicolor virginica
```

　「テスト用のデータ y」には，実際のアヤメの種類も格納されているので，先ほど予測した結果と突き合わせることで，判別分析の精度を確認することができる．

```
> y$Species
 [1] setosa     setosa     setosa     setosa     setosa     setosa
 [7] setosa     setosa     setosa     setosa     setosa     setosa
[13] setosa     setosa     setosa     setosa     setosa     setosa
[19] setosa     setosa     setosa     setosa     setosa     setosa
[25] setosa     setosa     versicolor versicolor versicolor versicolor
[31] versicolor versicolor versicolor versicolor versicolor versicolor
[37] versicolor versicolor versicolor versicolor versicolor versicolor
[43] versicolor versicolor versicolor versicolor versicolor versicolor
[49] versicolor versicolor virginica  virginica  virginica  virginica
[55] virginica  virginica  virginica  virginica  virginica  virginica
```

```
[61] virginica   virginica   virginica   virginica   virginica   virginica
[67] virginica   virginica   virginica   virginica   virginica   virginica
[73] virginica   virginica   virginica
Levels: setosa versicolor virginica
```

　予測結果と実際のアヤメの種類の突き合わせは，関数 table() で行うことができる．結果の表について，行が実際のアヤメの種類，列が予測結果（変数 res_pred）となっており，Versicolor を Virginica と誤判定したものが 2 本，Virginica を Versicolor と誤判定したものが 1 本，計 3 本（誤判定率は 3/75 = 4%）という結果となった．

```
> table(y$Species, res_pred)
            res_pred
             setosa versicolor virginica
  setosa         26          0         0
  versicolor      0         22         2
  virginica       0          1        24
```

19.7　CART（決定木）

　CART（Classification And Regression Trees）は日本語では決定木や回帰木，回帰樹と呼ばれ，予測ルールを決定木・Decision Tree の形式でわかりやすく表現する手法である．

　R ではパッケージ rpart の関数 rpart() で決定木を作成できる．

```
> install.packages("rpart", dep=T)
> library(rpart)
> # rpart(分類する目的変数 ~ 説明変数, data=データフレーム)
> res_cart <- rpart(Species ~ ., data=x)
> plot.new(); par(xpd=T); plot(res_cart)
> text(res_cart, use.n=T)
```

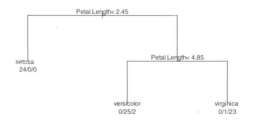

　グラフを見れば，作成されたルールが一目でわかる．

- 1つ目の分岐：Petal.Length < 2.45 → setosa
- 2つ目の分岐：2.45 ≦ Petal.Length < 4.85 → versicolor
  Petal.Length ≧ 4.85 → virginica

次に，関数 predict の第1引数に変数 res_lda，第2引数に「テスト用のデータ y」を指定すると，作成した予測ルールを使って「テスト用のデータ y の4つのデータ（アヤメのがくの長さと幅，花弁の長さと幅）」からアヤメの種類の予測が行われる．結果の表について，行が実際のアヤメの種類，列が予測結果（変数 res_pred）となっており，Versicolor を Virginica と誤判定したものが3本，Virginica を Versicolor と誤判定したものが1本，計4本（誤判定率は 4/75 = 5.3%）という結果となった．

```
> res_pred <- predict(res_cart, y, type="class")
> table(y$Species, res_pred)
            res_pred
             setosa versicolor virginica
  setosa         26          0         0
  versicolor      0         21         3
  virginica       0          1        24
```

ちなみに，木の枝数を変える場合は引数 minsplit（各ノードに含まれる最小データ数）や cp（木の複雑度）を指定すればよい．

```
> res_cart <- rpart(Species ~ ., data=x, control=rpart.control(minsplit=3))
> plot.new(); par(xpd=T); plot(res_cart)
> text(res_cart, use.n=T)
```

19.8 サポートベクターマシン（SVM）

判別分析や CART では線形的な判別を行っていたため，非線形（曲線的）な関係がある場合は判別がうまくいかない．サポートベクターマシン（Support Vector Machine）は，非線形な関係がある状況でも精度が高い手法である反面，予測ルールは明示されないという欠点もある．

R ではパッケージ kernlab の関数 ksvm() で実行できる．結果の表について，行が実際のアヤメの種類，列が予測結果（変数 res_pred）となっており，Setosa を Versicolor と誤判定したものが1本，Versicolor を Virginica と誤判定したものが2本，計3本（誤判定率は 3/75 = 4%）という結果となった．

```
> install.packages("kernlab", dep=T)
> library(kernlab)
```

```
> # ksvm(分類する目的変数 ~ 説明変数, data=データフレーム)
> res_svm  <- ksvm(Species ~ ., data=x)
> res_pred <- predict(res_svm, y)
> table(y$Species, res_pred)
            res_pred
             setosa versicolor virginica
  setosa         25          1         0
  versicolor      0         22         2
  virginica       0          0        25
```

19.9　ニューラルネットワーク

　高性能なニューラルネットワーク（Neural Network）の例は人間の脳であり，過去における経験の一般化を得意とする．一方，コンピュータは繰り返しの計算が得意である．この2つの融合の1つとしてニューラルネットワークがあり，予測や見積もりなどの問題に力を発揮する．階層型ニューラルネットワーク（feed-forward neural network）のイメージ図を次に示す．ただし，サポートベクターマシン（Support Vector Machine）と同様，予測ルールは明示されないという欠点がある．

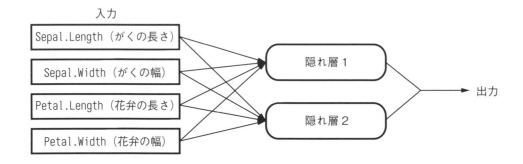

　Rではパッケージnnetの関数nnet()で実行できる．結果の表について，行が実際のアヤメの種類，列が予測結果（変数res_pred）となっており，VersicolorをVirginicaと誤判定したものが2本，VirginicaをVersicolorと誤判定したものが1本，計3本(誤判定率は3/75＝4%)という結果となった．

```
> library(nnet)
> # nnet(分類する目的変数 ~ 説明変数, size=隠れ層の数, data=データフレーム)
> res_nnet <- nnet(Species ~ ., size=4, data=x)
# weights:  35
initial  value 90.103778 
iter  10 value 36.243267
iter  20 value 6.679411
```

```
iter  30 value 0.865368
iter  40 value 0.010842
iter  50 value 0.003907
iter  60 value 0.000167
final  value 0.000070
converged
> res_pred <- predict(res_nnet, y, type="class")
> table(y$Species, res_pred)

            res_pred
            setosa versicolor virginica
  setosa        26          0         0
  versicolor     0         22         2
  virginica      0          1        24
```

19.10 落穂ひろい

19.10.1 クラスター分析

　階層的なクラスター分析を行う場合は関数hclust()を用いる．次の例では，「19.5　アヤメの種類の予測（準備）」～「19.9　ニューラルネットワーク」と同様の目的で，クラスター分析を用いて3つのグループ分けを試みている．

```
> res_clst <- hclust(dist(x[,1:4]))
> plot(res_clst)                        # 引数hang=-1で底辺の高さが揃う
> res_pred <- cutree(res_clst, k=3)     # 3群に分ける
> table(x$Species, res_pred)
            res_pred
              1  2  3
  setosa      0 24  0
  versicolor 26  0  0
  virginica  11  0 14
```

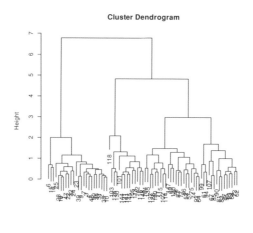

また，非階層的な（k-means 法による）クラスター分析を行う場合は関数 kmeans() を用いる．次の例では，「19.5 アヤメの種類の予測（準備）」〜「19.9 ニューラルネットワーク」と同様の目的で，クラスター分析を用いて 3 つのグループ分けを試みている．

```
> res_kmean <- kmeans(x[,1:4], centers=3)
> plot(x[,1:2], pch=res_kmean$cluster)
> points(res_kmean$centers[,1:2], col=1:3, pch=1:3, cex=3, lwd=5)
> res_pred <- res_kmean$cluster
> table(x$Species, res_pred)
            res_pred
              1  2  3
  setosa     24  0  0
  versicolor  0  5 21
  virginica   0 23  2
```

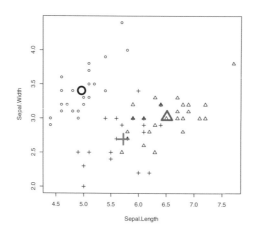

19.10.2 正準相関分析

正準相関分析を行う場合は関数cancor()を用いる．実行することで正準相関係数が得られる．

```
> pop <- LifeCycleSavings[, 2:3]
> oec <- LifeCycleSavings[, -(2:3)]
> cancor(pop, oec)
$cor
[1] 0.8247966 0.3652762
$xcoef
              [,1]         [,2]
pop15 -0.009110856 -0.03622206
pop75  0.048647514 -0.26031158
$ycoef
            [,1]          [,2]          [,3]
sr   0.0084710221  3.337936e-02 -5.157130e-03
dpi  0.0001307398 -7.588232e-05  4.543705e-06
ddpi 0.0041706000 -1.226790e-02  5.188324e-02
$xcenter
  pop15   pop75
35.0896  2.2930
$ycenter
       sr      dpi     ddpi
   9.6710 1106.7584   3.7576
```

19.10.3 多変量データの図示①：星形図

関数stars(行列やデータフレーム)で星形図を描くことができる．関数stars()では，関数plot()のうちのいくつかの引数 (main, sub, xlab, ylab, cex, lwd, lty, xpd等) を使うこともできる（表19.1）．

表 19.1 関数 stars() の引数

引数	機能
col.stars	星の色を指定する
col.segments	線分の色を指定する
full	FALSE にすると円の形が半円になる
key.loc	情報を表示している凡例の位置

```
> stars(mtcars[, 1:7], key.loc=c(14, 2),
+       main="Motor Trend Cars : stars(*, full = F)", full=FALSE)
```

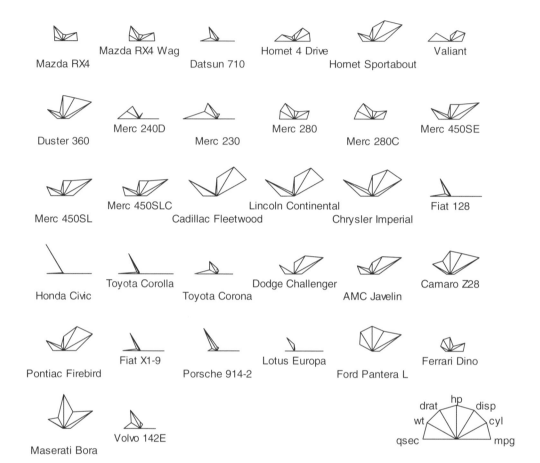

19.10.4　多変量データの図示②：シンボルプロット

　関数 symbols(x, y, その他の引数) で 2 次元の散布図を描くことができる．ただし，プロット点の代わりに第 3 の変数の情報を使えば円や正方形，箱ひげ図などを描くことができる．関数 symbols() では，関数 plot() のうちのいくつかの引数（main, xlab, ylab, xlim, ylim 等）を使うこともできる（表 19.2）．

表 19.2　関数 symbols() の引数

引数	機能
circles	円の半径を表すベクトルを指定する
squares	正方形の一辺の長さを表すベクトルを指定する

引数	機能
rectangles	長方形の横の長さと縦の長さを表す行列を指定する
stars	星の中心からの長さを表す3列以上の行列を指定する
thermometers	温度計の長さを表す3列または4列の行列を指定する（最初の2列は横と縦の長さ，3列目は箱を塗りつぶすための値，4列目を指定することもできる）
boxplots	箱ひげ図を描くための5列の行列を指定する（最初の2列は箱の横と縦の長さ，3列目と4列目は下側と上側のひげの長さ，5列目は中央値を表す線の場所 [0, 1] を指定する）
inches	シンボルの大きさを指定する

```
> x <- 1:10
> y <- sort(10 * runif(10))
> z <- runif(10)
> z3 <- cbind(z, 2 * runif(10), runif(10))
> symbols(x, y, thermometers=cbind(.5, 1, z), inches=.5, fg=1:10)
```

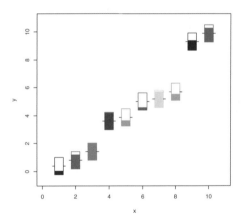

19.10.5　多変量データの図示③：散布図行列

関数 pairs(データ行列) で散布図行列を描くことができる．関数 pairs() では，関数 plot() のうちのいくつかの引数（main, pch, bg, cex 等）を使うこともできる．

```
> pairs(iris[1:4], main="Fisher's Iris Data",
+       pch=21, bg=c("red", "green3", "blue")[unclass(iris$Species)])
```

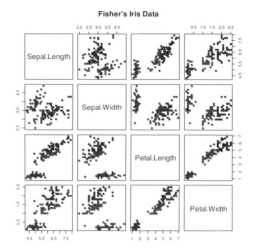

Fisher's Iris Data

関数 pairs() の引数 panel に個々の図を描く関数を指定することで，それぞれのパネルに現れるプロットのタイプをカスタマイズできる．カスタマイズを行った後は，引数 lower.panel, upper.panel, diag.panel, text.panel などに指定すればよい．

```
> panel.cor <- function(x, y, digits=2, prefix="", cex.cor, ...)
+ {
+     usr <- par("usr"); on.exit(par(usr))
+     par(usr=c(0, 1, 0, 1))
+     r <- abs(cor(x, y))
+     txt <- format(c(r, 0.123456789), digits=digits)[1]
+     txt <- paste(prefix, txt, sep="")
+     if(missing(cex.cor)) cex.cor <- 0.8 / strwidth(txt)
+     text(0.5, 0.5, txt, cex = cex.cor * r)
+ }
> pairs(iris[1:4], lower.panel=panel.smooth, upper.panel=panel.cor)
```

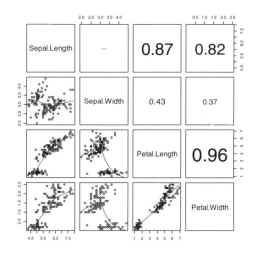

19.10.6　多変量データの図示④：条件付きプロット

関数 coplot(条件式, データ) で条件付きプロット（層別グラフ）を描くことができる．条件式の例は次のとおり．

- y ~ x | a：変数 a の水準ごとに，変数 x と y の散布図を描く．変数 a が数値の場合は適当な区間に分割されて散布図が描かれる
- y ~ x | a * b：変数 a と b の水準ごとに，変数 x と y の散布図を描く

```
> coplot(iris[,1] ~ iris[,2] | iris[,5])   # 条件付き変数が因子
> coplot(iris[,1] ~ iris[,2] | iris[,3])   # 条件付き変数が数値
```

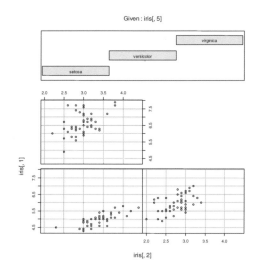
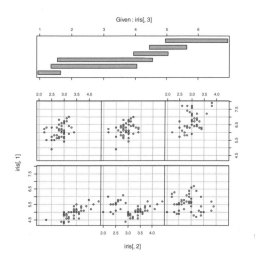

第20章

ggplot2 入門

> ▶ この章の目的
>
> - 第7章や第18章で紹介した「普通の」グラフ作成方法とは異なる，「グラフに関するオブジェクト」を使ってグラフ作成を行うパッケージ ggplot2 を紹介する．
> - 「普通の」グラフ作成方法に比べて少しとっつきにくい概念が出てくるので，本章ではパッケージ ggplot2 の網羅的な紹介は行わずに，概念の理解を優先して解説を行う．パッケージ ggplot2 に関する詳細な説明は『グラフィックスのための R プログラミング』(Hadley Wickham 著，石田 基広 他 訳，丸善出版，2012) を，カタログ的・網羅的な内容がほしい方は『R グラフィックスクックブック』(Winston Chang 著，石井 弓美子 他訳，オライリージャパン，2013) を参照されたい．

20.1　パッケージ ggplot2 事始め

　まず，第7章や第18章で紹介した「普通の」グラフ作成方法は，「ペンと紙を使って描く」スタイルであり，土台となるグラフを作った後，点や線や文字等を追記するスタイルだった．よって，一度描いたグラフを，別のグラフを描くために再利用することはできない．

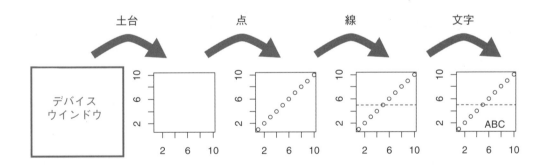

　本章で紹介するパッケージ ggplot2 は，Wilkinson (2005) の「The Grammar of Graphics, Statistics and Computing」での統計グラフィックスの文法を具現化したグラフ作成用パッケージであり，「グラフに関するオブジェクト」を使ってグラフ作成を行うスタイルとなっている．具体的には，関数 ggplot() で土台となるグラフを作った後，点や線や文字に関するオブジェクトを関数 geom_XXX() などで作成し，必要に応じてカスタマイズしてから，土台に貼り付けるスタイルとなっている．このオ

ブジェクトは再利用が可能で，コマンド（文法）が非常に体系的で洗練されている．

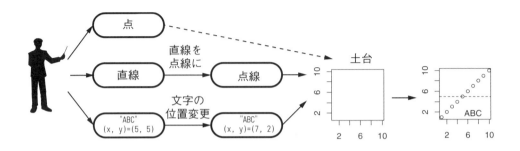

準備として必要なパッケージをインストールし，各パッケージを呼び出しておく．

```
> install.packages(c("ggplot2", "ggthemes", "dplyr", "scales"), dep=T)
> library(ggplot2)
> library(ggthemes)
> library(dplyr)
> library(scales)
> library(grid)
> library(gridExtra)
```

さて，「8.1　データ「ToothGrowth」の読み込み」で紹介したデータフレーム ToothGrowth を用いて，パッケージ ggplot2 で用意されている関数でグラフ作成を行ってみる．

```
> head(ToothGrowth, n=3)
   len supp dose
1  4.2   VC  0.5
2 11.5   VC  0.5
3  7.3   VC  0.5
```

まず，関数 ggplot() を用いて，グラフの土台を作成する．

```
> # 書式：ggplot(データフレーム名, aes(x座標の変数, y座標の変数, エステ属性))
> base <- ggplot(ToothGrowth,     aes(x=dose,     y=len,        color=supp))
```

上記で出てくる関数 aes() の概要は次のとおりである．

- 関数 aes()：「x 座標の変数」「y 座標の変数」「エステ属性[注1]」を指定する（すべて指定する必要はない）．
- エステ属性：女性の方がエステを行う目的と同様，グラフに対して「色」「大きさ」「線の種類」「プロット点の形」等のお化粧・装飾を行うための属性である．ここではサプリの種類（supp）と色を紐付けしており，種類ごとに色を変えたり，サプリの種類を凡例に盛り込んだりする際の手がかりとなる．
- 上記はただの土台（変数 base）を作成しただけなので，これだけではグラフを作成したことにならない．

次に，先ほど作成した土台（変数 base）にレイヤーを追加した変数を作成する．レイヤーとは「データに関連する要素」のことで，たとえば次の関数 geom_point() では「点レイヤー」を追加，すなわち「グラフの種類は散布図ですよ」という属性を変数 base に与えていることになる．

```
> points <- base + geom_point()
```

最後に関数 plot() に変数 points を指定することで，グラフが表示される．

```
> plot(points)
> base + geom_point()   # plot(points)と同じ働き
```

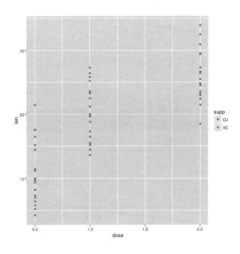

グラフを保存する場合はグラフウインドウのメニューから，または関数 ggsave() を使用すればよい．関数 ggsave() では，eps/ps, tex (pictex), pdf, jpeg, tiff, png, bmp, svg, wmf のグラフ形

注1　aesthetic attribute の訳．まじめに訳すと「審美的属性」となる．

式で保存することができる．なお，フォントを指定する場合は引数 family="Japan1GothicBBB" のようにすればよい．指定できるフォントは関数 postscriptFonts() および関数 pdfFonts() を参照のこと．

```
> ggsave("TG.pdf", device="pdf", width=20, height=20, units="cm")
```

上記では，グラフのオブジェクトを変数に代入して作業を行ったが，一連の作業を変数に代入せずに行うこともできる．本章では主にこのスタイルでグラフ作成を行う．

```
> ggplot(ToothGrowth, aes(dose, len, color=supp)) +   # x=, y=は省略可
+   geom_point()
```

20.2　グラフの種類

第 19 章で紹介したデータフレーム iris を用いつつ，パッケージ ggplot2 で用意されている関数の一覧を紹介する．

```
> head(iris, n=3)
  Sepal.Length Sepal.Width Petal.Length Petal.Width Species
1          5.1         3.5          1.4         0.2  setosa
2          4.9         3.0          1.4         0.2  setosa
3          4.7         3.2          1.3         0.2  setosa
```

さて，パッケージ ggplot2 で用意されているグラフ作成用関数を表 20.1 に挙げる．

表 20.1　関数 geom_XXX() （太字は必ず指定しなければいけない引数）

関数	種類	エステ属性
geom_abline	直線（切片と傾きを指定）	alpha, color, linetype, size
geom_area	曲線下面積（AUC）のプロット	**x**, **y**, alpha, color, fill, linetype, size
geom_bar	棒グラフ	**x**, alpha, color, fill, linetype, size, weight
geom_bin2d	ヒートマップ	**xmax**, **xmin**, **ymax**, **ymin**, alpha, color, fill, linetype, size, weight
geom_blank	ブランク（何も表示しない）	なし
geom_boxplot	箱ひげ図	**lower**, **middle**, **upper**, **x**, **ymax**, **ymin**, alpha, color, fill, linetype, shape, size, weight
geom_contour	等高線プロット	**x**, **y**, alpha, color, linetype, size, weight

関数	種類	エステ属性
geom_count	バブルプロット	x, y, alpha, color, fill, shape, size, stroke
geom_crossbar	箱ひげ図の箱だけのようなプロット	x, y, ymax, ymin, alpha, color, fill, linetype, size
geom_curve	曲線を描く	x, xend, y, yend, alpha, color, linetype, size
geom_density	密度曲線	x, y, alpha, color, fill, linetype, size, weight
geom_density2d	2次元密度推定	x, y, alpha, color, linetype, size
geom_dotplot	ドットプロット	x, y, alpha, color, fill
geom_errorbar	誤差に関するエラーバー（縦）	x, ymax, ymin, alpha, color, linetype, size, width
geom_errorbarh	誤差に関するエラーバー（横）	x, xmax, xmin, y, alpha, color, height, linetype, size
geom_freqpoly	頻度ポリゴン	alpha, color, linetype, size
geom_hex	六角形のヒートマップ	x, y, alpha, color, fill, size
geom_histogram	ヒストグラム	x, alpha, color, fill, linetype, size, weight
geom_hline	水平線を描く	alpha, color, linetype, size
geom_jitter	データをずらす（点などの重なりを緩和する）	x, y, alpha, color, fill, shape, size
geom_label	枠付きで文字列を描く	label, x, y, alpha, angle, color, family, fontface, hjust, lineheight, size, vjust
geom_line	線を描く	x, y, alpha, color, linetype, size
geom_linerange	箱ひげ図の箱を線で表したようなプロット	x, ymax, ymin, alpha, color, linetype, size
geom_map	地図にヒートマップを追記する	map_id, alpha, color, fill, linetype, size
geom_path	データを上から順に線でつなぐ	x, y, alpha, color, linetype, size
geom_point	散布図	x, y, alpha, color, fill, shape, size
geom_pointrange	平均値 ± 標準偏差のプロット	x, y, ymax, ymin, alpha, color, fill, linetype, shape, size
geom_polygon	ポリゴンプロット	x, y, alpha, color, fill, linetype, size
geom_qq	QQプロット	sample, x, y
geom_quantile	箱ひげ図の連続変数版	x, y, alpha, color, linetype, size, weight
geom_raster	geom_tile のハイパフォーマンス版	x, y, alpha, fill
geom_rect	矩形を描く	xmax, xmin, ymax, ymin, alpha, color, fill, linetype, size

関数	種類	エステ属性
geom_ribbon	折れ線グラフにバンド幅を加えたプロット	**x**, **ymax**, **ymin**, alpha, color, fill, linetype, size
geom_rug	ラグプロット（x/y軸にデータを線で追記）	alpha, color, linetype, size
geom_segment	線分を描く	**x**, **xend**, **y**, **yend**, alpha, color, linetype, size
geom_smooth	平滑線	**x**, **y**, alpha, color, fill, linetype, size, weight
geom_spoke	角度を表す線分を描く	**angle**, **radius**, **x**, **y**, alpha, color, linetype, size
geom_step	階段関数	alpha, color, linetype, size
geom_text	文字列を描く	**label**, **x**, **y**, alpha, angle, color, family, fontface, hjust, lineheight, size, vjust
geom_tile	タイルプロット	**x**, **y**, alpha, color, fill, linetype, size
geom_violin	バイオリンプロット	**x**, **y**, alpha, color, fill, linetype, size, weight
geom_vline	縦線を描く	alpha, color, linetype, size

いくつか使用例を挙げる．まず，アヤメの種類（Species）ごとに変数 Petal.Length に関する箱ひげ図を描く．

```
> ggplot(iris, aes(Species, Petal.Length)) +
+   geom_boxplot()
```

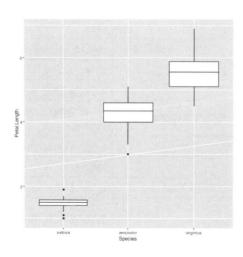

次に，変数 Petal.Length のヒストグラムと密度推定曲線を重ねて表示してみる．関数 geom_histogram() 内の関数 aes() に「y = ..count..」を指定すると，y 軸が頻度となる．

```
> ggplot(iris, aes(Petal.Length)) +
+   geom_histogram(aes(y = ..density..)) +
+   geom_density(color="black")
```

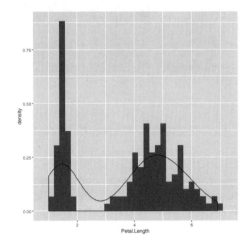

最後に，関数 summarise() でアヤメの種類（Species）ごとに変数 Petal.Length の平均値をあらかじめ算出した後，平均値に関する棒グラフを描く．

```
> ( M <- summarise(group_by(iris, Species), p=mean(Petal.Length)) )
Source: local data frame [3 x 2]

      Species     p
       (fctr) (dbl)
1      setosa 1.462
2  versicolor 4.260
3   virginica 5.552
> ggplot(M, aes(Species, p)) +
+   geom_bar(stat="identity")
```

第 20 章　ggplot2 入門

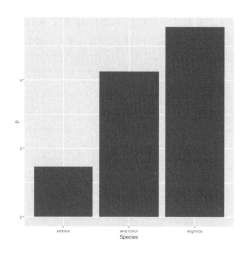

また，統計処理等を行ったうえでグラフ作成を行う関数もいろいろ用意されている（表 20.2）．

表 20.2　関数 stat_XXX()（太字は必ず指定しなければいけない引数）

関数	種類	エステ属性
stat_bin	データの bin の幅（ヒストグラムの棒の横幅）	**x**, y
stat_bin2d	矩形（rectangle）の中のデータ数	**x**, **y**, fill
stat_bindot	ドットプロットのための bin データ	**x**, y
stat_binhex	六角形のヒートマップを描くためのデータ	**x**, **y**, fill
stat_boxplot	箱ひげ図で出てくる要約統計量	**x**, **y**
stat_contour	等高線	**x**, **y**, **z**, order
stat_density	1 次元の密度推定	**x**, y, fill
stat_density2d	2 次元の密度推定	**x**, **y**, color, size
stat_ecdf	経験累積分布関数	**x**, **y**
stat_ellipse	確率楕円	**x**, **y**
stat_function	ユーザーが指定した関数（で計算する）	y
stat_identity	データの変換をしない（データのまま）	なし
stat_qq	QQ プロット	**sample**, x, y
stat_quantile	分位点	**x**, **y**
stat_smooth	平滑化曲線	**x**, **y**
stat_spoke	極座標変換（x と y の範囲を用いる）	**angle**, **radius**, **x**, **y**, xend, yend
stat_sum	同じ値のデータを合計する	**x**, **y**, size
stat_summary	データの要約統計量	**x**, **y**

関数	種類	エステ属性
stat_summary2d	ヒートマップの各矩形のデータ数	x, y, z, fill
stat_summary_hex	ヒートマップの各六角形のデータ数	x, y, z, fill
stat_unique	データの重複を除去	なし
stat_ydensity	密度推定値（バイオリンプロット用）	x, y

いくつか使用例を挙げる．まず，変数 Sepal.Length と変数 Sepal.Width の散布図に確率楕円を追記してみる．

```
> ggplot(iris, aes(Sepal.Length, Sepal.Width)) +
+   geom_point(aes(color=Species)) +
+   stat_ellipse()
```

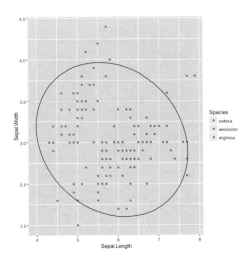

次に，先ほど作成した箱ひげ図に平均値を追記してみる．

```
> ggplot(iris, aes(Species, Petal.Length)) +
+   geom_boxplot() +
+   stat_summary(fun.y="mean", geom="point", shape=1, size=3)
```

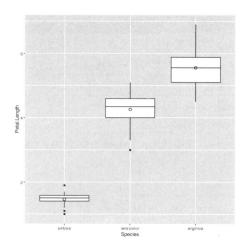

次に,数式をプロットする例を2つ挙げる.次の例では単に正規分布の密度関数をプロットする.

```
> ggplot(data.frame(x=c(-5, 5)), aes(x)) +
+   stat_function(fun=dnorm,
+     args=list(mean=0, sd=1))
```

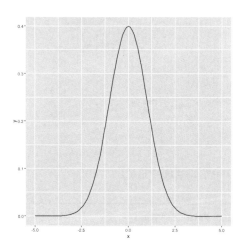

次の例では数式をプロットした後,さらに特定の領域を塗りつぶしている.

```
> f <- function(x) 50 + x^3
> g <- function(x) ifelse(x < -2, 50+x^3, NA)
> ggplot(data.frame(x=c(-4, 0)), aes(x)) +
```

```
+     stat_function(fun=g, geom="area", fill="pink") +
+     stat_function(fun=f, color="red")
```

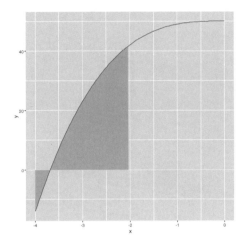

20.3　グラフのカスタマイズ

「8.1　データ「ToothGrowth」の読み込み」で紹介したデータフレーム ToothGrowth を用いる．まず各サプリの種類（supp），各用量（dose）の「歯の長さ（len）の平均値」「歯の長さ（len）の標準偏差」を算出し，変数 pd に「プロットをずらす幅」を代入した後，各レイヤーにこれを指定することで平均値の推移図を描く．

```
> ( TG <- summarise(group_by(ToothGrowth, supp, dose), m=mean(len), s=sd(len)) )
Source: local data frame [6 x 4]
Groups: supp [?]

   supp  dose     m        s
  (fctr) (dbl) (dbl)    (dbl)
1   OJ    0.5 13.23 4.459709
2   OJ    1.0 22.70 3.910953
3   OJ    2.0 26.06 2.655058
4   VC    0.5  7.98 2.746634
5   VC    1.0 16.77 2.515309
6   VC    2.0 26.14 4.797731

> pd <- position_dodge(.1)
> ggplot(TG, aes(x=dose, y=m, color=supp)) +
+     geom_errorbar(aes(ymin=m-s, ymax=m+s), width=.1, position=pd) +
```

```
+     geom_line(position=pd) + geom_point(position=pd)
```

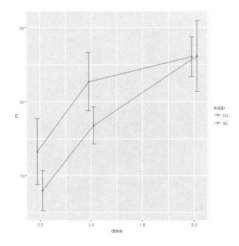

本節では，この平均値の推移図をカスタマイズすることを考える．まず，カスタマイズを行う命令を先に紹介する．

```
> ggplot(TG, aes(x=dose, y=m, color=supp)) +
+     geom_errorbar(aes(ymin=m-s, ymax=m+s), width=.1, position=pd) +
+     geom_line(aes(linetype=supp), position=pd) +
+     geom_point(aes(shape=supp, fill=supp, size=supp), position=pd) +
+     scale_color_manual(values=c("red", "blue")) +
+     scale_linetype_manual(values=c("solid", "dashed")) +
+     scale_shape_manual(values=c(2, 19)) +
+     scale_fill_manual(values=c("green", "yellow")) +
+     scale_size_manual(values=c(5, 2)) +
+     theme(legend.position=c(0.0, 0.8), legend.justification=c(0, 0)) +
+     xlab("Dose") + ylab("Length") + ggtitle("Mean Plot") +
+     scale_x_continuous(limits=c(0.3, 2.2), breaks=c(0.5, 1,2), labels=c("0.5mg", "1.0mg", "2.0mg")) +
+     scale_y_continuous(limits=c(0, 40), breaks=seq(0, 40, 20), labels=c("0mm", "20mm", "40mm"))
```

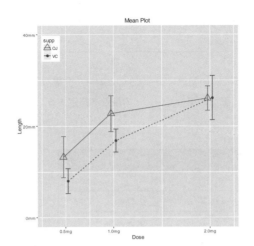

(1) データをエステ属性 (color, linetype, shape, ……) に紐付けておくと，関数 scale_XXX_manual() で各群のプロットの見栄えが変更可能となる．まず，関数 ggplot() で color のエステ属性を指定しているので，グラフ全体として変数 supp のカテゴリごとに色分けがなされる．次に，色自体の調整は，関数 scale_color_manual() で行い，引数 values で変数 supp の第 1 カテゴリ，第 2 カテゴリ，……と色を指定する．色の種類は表 7.6 を参照のこと．

```
> ggplot(TG, aes(x=dose, y=m, color=supp)) +
+   geom_errorbar(aes(ymin=m-s, ymax=m+s), width=.1, position=pd) +
+   geom_line(aes(linetype=supp), position=pd) +
+   geom_point(aes(shape=supp, fill=supp, size=supp), position=pd) +
+   scale_color_manual(values=c("red", "blue")) +
+   ……
```

(2) 特定のグラフや図形にのみエステ属性を紐付けることもできる．たとえば，関数 geom_line() で linetype のエステ属性を指定しているので，線グラフのみ変数 supp のカテゴリごとに線の種類分けがなされる．線種の調整は，関数 scale_line_manual() で行う．関数 geom_point() についても同様の仕組みである．なお，線や点の種類は表 7.4 および表 7.5 を参照のこと

```
> ggplot(TG, aes(x=dose, y=m, color=supp)) +
+   geom_errorbar(aes(ymin=m-s, ymax=m+s), width=.1, position=pd) +
+   geom_line(aes(linetype=supp), position=pd) +
+   geom_point(aes(shape=supp, fill=supp, size=supp), position=pd) +
+   scale_color_manual(values=c("red", "blue")) +
+   scale_linetype_manual(values=c("solid", "dashed")) +
+   scale_shape_manual(values=c(2, 19)) +
+   scale_fill_manual(values=c("green", "yellow")) +
```

```
+   scale_size_manual(values=c(5, 2)) +
+   ……
```

エステ属性を変更するための関数は表 20.3 のとおり．引数 values でエステ属性に紐付けられた変数の第 1 カテゴリ，第 2 カテゴリ，……の属性を指定する．

表 20.3　エステ属性を変更する関数

関数	変更される属性
scale_color_manual(values, ……)	色
scale_fill_manual(values, ……)	塗りつぶし
scale_size_manual(values, ……)	大きさ
scale_shape_manual(values, ……)	点の種類
scale_linetype_manual(values, ……)	線の種類
scale_alpha_manual(values, ……)	図形の透明度

関数の引数は表 20.4 のとおり．なお，当該属性（たとえば色：scale_color_manual()）の凡例を削除したい場合は，引数 guide に FALSE を指定すればよい．また，関数 guides(color=F) で一括で凡例を削除することもできる．

表 20.4　エステ属性を変更する関数の引数

引数	機能
values=c(2, 19), values=c("red", "blue")	各カテゴリの属性を指定
labels=c("VitaminC", "Orange")	各カテゴリの凡例のラベルを指定
limits=c("VC")	出力するカテゴリを絞る

(3) 関数 theme() で凡例の位置やプロット全体の体裁を修正することができ，関数 xlab(), ylab(), ggtitle() で軸やグラフのタイトルを指定することができる．

```
> ggplot(TG, aes(x=dose, y=m, color=supp)) +
+   ……
+   theme(legend.position=c(0.0, 0.8), legend.justification=c(0, 0)) +
+   xlab("Dose") + ylab("Length") + ggtitle("Mean Plot") +
+   ……
```

凡例の位置を調整する例は表 20.5 のとおり．なお，関数 theme() はオプションが多数あるので，詳細は「?theme」にてヘルプを参照されたい．

20.3 グラフのカスタマイズ

表 20.5　凡例位置の調整

コマンド	機能
theme(legend.position=c(0.75, 0), legend.justification=c(1, 0))	特定の位置を指定（0〜1で指定）
theme(legend.position="top")	凡例を上に表示．ほかにも，"right"，"bottom"，"left"，"none" の指定が可能

タイトル関係の調整を行う例は表 20.6 のとおり．

表 20.6　タイトル関係の調整

コマンド	機能
xlab("Dose")	x軸のタイトルを指定
ylab("Length")	y軸のタイトルを指定
ggtitle("Mean Plot")	グラフのタイトルを指定
labs(color="Supp.")	上記のすべて＋凡例のタイトルも指定可能

(4) scale_x_continuous() と scale_y_continuous() で x 軸や y 軸の範囲などを調整することができる．関数の引数 trans で "asn"（$\tanh^{-1}(x)$），"exp"（e^x），"identity"（無変換），"log"（$\log(x)$），"log10"（$\log_{10}(x)$），"log2"（$\log_2(x)$），"logit"（ロジット関数），"pow10"（10^x），"probit"（プロビット関数），"recip"（$1/x$），"reverse"（$-x$），"sqrt"（平方根）といった座標変換を実行できる．

```
> ggplot(TG, aes(x=dose, y=m, color=supp)) +
+ ……
+ scale_x_continuous(limits=c(0.3, 2.2), breaks=c(0.5, 1, 2), labels=c("0.5mg", "1.0mg", "2.0mg")) +
+ scale_y_continuous(limits=c(0, 40), breaks=seq(0, 40, 20), labels=c("0mm", "20mm", "40mm"))
```

座標の範囲の調整を行う例は表 20.7 のとおり．なお，プロットするデータが離散データの場合は関数 scale_x_discrete() や関数 scale_y_discrete() を使用すればよい．

表 20.7　座標範囲の調整

コマンド	機能
xlim(c(0, 2.5)), ylim(c(0, 40))	x軸やy軸の範囲を調整
scale_x_continuous(breaks=NULL, expand=c(0, 0))	x軸の目盛を非表示にし，x軸のマージンを0に設定
scale_y_continuous(limits=c(0, 40), breaks=seq(0, 40, 10), labels=c("0mm", "20mm", "40mm"))	y軸の範囲を調整し，刻み幅に関する情報を追加

(5) ところで，関数 annotate() で図形や文字を追記することができる．

- 引数：" 種類 "，x, y, xmin, ymin, xmax, ymax, エステ属性（例：color）
- 描けるものの種類："point", "pointrange", "rect", "segment", "text"

```
> ggplot(TG, aes(x=dose, y=m, color=supp)) +
+   geom_errorbar(aes(ymin=m-s, ymax=m+s, width=.1, position=pd) +
+   geom_line(position=pd) + geom_point(position=pd) +
+   annotate("text", x=1.8, y=8, label="2.0mg", col="green") +
+   annotate("segment", x=2, xend=2, y=10, yend=20, arrow=arrow(), col="green") +
+   annotate("pointrange", x=1.5, y=15, ymin=10, ymax=20, colour="green", size=2) +
+   theme_classic()
```

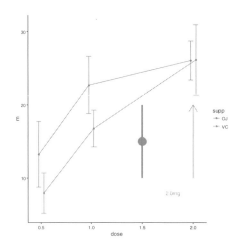

また，関数 theme_XXX() で全体的な見た目を変えることができる．使用できる関数は表 20.8 のとおり．

表 20.8　見た目を変える関数（太字でない関数はパッケージ ggthemes 内の関数）

theme_bw()	theme_foundation()	**theme_minimal()**
theme_calc()	theme_gdocs()	theme_pander()
theme_classic()	**theme_grey()**	theme_solarized()
theme_economist()	theme_hc()	theme_solarized_2()
theme_economist_white()	theme_igray()	theme_solid()
theme_excel()	**theme_light()**	theme_stata()
theme_few()	**theme_linedraw()**	theme_tufte()
theme_fivethirtyeight()	theme_map()	theme_wsj()

20.4 落穂ひろい

(1) スケールの指定を行う関数は表 20.9 のとおり．

表 20.9 スケールの指定

コマンド	機能
scale_x_date(), scale_y_date()	日付型
scale_x_datetime(), scale_y_datetime()	日時型
scale_x_reverse(), scale_y_reverse()	逆順に表示

次に使用例を示す．

```
> df <- data.frame(date=seq(Sys.Date(), len=50, by="1 day"), y=runif(50))
> ggplot(df, aes(date, y)) + geom_line() +
+   scale_x_date(labels=date_format("%Y/%m/%d"))
```

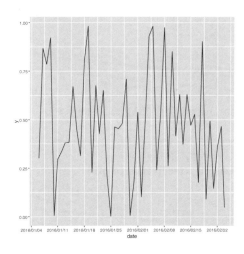

(2) 座標系の指定を行う関数は表 20.10 のとおり．

表 20.10 座標系の指定

コマンド	機能
coord_fixed(ratio=1/2)	表示の際，y/x の比を 1/2 に設定
coord_flip()	x 軸と y 軸を逆に表示
coord_polar()	極座標表示
coord_trans(x=" 関数 ", y=" 関数 ")	座標変換

次に関数 coord_trans() を用いた座標系の修正例を示す.

```
> df <- data.frame(x=1:5, y=1:5)
> mysqrt_trans <- function() trans_new("mysqrt",
+   function(x) sqrt(x), function(x) x^2)   # 変換式と逆変換式を定義
> ggplot(df, aes(x=x, y=y)) + geom_point() + coord_trans(x="mysqrt")
```

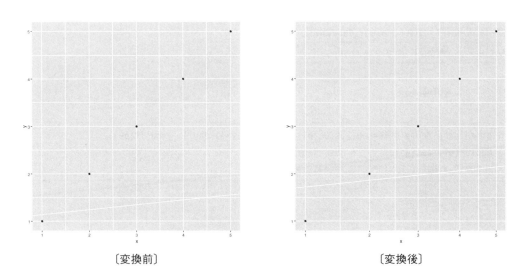

〔変換前〕　　　　　　　　　　　　　　〔変換後〕

次に，関数 coord_trans() を用いた座標系の修正例を示す.

```
> ( M <- summarise(group_by(iris, Species),
+         m=mean(Petal.Length), s=sd(Petal.Length)) )
Source: local data frame [3 x 3]
     Species     m         s
      (fctr)  (dbl)     (dbl)
1     setosa  1.462 0.1736640
2 versicolor  4.260 0.4699110
3  virginica  5.552 0.5518947
> ggplot(M, aes(x=Species, y=m)) +
+   geom_errorbar(aes(ymin=m-s, ymax=m+s), width=.5) +
+   geom_point() + coord_flip()
```

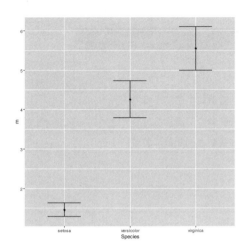
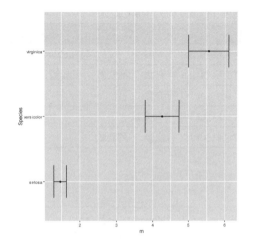

(4) パッケージ gridExtra の関数を用いることで，表と図を 1 枚のプロットにすることができる．

```
> GO <- ggplot(iris, aes(Sepal.Length, Sepal.Width)) +
+   geom_point(aes(color=Species))
> TO <- tableGrob(iris[1:5,], rows=NULL,
+   theme=ttheme_minimal(core=list(fg_params=list(col=1, cex=1))))
> grid.arrange(GO, TO, nrow=2, as.table=TRUE, heights=c(3, 1))
```

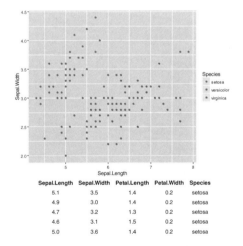

(5) パッケージ lattice の関数のように，層別のグラフを描く場合は関数を用いる（表 20.11）．

表 20.11　層別グラフを描く関数

関数	機能
facet_wrap(~ 列変数 , nrow=1, ncol=2)	1×2 の層別グラフ
facet_wrap(行変数 ~ 列変数 , nrow=2, ncol=3)	2×3 の層別グラフ
facet_grid(行変数 ~)	行変数にて層別を行う
facet_grid(~ 列変数)	列変数にて層別を行う
facet_grid(行変数 ~ 列変数)	行変数と列変数にて層別を行う

次に使用例を示す．

```
> ggplot(ToothGrowth, aes(len)) +
+   geom_density(color="black") +
+   facet_wrap(~ supp, ncol=2)

> ggplot(ToothGrowth, aes(len)) +
+   geom_density(color="black") +
+   facet_grid(supp ~ dose)
```

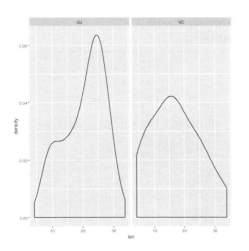
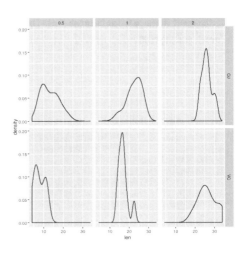

(6) 最後に，折れ線グラフを描く関数 geom_line() について注意点を述べる．データフレーム ToothGrowth を用いる．まず各サプリの種類（supp），各用量（dose）の「歯の長さ（len）の平均値」を算出し，平均値の推移図を描く．このとき，用量（dose）を因子として扱ったうえでプロットすると，次のようなエラーが出る．

```
> ( TG <- summarise(group_by(ToothGrowth, supp, dose), m=mean(len)) )
Source: local data frame [6 x 3]
```

```
Groups: supp [?]

    supp   dose      m
   (fctr)  (dbl)  (dbl)
1    OJ    0.5   13.23
2    OJ    1.0   22.70
3    OJ    2.0   26.06
4    VC    0.5    7.98
5    VC    1.0   16.77
6    VC    2.0   26.14
> pd <- position_dodge(.1)
> ggplot(TG, aes(x=factor(dose), y=m, color=supp)) +
+   geom_line(position=pd)
geom_path: Each group consists of only one observation. Do you need to
adjust the group aesthetic?
```

エラーの内容は「1つの用量 (dose) に対して2つ以上のy軸のデータがあるので，適切にグループ分けしなさい」というものである．この場合，サプリの種類（supp）が適切にグループ分けされていないことが懸念されるため，エステ属性に引数 group を追加してみると，今度はうまくグラフが作成される．このように，上記のエラーが出た場合はエステ属性に引数 group を追加して，適切なグループ分けを試みるとよいかもしれない．

```
> ggplot(TG, aes(x=factor(dose), y=m, color=supp, group=supp)) +
+   geom_line(position=pd)
```

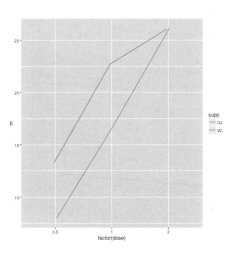

Appendix

練習問題の解答

第 2 章の練習問題の解答

(1) 解答は省略.

(2) 解答は次のとおり.

```
> 1 + 2 - 3 * 4
[1] -9
```

(3) 100^1/2 と入力すると，$100^1 \div 2$ を計算してしまう．「100 の (1/2) 乗」と計算する場合は，1/2 を括弧で囲む必要があるので注意されたい．

```
> 100^1/2
[1] 50
> 100^(1/2)
[1] 10
```

(4) 2 の立方根 $\sqrt[3]{2}$ は $2^{1/3}$ と同じなので，次のように計算すればよい．

```
> 2^(1/3)
[1] 1.259921
```

(5) $\sin^2(x) + \cos^2(x)$ を計算する場合，次のように + の両端に空白を空けることによって，読みやすくなるし，誤解を招く命令を実行する可能性が低くなる．

```
> sin(1)^2 + cos(1)^2
[1] 1
> sin(2)^2 + cos(2)^2
[1] 1
```

(6) 解答は省略.

第 3 章の練習問題の解答

(1) 解答は次のとおり．

```
> x <- 3
> sin(x)^2 + cos(x)^2
[1] 1
```

(2) 表示はされないが代入式自体も値を返すので，問題のように一度にいくつかの変数に値を代入することができる．

```
> a <- b <- 10
> a
[1] 10
> b
[1] 10
```

(3) 解答は次のとおり．

```
> y <- 0.8-4
> ( y <- 0.8-4 )    # 丸括弧付きで計算
[1] -3.2
```

(4) yの整数部分を求める trunc(y) は「小数部分をカットした値」を計算する．一方，yの切り下げを行う floor(y) は「『y以下の整数』のうち最も大きい値」を計算する．yが正の値の場合や負の整数の場合は同じ結果となるが，yが負の小数の場合は，trunc(y) の結果よりも 1 小さい値が floor(y) の結果となる．

```
> trunc(y)
[1] -3
> floor(y)
[1] -4
```

第 4 章の練習問題の解答

(1) 解答は次のとおり．

```
> x <- c(1, 4, 7, 2, 5, 8, 3, 6, 9)    # xにベクトルを代入
> ( y <- sort(x) )                      # xをソートしたものをyに代入
```

```
[1] 1 2 3 4 5 6 7 8 9
```

(2) 解答は次のとおり．:で公差 ±1 の等差数列を生成することができる．

```
> ( y <- 1:9 )
[1] 1 2 3 4 5 6 7 8 9
```

(3) 解答は次のとおり．

```
> length(y)
[1] 9
```

(4) 解答は次のとおり．

```
> ( z <- sum(y) )           # yの総和をベクトルzに代入
[1] 45
> ( z <- c(z, mean(y)) )    # yの平均値をベクトルzに結合
[1] 45  5
```

第 5 章の練習問題①の解答

(1) 解答は次のとおり．

```
> mypower01 <- function(x) {
+   return(x^2)
+ }
```

(2) 解答は次のとおり．

```
> mypower02 <- function(x, y) {
+   return(x^y)
+ }
```

関数定義の内容は 1 行しかないので，次のように中括弧 { } を省略して記述することもできる．

```
> mypower01 <- function(x) return(x^2)
> mypower02 <- function(x, y) return(x^y)
```

(3) 解答は次のとおり．関数内では return(log(sqrt(x))) としてもよいが，手順を 2 行に分けた方が自分にとっても他人にとっても読みやすい．

```
> mysqrtlog <- function(x) {
+   y <- sqrt(x)
+   return( log(y) )
+ }
```

第 5 章の練習問題②の解答

(1) 解答の一例を次に示す．

```
> myone <- function(x) {
+   if (x > 1) return(1)   # 引数xが1よりも大きい場合は1
+ }
> myone(2)
[1] 1
> myone(0)                 # 何も起こらない
```

(2) 解答の一例を次に示す．

```
> myindex <- function(x) {
+   if (x > 1) return(1)   # 引数xが1よりも大きい場合は1
+   else       return(0)   # そうでない場合は0
+ }
> myindex(0)
[1] 0
```

(3) 解答の一例を次に示す．

```
> mydistance <- function(a, b) {
+   if (a > b) {
+     return(a-b)
+   } else {
+     return(b-a)
+   }
+ }
```

if 文や else 文以下の文は 1 行しかないので，次のように記述することもできる．

```
> mydistance <- function(a, b) {
+   if (a > b) return(a-b)
+   else       return(b-a)
+ }
```

関数 return() が 2 つあるのが気持ち悪い場合は，計算結果を適当な変数に代入してから，その変数を返してもよい．

```
> mydistance <- function(a, b) {
+   if (a > b) c <- a-b
+   else       c <- b-a
+   return(c)
+ }
```

第 5 章の練習問題③の解答

(1) 解答の一例を次に示す．

```
> x <- 0                  # xに0を代入
> for (i in 1:5) x <- x+i # xにiを足す
> x                       # xを表示
[1] 15
```

(2) 解答の一例を次に示す．

```
> x <- c()                    # 空のベクトルを用意
> for (i in 1:5) x <- c(x, i) # xにiをくっつける
> x                           # xを表示
[1] 1 2 3 4 5
```

(3) 解答の一例を次に示す．

```
> myeven <- function(x) {
+   a <- 0                         # aに0を代入
+   for (i in 1:x) {
+     if (i%%2 == 0) a <- a+i      # iを2で割った余り
+   }                              # が0ならiを足す
+   return(a)
+ }
> myeven(10)                       # 1～10の偶数の和
```

```
[1] 30
```

(4) 解答の一例を次に示す.

```
> myplus <- function(x) {
+   i <- 0
+   for (j in 1:length(x)) {
+     if (!is.na(x[j])) i <- i+x[j]
+   }
+   return(i)
+ }
> myplus <- function(x) {
+   x[is.na(x)] <- 0
+   i <- 0
+   for (j in 1:length(x)) i <- i+x[j]
+   return(i)
+ }
```

第 6 章の練習問題の解答

(1) 解答は次のとおり.

```
> ?seq
```

(2) 解答は次のとおり.

```
> install.packages("car", dep=T)
> install.packages("rgl", dep=T)
```

(3) 解答は次のとおり.

```
> seq
function (...)
UseMethod("seq")
<bytecode: 0x14075f68>
<environment: namespace:base>    ← baseパッケージであることはわかる
> methods(seq)
[1] seq.Dateseq.defaultseq.POSIXt    ←seq.defaultが怪しい
see '?methods' for accessing help and source code
```

```
> seq.default    # これで関数定義が表示される
function (from = 1, to = 1, by = ((to - from)/(length.out - 1)),
length.out = NULL, along.with = NULL, ...)
{
......
```

第 7 章の練習問題①の解答

(1) 解答は次のとおり.

```
> x <- c(1, 2, 3, 4, 5)
> y <- c(1, 4, 9, 6, 3)
> plot(x, y)
```

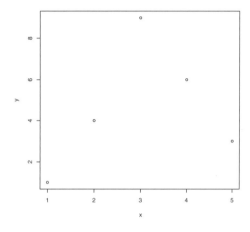

(2) 解答は次のとおり.

```
> f <- function(x) cos(x) - log(x)
> plot(f, 1, 10)
> curve(f, 1, 10)
```

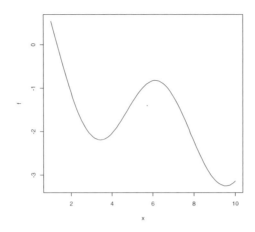

(3) 解答は次のとおり．

```
> f <- function(x, y) {
+     return( 1 / (2 * pi) * exp(-(x^2 + y^2) / 2) )
+ }
> curve(f(x, 0), -3, 3)    # -3～3の範囲でy=0としてプロット
```

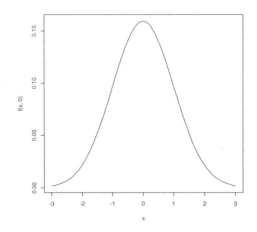

第7章の練習問題②の解答

(1) 解答は次のとおり．

```
> y <- c(1, 2, 4, 4, 5)
```

(2) 解答は次のとおり．引数 main でタイトルを作成し，引数 type に "h" を指定することで棒グラフ

にする.

```
> plot(y, main="My Plot", type="h")
```

(3) 解答は次のとおり. 引数 col でプロット点の色を指定し, 引数 pch に 3 を指定することでプロット点を "+" にし, 引数 ann に F を指定することで軸のラベルを描かないようにする.

```
> plot(y, col=2, pch=3, ann=F)
```

第 7 章の練習問題③の解答

(1) 解答は次のとおり.

```
> y <- c(1, 3, 2, 4, 8, 5, 7, 6, 9)
> plot(y, xlab="", ylab="頻度", type="h", lwd=5)
```

(2) 解答は次のとおり.

```
> title("棒グラフ")
> lines(c(0, 10), c(5, 5), col="gray")  # abline(h=5, col="gray")でも可
> arrows(8,9, 9,9)
> text(7.5, 9, "トップ")
```

(3) 解答は次のとおり.

```
> f <- function(x, a) {
+   return(x^a)
+ }
```

(4) 解答は次のとおり.

```
> curve(f(x, 1), xlim=c(-2, 2), ylim=c(-2, 2), lty=1, xlab="", ylab="")
> par(new=T)
> curve(f(x, 2), xlim=c(-2, 2), ylim=c(-2, 2), lty=2, xlab="", ylab="")
> par(new=T)
> curve(f(x, 3), xlim=c(-2, 2), ylim=c(-2, 2), lty=3, xlab="x", ylab="f(x,a)",
+ main="重ね合わせ")
```

第 7 章の練習問題④の解答

(1) 解答は次のとおり.

```
> x <- seq(-10, 10, length=101)          # x方向の分点
> y <- x                                  # y方向の分点
> f <- function(x, y) {
+   sin(sqrt(x^2 + y^2)) / sqrt(x^2 + y^2 + 1)   # プロットする関数
+ }
> z <- outer(x, y, f)                     # z方向の大きさを求める
> persp(x, y, z, theta=30, phi=30, expand=0.5, col="lightblue")
```

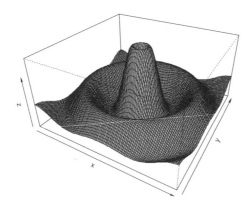

(2) 解答は次のとおり.

```
> x <- seq(-10, 10, length=101)          # x方向の分点
> y <- x                                  # y方向の分点
> f <- function(x, y) {
+   sin(sqrt(x^2 + y^2)) / sqrt(x^2 + y^2 + 1)   # プロットする関数
+ }
> z <- outer(x, y, f)                     # z方向の大きさを求める
> persp3d(x, y, z, aspect=c(1, 1, 0.5), col="lightblue", xlab="X", ylab="Y", zlab="")
```

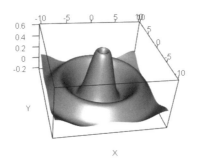

第8章の練習問題①の解答

(1) 解答は省略.

(2) 解答は次のとおり.

```
> hist(D1, xlim=c(-2, 6), col="cyan")
> hist(D2, xlim=c(-2, 6), col="cyan")
```

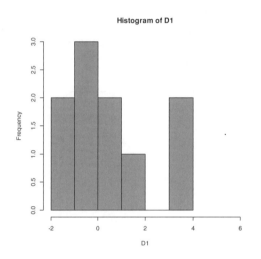
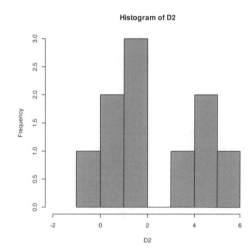

(3) 解答は次のとおり.

```
> boxplot(D1, main="Dose 1", ylim=c(-2, 6))
> boxplot(D2, main="Dose 2", ylim=c(-2, 6))
```

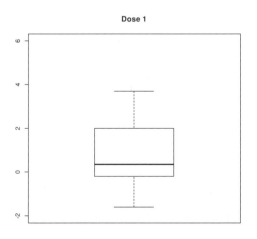
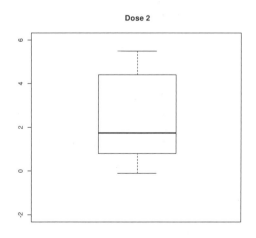

(4) 解答は次のとおり.

```
> summary(D1)
   Min. 1st Qu.  Median    Mean 3rd Qu.    Max.
 -1.600  -0.175   0.350   0.750   1.700   3.700
> summary(D2)
   Min. 1st Qu.  Median    Mean 3rd Qu.    Max.
 -0.100   0.875   1.750   2.330   4.150   5.500
```

(5) 解答は次のとおり. p 値は 0.002833（約 0.3%）と有意水準 5% よりも小さいので,「Dose 1 と Dose 2 の睡眠時間の平均値に差がある」と結論する.

```
> t.test(D1, D2, paired=T)

        Paired t-test
data:  D1 and D2
t = -4.0621, df = 9, p-value = 0.002833
alternative hypothesis: true difference in means is not equal to 0
95 percent confidence interval:
 -2.4598858 -0.7001142
sample estimates:
mean of the differences
                  -1.58
```

第 8 章の練習問題②の解答

(1) 解答は次のとおり.（2）の準備として, 前もって変数 result に検定結果を代入しておく.

```
> ( result <- wilcox.test(D2, mu=0) )

        Wilcoxon signed rank test with continuity correction
data:  D2
V = 53.5, p-value = 0.009298
alternative hypothesis: true location is not equal to 0
 警告メッセージ: 
wilcox.test.default(D2, mu = 0) で: 
   タイがあるため、正確な p 値を計算することができません 
```

(2) まず, 関数 str() で変数の情報を表示する.

```
> str(result)
```

```
List of 7
 $ statistic  : Named num 53.5
  ..- attr(*, "names")= chr "V"
 $ parameter  : NULL
 $ p.value    : num 0.0093
 $ null.value : Named num 0
  ..- attr(*, "names")= chr "location"
 $ alternative: chr "two.sided"
 $ method     : chr "Wilcoxon signed rank test with continuity correction"
 $ data.name  : chr "D2"
 - attr(*, "class")= chr "htest"
```

$statistic と $p.value がそれぞれ符号順位統計量と p 値であることがわかったので，次のようにして変数 V と変数 p にそれぞれの情報を格納する．

```
> ( V <- result$statistic )
   V
53.5
> ( p <- result$p.value )
[1] 0.009298223
```

参考文献

R/S に関する参考文献・引用文献

- 『R による統計解析』（青木 繁伸 著，オーム社，2009）
- 『R と R コマンダーではじめる多変量解析』（荒木 孝治 編著，日科技連出版社，2007）
- 『フリーソフトウェア R による統計的品質管理入門 第 2 版』（荒木 孝治 編著，日科技連出版社，2009）
- 『R 言語上級ハンドブック』（荒引 健 他著，シーアンドアール研究所，2013）
- 『R グラフィックスクックブック —ggplot2 によるグラフ作成のレシピ集』（Winston Chang 著，石井 弓美子 他訳，オライリージャパン，2013）
- 『R データ自由自在』（Phil Spector 著，石田 基広 他訳，丸善出版，2012）
- 『R と S-PLUS による多変量解析』（Brian Everitt 著，石田 基広 訳，丸善出版，2012）
- 『R の基礎とプログラミング技法』（Uwe Ligges 著，石田 基広 訳，丸善出版，2012）
- 『改訂 2 版 R 言語逆引きハンドブック』（石田 基広 著，シーアンドアール研究所，2014）
- 『グラフィックスのための R プログラミング』（Hadley Wickham 著，石田 基広 他訳，丸善出版，2012）
- 『アート・オブ・R プログラミング』（Norman Matloff 著，大橋 真也 監訳，木下 哲也 訳，オライリージャパン，2012）
- 『R による医療統計学』（Peter Dalgaard 著，岡田 昌史 監訳，丸善，2007）
- 『THE R BOOK —データ解析環境 R の活用事例集』（岡田 昌史 編，九天社，2004）
- 『R によるデータサイエンス —データ解析の基礎から最新手法まで』（金 明哲 著，森北出版，2007）
- 『R で学ぶデータマイニング〈1〉データ解析編』（熊谷 悦生 他著，オーム社，2008）
- 『R で学ぶデータマイニング〈2〉シミュレーション編』（熊谷 悦生 他著，オーム社，2008）
- 『みんなの R —データ分析と統計解析の新しい教科書』（Jared P. Lander 著，高柳 慎一 他訳，マイナビ，2015）
- 『みんなのためのノンパラメトリック回帰（上・下）』）竹澤 邦夫 著，吉岡書店，2007）
- 『R による統計解析の基礎』（中澤 港 著，ピアソンエデュケーション，2003）
- 『R による保健医療データ解析演習』（中澤 港 著，ピアソンエデュケーション，2007）
- 『R プログラミングマニュアル —R バージョン 3 対応』（間瀬 茂 著，数理工学社，2014）
- 『工学のためのデータサイエンス入門 —フリーな統計環境 R を用いたデータ解析』（間瀬 茂 他著，数理工学社，2004）
- 『R によるやさしい統計学』（山田 剛史 他著，オーム社，2008）
- 『S version 4 使用の手引』（isac 社，公開終了）
- 『S によるデータ解析』（渋谷政昭 他著，共立出版，1992）
- 『S 言語 I —データ解析とグラフィックスのためのプログラミング環境—』（R.A. Becker 他著，渋谷 政昭 他訳，共立出版，1991）

統計に関する参考文献・引用文献

- 『応用経済学のための時系列分析』（市川 博也 著，朝倉書店，2007）
- 『統計学』（白旗 慎吾 著，ミネルヴァ書房，2008）
- 『統計モデル入門』（丹後 俊郎 著，朝倉書店，2000）
- 『多変量解析法入門』（永田 靖 他著，サイエンス社，2001）
- 『統計的方法のしくみ―正しく理解するための30の急所』（永田 靖 著，日科技連出版社，1996）
- 『図解入門 よくわかる多変量解析の基本と仕組み』（山口 和範 他著，秀和システム，2004）
- 『モンテカルロ法』（宮武 修 著，日刊工業新聞社，1960）．ESBA にて無料公開中：http://ebsa.ism.ac.jp/ebooks/sp/ebook/1264
- 『生態学のためのベイズ法』（Michael A.McCarthy 著，野間口 眞太郎 訳，共立出版，2009）
- 『ベイズ統計学入門』（渡部 洋 著，福村出版，1999）
- 『乱数の知識』（脇本 和昌 著，森北出版，1970）．現在は ESBA にて無料公開中：http://ebsa.ism.ac.jp/ebooks/sp/ebook/1223
- 『Bayesian Approaches to Clinical Trials and Health-Care Evaluation』（David J. Spiegelhalter 他著，Wiley，2004）

R に関する参考ホームページ

- The R Project：http://www.r-project.org/
- R による統計処理（群馬大学・青木繁伸先生）：http://aoki2.si.gunma-u.ac.jp/R/index.html
- R- 統計解析とグラフィックスの環境（東海大学・山本義郎先生）：http://stat.sm.u-tokai.ac.jp/~yama/R/
- RjpWiki（東京大学・岡田 昌史先生）：http://www.okadajp.org/RWiki/
- R-Tips（中央農業総合研究センター・竹澤 邦夫先生管理）：http://cse.naro.affrc.go.jp/takezawa/r-tips/r2.html

Index

索引

■ 記号・数字 ■

!	42, 43, 119
!=	38
" "	119, 138
#	17
$	106, 135, 230
%%	17
%*%	145
%/%	17
%in%	129
%o%	30, 145
%x%	145
&	43, 119
&&	42
' '	138
( )	25
*	17
**	17
+	17
-	17
/	17, 80
:	30
::	51
:::	60
;	20
<	38
<<-	166
<=	38
==	38
>	38
>=	38
?	49
[ ]	29, 144
[[ ]]	133
\	80, 137
¥	80
¥¥	80, 137
¥f	137
¥n	137
¥t	137
^	17
{ }	42, 155
|	43, 119
||	42
1次元関数のグラフ	65
1次元散布図	309, 319
1標本t検定	101
2次元q-qプロット	319
2次元関数のグラフ	65
2次元データの密度推定	108
2値データ	236
2標本t検定	99, 226
3次元グラフ	87
3次元散布図	316, 319
3次元データの図示	312, 313
3次元プロット	86
4分位偏差	97
5数要約	97
25%点	97
75%点	97

■ A ■

abclines3d()	89
abline()	75, 233, 320
abs()	118
acf()	254
acos()	18
acosh()	18
adaptIntegrate()	187
addmargins()	132, 238
addNA()	122
aes()	374
aggregate()	206, 225, 355
AIC	229
AIC()	229
alias()	229
alist()	61
all()	119
annotate()	388
Anova()	236
anova()	230
Ansari-Bradley検定	102
ansari.test()	102
any()	119
aperm()	132
append()	128, 133
apply()	131, 153, 205, 267
apropos()	62
ar()	253
Arg()	118
args()	49
arima()	254

ARIMA モデル	254
arrange()	214
array()	131
arrows()	75, 321
AR モデル	253
as.array()	114
as.character()	114
as.complex()	114
as.data.frame()	114
as.Date()	124
as.double()	114
as.factor()	114
as.integer()	114
as.list()	114
as.logical()	114
as.matrix()	114, 210
as.numeric()	114
as.ordered()	114
as.POSIXct()	124
as.vector()	114
asin()	18
asinh()	18
aspect3d()	89
assign()	25, 166, 179
assocplot()	311
atan()	18
atan2()	18
atanh()	18
attach()	221
attr()	136
attributes()	136
autocorr.plot()	260
axes3d()	89
axis()	75, 323
axis3d()	89

B

backsolve()	147
barchart()	319
barplot()	65, 237, 303
bartlett.test()	102
Bartlett 検定	102
bbox3d()	89
bessell()	192
besselJ()	192
besselK()	192
besselY()	192
beta()	191
bg3d()	89
bgplot3d()	89
bind_cols()	214
bind_rows()	214
binom.test()	272
bitmap()	81

bkde2D()	108
bmp()	81
boot.ci()	294
box()	75, 323
Box.test()	254
box3d()	89
boxplot()	65, 95, 226, 307
break 文	160
browseEnv()	142
browser()	175
bugs()	258
bwplot()	319
by()	205

C

c()	27, 128, 133
cairo_pdf()	81
cairo_ps()	81
CairoFonts()	343
cancor()	367
capture.output()	140
CART（Classification And Regression Trees）	362
cat()	137, 174
cbind()	151, 210
ccf()	254
ceiling()	19, 190
charmatch()	121
chartr()	121
chisq.test()	102, 239
chol()	148
chol2inv()	148
choose()	191
clear3d()	89
cloud()	319
Cochran-Mantel-Haenszel 検定	103
coefficients()	230
col()	144
colnames()	151, 208
colSums()	153
comment()	139
complete.cases()	115
complex()	118
confint()	230, 252
Conj()	118
contour()	314
contourplot()	319
contrasts()	229
coord_fixed()	389
coord_flip()	389
coord_polar()	389
coord_trans()	389
coplot()	371
cor()	28, 97, 234, 355
cor.test()	102, 234

cos() 18
cosh() 18
cox.zph() 246
coxph() 245, 247
crossprod() 148, 150
crr() 246
cube3d() 89
cuminc() 246
cummax() 28, 252
cummin() 28
cumprod() 28
cumsum() 28
curve() 65, 67, 266, 302
cut() 123
cycle() 254

D

D() 185
data() 51
data.frame() 194, 210
data.restore() 203
date() 33
dbinom() 266
dcast() 213
Debian GNU/Linux 版 R のインストール 11
debug() 176
debugger() 178
density() 94, 108
densityplot() 94, 319
densplot() 260
deparse() 170
deriv() 185
deriv3() 186
det() 146
detach() 56, 221
dev.copy() 82, 83
dev.copy2eps() 81
dev.copy2pdf() 81
dev.cur() 83
dev.list() 83
dev.next() 83
dev.off() 82
dev.off(k) 84
dev.prev() 84
dev.print() 84
dev.set(k) 84
dev2bitmap() 81
deviance() 230
dget() 140
diag() 144, 146
diff() 28, 253
diffinv() 253
digamma() 191
dim() 131, 150
dimnames() 135, 151
dimnames 属性 135
distinct() 215
dmultinom() 264
dmvnorm() 291
dnorm() 265
do.call() 171
dot3d() 89
dotchart() 304
dotplot() 319
dput() 140
drop1() 229
droplevels() 122, 359
dt() 263
dump() 140
duplicated() 128

E

ecdf() 268
edit() 203
effects() 229
eigen() 148
ellipse3d() 89
else 37
else if 43
else 文 155
end() 254
epitab() 239
eval() 120
example() 50
exp() 19
expand.grid() 220
expm1() 19
expression() 184, 344
extrude3d() 89

F

F 24, 118
facet_grid() 392
facet_wrap() 392
factanal() 358
factor() 122
factorial() 192
FALSE 113, 118
False Discovery Rate（FDR）を調整する方法 251
family() 229
file.choose() 219
filled.contour() 314
filter() 214
find() 62
findInterval() 123
fisher.test() 102, 239
Fisher の正確検定 102
fivenum() 97

Fligner-Killeen 検定 102
fligner.test() 102
floor() 19, 190
for 39
formals() 61
format() 125, 138
formatC() 138
formula() 230
forwardsolve() 147
for 文 158
fourfoldplot() 310
frame() 83
frequency() 254
friedman.test() 102
Friedman の順位和検定 102
ftable() 132, 238
full_join() 214
F 検定 102, 103
F 分布 264, 290

─────── G ───────

gamma() 191
gc() 297
geom_abline() 376
geom_area() 376
geom_bar() 376, 379
geom_bin2d() 376
geom_blank() 376
geom_boxplot() 376, 378, 381
geom_contour() 376
geom_count() 377
geom_crossbar() 377
geom_curve() 377
geom_density() 377, 379
geom_density2d() 377
geom_dotplot() 377
geom_errorbar() 377, 385
geom_errorbarh() 377
geom_freqpoly() 377
geom_hex() 377
geom_histogram() 377, 379
geom_hline() 377
geom_jitter() 377
geom_label() 377
geom_line() 377, 385, 392
geom_linerange() 377
geom_map() 377
geom_path() 377
geom_point() 375, 376, 377, 381, 385, 391
geom_pointrange() 377
geom_polygon() 377
geom_qq() 377
geom_quantile() 377
geom_raster() 377
geom_rect() 377
geom_ribbon() 378
geom_rug() 378
geom_segment() 378
geom_smooth() 378
geom_spoke() 378
geom_step() 378
geom_text() 378
geom_tile() 378
geom_violin() 378
geom_vline() 378
get() 180
getwd() 80
geweke.diag() 260
ggplot() 374
ggsave() 375
ggtitle() 386
ginv() 148
gl() 122
glht() 252
glm() 240, 248
graphics.off() 84
grep() 121
grepexpr() 121
grid() 75, 320
grid.arrange() 391
grid3d() 89
group_by() 383
gsub() 121
guides() 386

─────── H ───────

hat() 231
hclust() 365
head() 92, 203, 207, 237, 354
heatmap() 314
help() 49
help.search() 50
hist() 65, 93, 107, 305
histogram() 319
history() 19

─────── I ───────

I() 228
identify() 85
if 37
ifelse() 73, 157, 212
if 文 155
lm() 118
image() 312
Inf 113, 115
inner_join() 214
install.packages() 56
integrate() 186

intersect()	129
invisible()	164
IQR()	97
iris	349
is.array()	114
is.character()	114
is.complex()	114
is.data.frame()	114
is.double()	114
is.element()	129
is.factor()	114
is.finite()	115
is.infinite()	115
is.integer()	114
is.list()	114
is.logical()	114
is.matrix()	114
is.na()	41, 115
is.nan()	115
is.null()	115
is.numeric()	114
is.ordered()	114
is.vector()	114

J

jpeg()	81

K

kappa()	229
kde2d()	109
kmeans()	366
Kolmogorov-Smirnov 検定	103, 268
kronecker()	145
Kruskal-Wallis の順位和検定	103
kruskal.test()	103
ks.test()	103, 268
ksmooth()	270
ksvm()	363

L

L	142
labels()	229
lag()	253
lapply()	267
layout()	341
lbeta()	191
lchoose()	191
lda()	359, 361
left_join()	214
legend()	75, 325
length()	28, 97, 133
LETTERS	128
letters	128
levelplot()	319
levels()	122, 249, 250
lfactorial()	192
lgamma()	191
library()	54, 55
light3d()	90
lines()	75, 270, 319
lines3d()	90
list()	132
lm()	228, 231
load()	142, 178, 216
locator()	84
log()	19
log10()	19
log1p()	19
log2()	19
lower.tri()	147
lowess()	271
lp()	189
ls()	142
lsfit()	270

M

Mac OS X 版 R のインストール	7
mantelhaen.test()	103
mapply()	268
match()	128
match.arg()	173
match.call()	173
matlines()	302
matplot()	233, 302
matpoints()	302
matrix()	143
max()	28, 97
max.col()	153
mcnemar.test()	103
McNemar 検定	103
mean()	28, 96
median()	28, 96
menu()	180
merge()	210
methods()	60
mfrow3d(3, 2)	90
min()	28, 97
missing()	169
Mod()	118
mode()	114
month.abb	128
month.name	128
mood.test()	103
Mood 検定	103
mosaicplot()	65, 311
mtext()	75, 322, 340
mtext3d()	90
mutate()	214

mvrnorm() 291

N

NA 113, 115
na.omit() 116, 210
Nadaraya-Watson 推定量 270
names() 127, 134, 208
names 属性 134, 150
NaN 113, 115
nchar() 121
ncol() 150, 208
Neural Network 364
next 文 160
nlevels() 123
nlm() 188
nls() 271
nnet() 364
nrow() 150, 208
NULL 113, 115
numeric() 31, 117

O

observer3d() 90
odbcClose() 201
odbcConnect() 201
odbcConnectAccess2007() 202
odbcConnectExcel2007() 201
oh3d() 90
on.exit() 167
one.boot() 294
oneway.test() 103, 227
open3d() 90
OpenBUGS 256
optim() 188
optimize() 188
options() 56, 140
order() 28, 153, 209
ordered() 122
outer() 145

P

p.adjust() 250
pacf() 254
page() 137
pairs() 65, 354, 369
pairwise.prop.test() 251
pairwise.t.test() 250, 251
pairwise.wilcox.test() 251
par() 76, 328
par3d() 90
parallel() 319
parse() 120
particles3d() 89
paste() 120, 179, 217, 344

pbinom() 266
pbirthday() 267
pdf() 81
pdfFonts() 376
Pearson の χ^2 検定 102
persp() 65, 86, 313
persp3d() 89
pi 128
pictex() 81
pie() 65, 306
planes3d() 89
play3d() 89
plot() 65, 230, 233, 266, 299
plot.new() 83
plot3d() 89
plot() の引数 68
pmvnorm() 291
png() 81
pnorm() 265
points() 75, 319
points3d() 89
polygon() 75, 326
polygon3d() 89
polyroot() 184
position_dodge() 383
postscript() 81
postscriptFonts() 376
power.anova.test() 292
power.prop.test() 292
power.t.test() 292
PP.test() 254
prcomp() 356
predict() 230, 233, 360
print() 137, 174, 230
prod() 28, 192
proj() 229
prop.test() 103, 271, 272
prop.trend.test() 103, 272
psigamma() 191
pt() 263
p 値 98

Q

q() 19
qbinom() 266
qbirthday() 267
qda() 359
qmesh3d() 89
qnorm() 265
qq() 319
qqline() 268
qqmath() 319
qqnorm() 268
qqplot() 268

QQ プロット	377
qr()	151
QR 分解	151
qt()	263
quade.test()	103
Quade 検定	103
quads3d()	89
quantile()	97
quartz()	81
quartzFont()	343
quit()	19

R

range()	28, 97
rank()	28
rbeta()	290
rbind()	151, 210
rbinom()	266, 290
rcauchy()	290
rchisq()	290
rd2table()	295
Re()	118
read.arff()	203
read.csv()	198, 199
read.csv2()	199
read.dbf()	203
read.delim()	199
read.delim2()	199
read.dta()	203
read.epiinfo()	203
read.fwf()	199
read.mtp()	203
read.octave()	203
read.spss()	203
read.ssd()	203
read.systat()	203
read.table()	195
read.xlsx()	200
read.xport()	203
read_excel()	199
readline()	179
readLines()	220
Recall()	174
recode()	124, 249
rect()	75, 321
regexpr()	121
relevel()	124, 248
reorder()	124
rep()	31, 128
repeat 文	161
replace()	127
reshape()	210
residuals()	230
return()	34, 162

rev()	28
rexp()	290
rf()	290
rfs()	319
rgamma()	290
rgeom()	290
rgl.postscript()	89
rhyper()	290
right_join()	214
rlnorm()	291
rlogis()	290
rm()	142, 161
rmultinom()	264, 290, 291
rmvnorm()	291
rmvt()	291
rnbinom()	290
rnorm()	265, 290
round()	19, 190
row()	144
row.names()	209
rownames()	151, 208, 209
rowSums()	153
rpart()	362
rpois()	290
rsignrank()	291
RStudio	46
rt()	291
rug()	308
runif()	275, 291
rweibull()	291
rwilcox()	291

S

sample()	293, 294, 360
sample_frac()	214
sample_n()	214
sapply()	267
save()	142, 178, 216
save.image()	142
scale()	104
scale_alpha_manual()	386
scale_color_manual()	385, 386
scale_fill_manual()	386
scale_linetype_manual()	386
scale_shape_manual()	386
scale_size_manual()	386
scale_x_continuous()	387
scale_x_date()	389
scale_x_datetime()	389
scale_x_reverse()	389
scale_y_continuous()	387
scale_y_date()	389
scale_y_datetime()	389
scale_y_reverse()	389

scan()	219
scatterplot3d()	315
sd()	28, 96
search()	56
segments()	75, 321
segments3d()	89
select()	214
select3d()	89
seq()	30
sequence()	31
set.seed()	293
setdiff()	129
setequal()	129
setwd()	80
shade3d()	89
Shapiro-Wilk 検定	103, 268
shapiro.test()	103, 268
shell()	181
show2d()	89
showData()	204
sign()	19
signif()	18, 190
sin()	18
sinh()	18
sink()	140
smooth.spline()	271
snapshot3d()	89
solve()	147, 148
sort()	28, 130
sort.list()	130
source()	178
Spearman の順位相関係数	102
spectrum()	254
spheres3d()	90
spin3d()	89
split()	133, 205
split.screen()	342
splom()	319
sprintf()	138
sprites3d()	90
SQL	222
sql.Query()	201
sqldf()	222
sqlTables()	201
sqrt()	19
stars()	65, 367
start()	254
stat_bin()	380
stat_bin2d()	380
stat_bindot()	380
stat_binhex()	380
stat_boxplot()	380
stat_contour()	380
stat_density()	380
stat_density2d()	380
stat_ecdf()	380
stat_ellipse()	380, 381
stat_function()	380, 382
stat_identity()	380
stat_qq()	380
stat_quantile()	380
stat_smooth()	380
stat_spoke()	380
stat_sum()	380
stat_summary()	380, 381
stat_summary_hex()	381
stat_summary2d()	381
stat_unique()	381
stat_ydensity()	381
stem()	105
step()	230, 231
stop()	164
stopifnot()	173
str()	106, 139, 230
stripchart()	309
stripplot()	319
strptime()	125
strsplit()	121, 179
strwrap()	121
sub()	121
subset()	93, 208, 215, 227
substitute()	170
substr()	120
substring()	121
sum()	28, 96
summarise()	214, 379, 383
summary()	28, 97, 139, 204, 230
sunflowerplot()	301
surface3d()	90
Surv()	243, 244
survdiff()	244
survfit()	243
svd()	150
svg()	81
SVM	363
sweep()	268
switch 文	157
symbols()	368
Sys.getlocale()	181
Sys.setlocale()	125, 181
Sys.sleep()	178, 179
system()	181
system.time()	178, 295

T

T	24, 118
t()	146
t.test()	99, 101, 103, 226

table()	123, 237, 360, 362
tableGrob()	391
tail()	203, 207
tan()	18
tanh()	18
tapply()	225, 250, 267
tempdir()	222
tempfile()	222
termplot()	271
text()	75, 322
text3d()	90
textConnection()	222
texts3d()	90
theme()	386
theme_bw()	388
theme_calc()	388
theme_classic()	388
theme_economist()	388
theme_economist_white()	388
theme_excel()	388
theme_few()	388
theme_fivethirtyeight()	388
theme_foundation()	388
theme_gdocs()	388
theme_grey()	388
theme_hc()	388
theme_igray()	388
theme_light()	388
theme_linedraw()	388
theme_map()	388
theme_minimal()	388
theme_pander()	388
theme_solarized()	388
theme_solarized_2()	388
theme_solid()	388
theme_stata()	388
theme_tufte()	388
theme_wsj()	388
tiff()	81
title()	75, 325
title3d()	90
tolower()	121
ToothGrowth	91, 225
toupper()	121
trace()	177
traceback()	178
traceplot()	260
transform()	210, 237, 240, 249
transmute()	214
trellis 版 plot()	319
triangles3d()	90
trigamma()	191
TRUE	113, 118
trunc()	19, 190

try()	165
ts()	253
ts.intersection()	253
ts.plot()	254
ts.union()	253
tsp()	254
typeof()	114
t 検定	103
t 分布	265, 291

U

Ubuntu Linux 版 R のインストール	10
undebug()	176
union()	129
unique()	128
uniroot()	183
Unix 版 R のインストール	12
unlist()	121, 133, 179
untrace()	177
update()	229
update.packages()	56
upper.tri()	147

V

vapply()	268
var()	28, 96, 97
var.test()	102, 103, 227
vcov()	230
view3d()	90
Vine Linux 版 R のインストール	12

W

warning()	164, 170
weighted.mean()	97
which()	119, 129, 152
which.max()	129
which.min()	129
while 文	160
wilcox.test()	101, 103, 227, 272
Wilcoxon 検定	103
Wilcoxon の順位和検定	101, 227, 272
Wilcoxon の順位和の分布	265, 291
Wilcoxon の符号付き順位検定	101
Wilcoxon の符号付き順位和統計量の分布	264, 291
win.metafile()	81
window()	253
windows()	81
windowsFont()	343
Windows 版 R のインストール	3
wire3d()	90
wireframe()	319
with()	221
write()	216
write.csv()	216

write.foreign() 219
write.table() 216
write.xlsx() 218
writeLines() 217

━━━━━━━━━━━━ X ━━━━━━━━━━━━
X11() 81
xfig() 81
xlab() 386
xlim() 387
xor() 119
xtable() 218
xtabs() 237
xyplot() 319

━━━━━━━━━━━━ Y ━━━━━━━━━━━━
y 102
ylab() 386
ylim() 387

━━━━━━━━━━━━ Z ━━━━━━━━━━━━
zapsmall() 190

━━━━━━━━━━━━ い ━━━━━━━━━━━━
一元配置分散分析 103, 227
一時ファイル 222
一時フォルダ 222
一様分布 265, 291
一様乱数 275
因子（factor） 113, 122
因子型ベクトル 122
因子分析 357

━━━━━━━━━━━━ う ━━━━━━━━━━━━
上三角行列 147

━━━━━━━━━━━━ え ━━━━━━━━━━━━
永続代入 165
エステ属性 375, 376, 380
エディタ 44
エラーバー 377
エルミート行列 148
円グラフ 65, 306
演算子の定義 162

━━━━━━━━━━━━ お ━━━━━━━━━━━━
大文字と小文字 24
オッズ比 238
オブジェクト 137
オブジェクト指向 180
重み付け平均 97

━━━━━━━━━━━━ か ━━━━━━━━━━━━
χ^2 検定 239
χ^2 分布 264, 290
回帰直線 232
回帰分析 227
回帰モデル 228
階乗 191
外積 30, 145
階段関数 378
カイ二乗検定 239
返り値 162
確率楕円 381
確率分布に従う乱数 289
確率分布の密度 263
重ね合わせ図 302
加算 17
片側検定 100
カテゴリ 122
カプラン・マイヤー法 243
画面分割 340, 341, 342
空のベクトル 130
関数 33
関数定義 34
関数についての情報を見る 61
関数のグラフ 302
関数の最小化 188
関数の最大化 188
関数の定義 161
関数の定義を見る 59
関数の引数 168
ガンマ関数 191
ガンマ分布 264, 290

━━━━━━━━━━━━ き ━━━━━━━━━━━━
偽 118
幾何分布 264, 290
規準化 104
起動 15
帰無仮説 98
逆行列 148
共分散 97
行列 131, 143
行列計算 145
行列式 146
行列の大きさ 150
行列の結合 151
行列の作成 143
行列の散布図 319
行列の対角成分 146
行列の二乗和 146
行列の平方根 150
行列のべき乗 149
行列の要素 144
行列のランク 152
局所重み付け回帰 271

く

クォンタイル関数	263
クォンタイル点	97
クラスター分析	365
グラフィックスパラメータ	327
グラフの重ね合わせ	76
グラフの消去	83
グラフの保存	79
繰り返し	158
繰り返し文	39
グローバル変数	165
クロス積	150
クロネッカー積	145

け

経験分布関数	268
傾向性検定	103
決定木	362
減算	17
検出力	291
検定	98
検定結果の再利用	106

こ

高水準作図関数	64, 65, 299
コクラン・マンテル・ヘンツェル（Cochran-Mantel-Haenszel）検定	240
コックス回帰分析	245
コーシー分布	264, 290
固定順検定	251
コメント	17
固有値	148
固有ベクトル	148
コレスキー（Cholesky）分解	148

さ

再帰呼び出し	174
最小値	28, 97
最大値	28, 97
再発事象の解析	247
作業ディレクトリの変更	79
作図関数	63
作図デバイス	63, 80, 83
作図領域	330
サポートベクターマシン	363
三角行列	147
残差・当てはめのプロット	319
散布図	65, 232, 299, 375, 377, 381
散布図行列	354, 369

し

時系列解析	253
自己相関係数	254
自己共分散	254
指数分布	264, 290
実数型（double）	113
シミュレーション	273, 277
下三角行列	147
重回帰分析	231, 234
集合演算	129
周辺和	238
終了	19
主成分分析	356
条件付きプロット	371
条件分岐	37, 155
乗算	17
剰余	17
除算	17
真	118
人年法	248
シンボルプロット	368

す

水準	122
数学関数	18
数式のプロット	382
数値（numeric）	113
数値演算誤差	189
数値型ベクトル	117
数値積分	186
数理計画	189
図形や文字の追記	319
スコープ	166
スターチャート	65
スチューデント化された分布	265
スペクトル密度関数	254

せ

正規表現	121, 215
正規分布	264, 290
正準相関分析	367
正準判別分析	361
整数型（integer）	113
整数商	17
生存時間解析	241
正定値対称行列	148
正方行列	144
整列（ソート）	28
ゼロ行列	144
全角スペース	20
前進差分	28

そ

相関係数	28, 29, 97, 234, 355
総積	28
層別グラフ	316, 371, 391
総和	28, 96
ソート	130, 153

た

対応のあるt検定	104
対散布図	65
対称行列	147
対数正規分布	264, 291
大数の法則	281
代入	23
対立仮説	99
タイルプロット	378
対話的作図関数	84
多項式の解	184
多項分布	290
多重比較	248
ダネットの方法	252
多変量正規分布	264, 291
多変量正規乱数	291
単位行列	144
単位根検定	254
単回帰分析	232
誕生日問題の分布	267

ち

中央値	28, 96
超幾何分布	264, 290

て

定常過程	255
低水準作図関数	64, 74, 319
データセットのサンプル	221
データの加工・編集	210
データの数	97
データの並べ替え	208
データの平滑化	270
データの編集	206
データフレーム	193
データフレームの閲覧	203
データフレームの作成	194
データフレームの集計	203
データへのアクセス	207
デバイス領域	330
デバッグ	174
テューキーの方法	252
転置	132
転置行列	146

と

等高線	376
等高線図	314
等高線プロット	319
等差数列	30
等分散性に関するF検定	227
等分散性の検定	102
尖度	96
特異値分解	150
度数分布表	123
ドットチャート	304
ドットプロット	319, 377

な

並べ替え（ソート）	31

に

二項係数	191
二項検定	102, 272
二項分布	264, 290
日時（date）	113
日本語フォント	82
ニュートン法	183
ニューラルネットワーク	364

は

バイオリンプロット	378
排他的論理和	119
配列	131
パッケージ	54
パッケージ boot	294
パッケージ car	124, 236, 249
パッケージ cmprsk	246
パッケージ cubature	187
パッケージ dplyr	213
パッケージ epitools	238
パッケージ foreign	202, 219
パッケージ ggplot2	373
パッケージ ggthemes	388
パッケージ gridExtra	391
パッケージ kernlab	363
パッケージ lattice	94, 316
パッケージ MASS	148, 291, 359, 361
パッケージ mvtnorm	291
パッケージ nnet	364
パッケージ openxlsx	200, 218
パッケージ R2OpenBUGS	256
パッケージ readxl	199
パッケージ relimp	204
パッケージ reshape2	213
パッケージ rgl	87
パッケージ RODBC	201
パッケージ rpart	362
パッケージ scatterplot3d	315
パッケージ simpleboot	294
パッケージ sqldf	222
パッケージ survival	243
パッケージ xtable	218
パッケージのインストール	56
パッケージの読み込み	54
箱ひげ図	65, 95, 226, 307, 319, 376, 377, 378, 381
外れ値	97
バッチ処理	181

バブルプロット 377
パラレルプロット 319
範囲 28, 97
半角スペース 20
判別分析 358, 361

═══════════ ひ ═══════════

比較演算子 38
引数 168
ヒストグラム 65, 93, 107, 305, 319, 377, 379
非線形回帰分析 271
日付型ベクトル 124
ヒートマップ 315, 376, 377
非復元抽出 293
微分 184
ヒマワリ図 301
標準偏差 28, 96
標本分散 104
比率に関する傾向性検定 272
比率の同一性検定 103, 272
比例ハザード性の検討 246
頻度集計 237
頻度ポリゴン 377

═══════════ ふ ═══════════

ファイルへのデータ出力 216
フィッシャーの直接確率検定 239
フォントの指定 343, 376
復元抽出 293
複合式 42, 155
複素型ベクトル 117
複素数（complex）.. 113
符号検定 272
付値 25
ブートストラップ標本 294
負の二項分布 264, 290
不偏分散 28, 104
プロット領域 330
分割表 237
分割表データの図示 310
分割表の図 65
分散 96
分散分析 234
分布関数 263
分布関数のプロット 319

═══════════ へ ═══════════

平滑化スプライン 271
平均 96
平均値 28
平均値の推移図 383
ベイズ解析 256
ベクトル 27
ベクトル演算 30

ベクトルの結合 29, 128
ベクトルの作成 27
ベクトルの操作 126
ベクトルの並べ替え 130
ベクトルの要素 29
ベッセル関数 192
ベータ関数 191
ベータ分布 264, 290
ヘルプ 49
偏自己相関係数 254
偏相関係数 355
変数 23

═══════════ ほ ═══════════

ポアソン回帰分析 248
ポアソン分布 264, 290
棒グラフ 65, 237, 303, 319, 376, 379
星形図 367
ホッフバーグの方法 251
ホメルの方法 251
ポリゴンプロット 377
ホルムの方法 251
本質的属性（attribute）..................................... 136
ボンフェローニの方法 249, 251

═══════════ ま ═══════════

丸め 189
マン・ホイットニーの U 検定 272

═══════════ み ═══════════

幹葉図 105
密度関数の推定 319
密度曲線 377
密度推定曲線 94, 108, 379

═══════════ む ═══════════

ムーア・ペンローズ型一般逆行列 148

═══════════ め ═══════════

命令の補完 20

═══════════ も ═══════════

モザイクプロット 311
文字型ベクトル 119
文字コード 219
文字列（character）... 113
文字列置換 121
文字列抽出 121
文字列ベクトル 119
モデル選択 231
モンテカルロ・シミュレーション 279

═══════════ ゆ ═══════════

有意水準 99

よ

要素数	28
要素の順位	28
要素のラベル	134
要約統計量	28, 96, 225
予測	360
余白	330
予約語	24

ら

ラグプロット	308, 378
ラベル	134
乱数	263, 274
乱数の種	293

り

リスク差	238
リスク比	238
リスト	132
両側検定	100
履歴	19

る

累乗	17

れ

累積和	28
例数設計	291
レイヤー	375
連関プロット	311
連続修正	101, 272
連立方程式の解	147

ろ

ローカル変数	165
ログランク検定	243, 244
ロケール	181
ロジスティック回帰分析	240
ロジスティック分布	264, 290
論理演算子	42, 43
論理型ベクトル	118
論理値（logical）	113

わ

歪度	96
ワイブル分布	265, 291
ワークスペース	142

〈著者略歴〉

舟尾 暢男（ふなお のぶお）

1977 年	熊本に生まれる
1998 年	大阪教育大学教養学科数理科学専攻中退
2002 年	大阪大学基礎工学部情報科学科数理科学コース中退
2004 年	大阪大学大学院基礎工学研究科システム人間系数理科学分野修了
現 在	武田薬品工業（株）勤務

趣味：家族でお散歩

〈主な著書〉

『データ解析環境「R」』（共著）工学社（2005）
『R で学ぶデータマイニング I データ解析編』（共著）オーム社（2008）
『R で学ぶデータマイニング II シミュレーション編』（共著）オーム社（2008）
『R Commander ハンドブック』オーム社（2008）
『R 流！ イメージで理解する統計処理入門 データ解析の初歩から、シミュレーション、統計アプリの作成方法まで』カットシステム（2009）
『統計解析ソフト「SAS」』（共著）カットシステム（2015）
『SAS Studio によるやさしい統計データ分析』（共著）オーム社（2016）

本書籍は、九天社から発行されていた『The R Tips データ解析環境 R の基本技・グラフィック活用集』を改訂し、オーム社から発行した第 2 版の改訂版です。オーム社からの発行にあたっては、九天社の版数を継承して書籍に記載しています。

- 本書の内容に関する質問は、オーム社ホームページの「サポート」から、「お問合せ」の「書籍に関するお問合せ」をご参照いただくか、または書状にてオーム社編集局宛にお願いします。お受けできる質問は本書で紹介した内容に限らせていただきます。なお、電話での質問にはお答えできませんので、あらかじめご了承ください。
- 万一、落丁・乱丁の場合は、送料当社負担でお取替えいたします。当社販売課宛にお送りください。
- 本書の一部の複写複製を希望される場合は、本書扉裏を参照してください。

JCOPY ＜出版者著作権管理機構 委託出版物＞

The R Tips 第 3 版
—データ解析環境 R の基本技・グラフィックス活用集—

2005 年 3 月 1 日	第 1 版第 1 刷発行
2009 年 11 月 25 日	第 2 版第 1 刷発行
2016 年 10 月 20 日	第 3 版第 1 刷発行
2020 年 8 月 10 日	第 3 版第 3 刷発行

著 者	舟尾暢男
発行者	村上和夫
発行所	株式会社 オーム社
	郵便番号 101-8460
	東京都千代田区神田錦町 3-1
	電話 03(3233)0641（代表）
	URL https://www.ohmsha.co.jp/

© 舟尾暢男 *2016*

組版 トップスタジオ　印刷・製本 三美印刷
ISBN978-4-274-21958-0　Printed in Japan

好評関連書籍

**無償版SASソフトウェアを使って
データ分析ができる!!**

【このような方におすすめ】
・SASに興味があり、使ってみたい方
・医療系機関の社会人等の初級SASユーザー

SAS Studioによるやさしい統計データ分析
- 高浪 洋平・舟尾 暢男／共著
- A5判・176頁
- 定価（本体2,200円【税別】）

**現実のデータマイニング事例を
Rで分析する!!**

【このような方におすすめ】
・Rでデータマイニングを実行してみたい方
・データ分析部門の企業内テキストとして
　利用したい方

Rによるデータマイニング入門
- 山本 義郎・藤野 友和・久保田 貴文／共著
- A5判・244頁
- 定価（本体2,900円【税別】）

**マーケティングの分野で統計学の
活用法を理解できる!!**

【このような方におすすめ】
・統計学を学ぶ文系の学生
・統計分析にRを使いたい人

Rで学ぶ統計データ分析
- 本橋 永至／著
- A5判・272頁
- 定価（本体2,600円【税別】）

ツールを使って統計データを分析してみよう！

● オーム社HPにデータとファイルあり！

もっと詳しい情報をお届けできます．
◎書店に商品がない場合または直接ご注文の場合も
　右記宛にご連絡ください．

ホームページ　http://www.ohmsha.co.jp/
TEL／FAX　TEL.03-3233-0643　FAX.03-3233-3440

（定価は変更される場合があります）